2023年度重庆市社会科学规划中特理论重点项目“中国式现代化生态观的内涵、实践及启示研究”（批准号：2023ZTZD02）

长江经济带生态环境协同治理机制研究

林　黎◎著

中国财经出版传媒集团

经济科学出版社
Economic Science Press

·北　京·

图书在版编目（CIP）数据

长江经济带生态环境协同治理机制研究/林黎著
. --北京：经济科学出版社，2024.6
ISBN 978-7-5218-5433-6

Ⅰ.①长… Ⅱ.①林… Ⅲ.①长江经济带-生态环境-环境综合整治-研究 Ⅳ.①X321.25

中国国家版本馆 CIP 数据核字（2023）第 247982 号

责任编辑：孙丽丽　撖晓宇
责任校对：李　建
责任印制：范　艳

长江经济带生态环境协同治理机制研究
林　黎　著
经济科学出版社出版、发行　新华书店经销
社址：北京市海淀区阜成路甲 28 号　邮编：100142
总编部电话：010-88191217　发行部电话：010-88191522
网址：www.esp.com.cn
电子邮箱：esp@esp.com.cn
天猫网店：经济科学出版社旗舰店
网址：http://jjkxcbs.tmall.com
北京季蜂印刷有限公司印装
710×1000　16 开　16.25 印张　260000 字
2024 年 6 月第 1 版　2024 年 6 月第 1 次印刷
ISBN 978-7-5218-5433-6　定价：65.00 元
（图书出现印装问题，本社负责调换。电话：010-88191545）

前　言

人类社会的持续健康发展离不开良好的生态环境，随着我国经济从高速增长转向高质量发展，经济发展带来的严峻生态问题有所改善，但生态问题依然是制约经济可持续发展的关键因素。长江经济带覆盖九省二市，是带动我国经济增长的主要力量，2020年长江经济带地区生产总值之和占到全国的46.75%。长江经济带的生态治理问题一直以来都是我国生态文明建设的重大问题。党的十八大以来，以习近平同志为核心的党中央高度重视长江经济带的生态环境治理，围绕长江经济带的绿色发展作出了一系列重要讲话。在“共抓大保护，不搞大开发”的战略引领下，长江经济带坚持生态优先、绿色发展，在生态环境治理上取得了显著成效，但水污染、空气污染、生态系统破坏等问题仍然比较突出，生态环境治理分散仍未从根本上得到解决。长江经济带的区域跨度大、流域主体经济发展不平衡大大增加了长江经济带生态协同治理实施的难度。为改变长江经济带治理分散的现状，实现绿色发展，建立长江经济带生态环境协同治理体系势在必行。

本报告基于理论分析—实证研究—对策建议的思路，通过9个章节对长江经济带生态环境协同治理这一主题进行研究。各章节内容如下：

第1章导论。本章首先提出了选题背景和意义。党的十八大以来，以习近平同志为核心的党中央高度关注长江经济带的生态环境问题，经过沿江九省二市的共同治理，长江经济带生态环境极大改善，但仍然存在不少问题，包括：长江流域水质有所改善，但仍需保持和进一步提升；生态系统逐渐修复，经济发展带来的威胁仍然存在；大气污染排放仍然高居不下，且主要集中于中下游地区。长江经济带生态环境问题仍然是制约流域经济发展的关键，长江经济带生态环境治理分散问题仍然突出。在此背景下，研究长江经济带生态环境协同治理机制意义重大，是推进生态文明建设的有益探索，是长江经济带“生态优先、绿色发展”战略的贯彻和落实，是协同治理理论的深化和拓展。接着，本章从协同治理理论和长江经济带生态环境协同治理两个维度对国内外研究现状进行了梳理与总结，并介绍了报告的主要内容与框架、涉及的研究方法以及可能的创新。

第2章理论基础和基本概念。本章主要是对协同学理论、整体性治理理论、新区域主义理论进行了分析与介绍，并对协同治理、生态环境协同治理等基本概念进行了详细阐述，为后续长江流域协同治理体系的研究打下坚实的理论基础。广义的生态环境治理包括环境污染治理和生态保护两方面内容，聚焦突出生态环境问题，通过行政手段、经济手段、法律手段、技术手段等惩戒破坏生态环境行为，激励环境保护行为，改善区域整体环境质量。长江经济带生态环境治理问题不只是单纯的环境污染治理问题，而是涉及经济、政治、社会各个领域，核心是促进经济发展与生态环保的双赢，实现绿色发展。将有效协同治理的内涵具体化，长江经济带的生态环境协同治理至少也应该具备三个层次：治理中的主体协同；治理中的利益协同；治理中的发展协同。

第3章长江经济带生态环境治理的现状及协同度测算。本章从协同视角下对长江经济带生态环境治理现状进行了分析，发现长江经济带生态环境治理效果区域差异大、全流域生态协同治理机制不完善、多元治理主体参与度不足、生态补偿推进速度广度不一、区域间产业发展协调度不够。在此基础上，运用复合系统协调度模型对长江经济带水污染治理的协同度进行了测算。研究发现，长江经济带水污染协同治理机制存在利益激励机制流域区域差异大、监管机制整体重视程度不足、协调合作机制缺乏持续性等一系列问题。

第4章长江经济带生态环境协同治理之主体协同——形成全流域生态环境多元协同治理体系。本部分首先提出多元治理的主要理论基础，包括空间依赖理论、跨区治理理论以及多中心治理理论。其次运用网络分析法对长江经济带环境污染空间关联进行测度，用博弈论方法对我国生态产品供给主体之间的关系进行分析。研究发现：长江经济带环境污染存在较强的空间关联，生态产品供给主体之间存在长期博弈。因此，一方面要建立全周期视角下的全流域生态环境协同治理机制，另一方面要建立政府、企业、公众多元共治的治理体系。

第5章长江经济带生态环境协同治理之利益协同——完善生态补偿机制。本部分首先介绍生态补偿的主要理论基础，包括马克思主义生态观、生态环境的公共物品属性、生态环境的外部性等。其次对长江经济带生态补偿存在的问题进行分析，长江经济带主要存在生态补偿标准不完善、生态补偿机制较单一、生态补偿法律法规不健全等问题，因此需围绕补偿原则、补偿方式、补偿标准等方面完善长江经济带生态补偿机制，具体包括完善生态补偿标准体系、建立多元化生态补偿机制、建立健全生态补偿法律法规。最后，利用 DEA - SBM 模型对 2011 ~ 2020 年长江经济带水资源生态补偿效率进行了测度，研究发现长江经济带水资源生态补偿效率 2016 年以后逐步上升，长江经济带水资源生态补偿效率增长源泉主要来自技术进步，长江经济带下游地区生态补偿效率增长更为稳定。

第6章长江经济带生态环境协同治理之发展协同——构建全流域绿色发展机制。本部分首先介绍了现实背景和绿色发展的理论基础，包括马克思主义自然观、生态马克思主义、环境经济理论以及新发展理念等。其次，采用绿色发展综合评价指数对长江经济带绿色发展水平进行了测度，研究结果表明长江经济带整体绿色发展水平稳步上升，但上中游地区之间存在差距。未来需构建全流域绿色发展机制，即制定全流域统一的产业准入负面清单、推进全流域产业生态化发展、推动全流域生态产业化发展。最后，从发展生态农业的角度，利用调研数据对农户绿色生产技术采纳意愿进行了实证分析，提出探索绿色农业保险、激发绿色产品需求、深化农业绿色补贴改革、加大绿色农业技术支持、强化政策激励等方面提出政策建议。

第7章为重点区域的主体协同：以全周期视角下的成渝地区双城经济圈环境污染协同治理为例。本部分首先构建出全周期管理视角下的环境污染协同治理框架，将环境污染协同治理划分为潜伏期、爆发期、善后期三个阶段，要实施环境污染协同治理就要三个阶段全覆盖。其次对成渝地区双城经济圈环境污染协同治理的现状和问题进行了分析，现状主要表现为：区域绿色发展的基础良好、区域生态质量改善明显、生态环境协同治理得到不断推进；存在的问题主要是：生态环境治理系统规划需进一步细化落实、环境标准不统一、生态补偿机制亟待完善、环境信息不共享。在定性分析之后，本部分构建了全周期视角下的成渝地区双城经济圈环境污染治理协同度模型，对成渝地区双城经济圈的环境污染治理的协同度进行了测量。研究显示：自2016年以来，成渝地区双城经济圈环境污染治理的协同度稳步提高，但整体水平仍然不高。具体而言，成渝地区双城经济圈的事前预防机制重视程度不足，事中协同应对机制缺乏持续性，事后监管反馈机制有待完善。因此，要构建全周期视角下的成渝地区双城经济圈协同治理机制：第一，潜伏期注重协同防范：建立专项协同工作组、构建多层次协同工作机制、共建环境基础设施；第二，爆发期注重协同应对：落实成渝地区双城经济圈生态环境保护规划、统一污染物排放标准、充分发挥“河长制”作用共抓流域大保护、共治区域环境污染、共筑生态补偿长效机制、共搭统一信息平台、共研节能环保技术；第三，善后期注重协同完善：建立生态文明建设总目标年度考核制度、设立统一的生态文明建设评价指标体系、协作审计治理政策落实情况。

第8章为重点区域的利益协同：以成渝地区双城经济圈为例。本部分使用2018～2020年的月度空气质量综合指数，构建出成渝地区双城经济圈大气污染的空间网络，采用社会网络分析法实证分析这一大气污染的空间网络，得出结论：第一，区域内城市的大气污染水平受整体网络的影响水平相当高，所有城市之间都存在大气污染的空间相关；第二，网络中各城市之间的联动明显，除个别城市外，网络中大部分地区的大气污染都是依靠自身与其他城市产生直接关联；第三，成渝中间区域和成都都市圈边缘的个别地区，这些地区在网络中发挥着中介作用，使大气污染在成渝地区双城经济圈内传递和不断扩散；第四，重庆和成都的第二产业比重虽然不高，但空气质量指数较高，因此要改善大气质量，不仅要优化产业结构，更要优化工业结构。鉴于此，本章提出了相应政策建议：贯彻统筹兼顾原则，建立统一的大气污染治理平台，坚持大气污染治理的共商、共建；体现利益均衡原则，在溢出板块和受溢板块之间找到一个生态补偿的均衡点，兼顾不同区域的利益；注重实现公平和规范化原则，建立成渝地区双城经济圈共同的区域碳排放权交易市场，合理分配初始配额，建立健全监督、核查机制；牢牢抓住主要矛盾，在整体协同治理的基础上重点突破，解决环境治理中的突出矛盾、突出问题。

第9章长江经济带重点区域的发展协同：以新发展理念下的成渝地区双城经济圈协同发展为例。这部分以“创新、协调、绿色、开放、共享”为基点，建立了包含新发展理念的成渝地区双城经济圈协同发展指数，利用2008～2017年的数据进行测算，得出以下结论：第一，总体上，协同发展总指数逐年上升，但上升速度在缓慢下降，两地的协同发展具有较大的提升空间。第二，从分项指标来看，十年间创新发展指数和绿色发展指数的提升非常明显，协调发展指数和共享发展指数缓慢上升，而开放发展指数表现出先升后降的趋势。第三，为缩小与京津冀、长三角、粤港澳大湾区等发达地区的差距，需要坚持创新发展、着眼协调发展、引领绿色发展、扩大开放发展、实现共享发展，深度推进成渝地区双城经济圈协同发展，发挥重庆在新时代西部大开发中的支撑作用，在共建“一带一路”中的带动作用，在长江经济带绿色发展中的示范作用。

目　　录

第1章

导　论

1.1　选题背景与研究意义

1.1.1　选题背景

长江经济带是我国经济发展的重要地带，包括上海、江苏、浙江、安徽、江西、湖北、湖南、重庆、四川、贵州和云南11省（市）。2020年长江经济带地区生产总值之和占到全国的46.75%[①]。党的十八大以来，长江经济带的生态治理引起了党中央的高度重视。以习近平同志为核心的党中央就长江经济带的绿色发展问题提出了许多建设性的意见。2016年1月，在重庆召开的推动长江经济带发展座谈会上，习近平总书记强调，“推动长江经济带发展必须从中华民族长远利益考虑，走生态优先、绿色发展之路”。[②] 2017年7月，国家发布《长江经济带生态环境保护规划》，提出“健全生态环境协同保护机制、创新上中下游共抓大保护路径、强化生态优先绿色发展的环境管理措施”。[③] 在2017年10月召开的党的十九大的报告

① 根据《中国统计年鉴2021》计算得到。

② 习近平在推动长江经济带发展座谈会上强调 走生态优先绿色发展之路 让中华民族母亲河永葆生机活力［EB/OL］. 中国政府网，https：//www.gov.cn/xinwen/2016－01/07/content_5031289.htm.

③ 环境保护部，发展改革委，水利部．长江经济带生态环境保护规划［Z］. 2017.

中，习近平总书记指出“以共抓大保护、不搞大开发为导向推动长江经济带发展”。[①] 2018 年，在深入推动长江经济带发展座谈会上，习近平总书记进一步指出，长江经济带“生态环境形势依然严峻，生态环境协同保护机制亟待建立健全”。[②] 2020 年，在全面推动长江经济带发展座谈会上，习近平总书记强调，“坚定不移贯彻新发展理念，推动长江经济带高质量发展”“使长江经济带成为我国生态优先绿色发展主战场、畅通国内国际双循环主动脉、引领经济高质量发展主力军”[③]。在以上的发展战略引领下，长江经济带始终把生态环境放在第一位，坚持贯彻绿色发展理念，在生态环境治理上取得了显著成效，但水污染、空气污染、生态系统破坏等问题仍然比较突出，生态环境治理分散仍未从根本上得到解决。具体表现如下。

1. 水质有所改善，但仍需保持和进一步提升

2017 年中国科学院对长江经济带岸线资源的调查结果显示，长江干流滨岸水体呈中轻度污染，城市江段水质相对较差，中下游工业岸段重金属污染风险突出；滨岸水体浮游植物多样性较低，底栖动物物种结构趋简单化，水生动物多样性明显下降；就长江干流而言，虽然未利用相对丰富的岸线资源，但仍然存在着自然岸线人工渠化和工程干扰较大、自然滩地稀缺、岸线利用结构不合理以及部分岸段安全隐患突出等问题。[④]《2020 中国生态环境状况公报》显示，包括长江、黄河在内的七大流域和包括浙闽片河流等在内的主要江河的 1 614 个水质监测断面，珠江流域、长江流域、西北诸河、浙闽片河流、西南诸河水质为优，海河流域和辽河流域为轻度污染。就水质为优的长江流域而言，在监测的 510 个水质断面中，Ⅰ类水质断面为 8.2%，比 2019 年增加 4.9 个百分点；Ⅱ类水质断面占 67.8%，比 2019 年增加 0.8

① 习近平：决胜全面建成小康社会 夺取新时代中国特色社会主义伟大胜利——在中国共产党第十九次全国代表大会上的报告［EB/OL］. 中国政府网，https：//www. gov. cn/zhuanti/2017 - 10/27/content_5234876. htm.

② 习近平在深入推动长江经济带发展座谈会上的讲话［EB/OL］. 中国政府网，https：//www. gov. cn/xinwen/2019 - 08/31/content_5426136. htm.

③ 习近平在全面推动长江经济带发展座谈会上强调 贯彻落实党的十九届五中全会精神 推动长江经济带高质量发展 韩正出席并讲话［EB/OL］. 新华网，http：//www. xinhuanet. com/politics/leaders/2020 - 11/15/c_1126742700. htm.

④ 长江经济带岸线资源调查与评估取得进展［EB/OL］. 中国科学院，http：//www. cas. cn/syky/201806/t20180601_4648192. shtml.

个百分点；Ⅲ类水质断面占20.6%，比2019年下降50.8个百分点；Ⅳ类水质断面占2.9%，比2019年下降3.8个百分点；Ⅴ类水质断面占比0.4%，比2019年下降0.6个百分点；劣Ⅴ类水质断面占0，比2019年下降0.6个百分点（见图1-1）。其中，干流水质为优，主要支流水质良好。除此之外，长江经济带沿线城市还存在污水排放比例较高的问题。整理计算《中国统计年鉴2014~2018》[①] 的数据可知，从2013年开始，长江经济带11省（市）排放污水总量逐年上升，占全国的比重从43.3%上升到44.36%（见表1-1）。

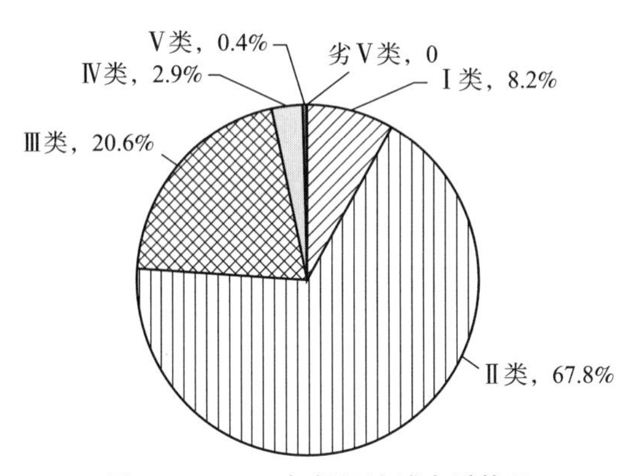

图1-1 2020年长江流域水质状况

表1-1 长江经济带各省市近年污水排放情况

年份	数量（万吨）	比例（%）
2013	3 010 946	43.30
2014	3 078 401	42.98
2015	3 188 564	43.36
2016	3 140 238	44.16
2017	3 103 783	44.36

资料来源：《中国统计年鉴2014~2018》整理计算。

以上数据表明，经过长江经济带九省二市的共同努力，长江流域的整体水质得到明显改善，Ⅰ~Ⅲ类水质总体比例提高，劣Ⅴ类水质比例逐年下

① 由于该数据来自第二次全国污染普查，《中国统计年鉴2019》《中国统计年鉴2020》的数据均未更新。

降。但需要注意的是，主要支流水质从2019年的优变为良好，长江经济带沿线城市的污水排放量仍然较高，水质保持和进一步提升是未来长江经济带水污染治理的重要任务。

2. 生态系统逐渐修复，经济发展带来的威胁仍然存在

近年来，长江经济带的生态系统逐渐修复，生态环境水平处于全国前列。2020年，全国生态环境指数为51.7，长江经济带九省二市均超过这一数字，进入优良水平：浙江、江西、湖南、云南四省的生态环境指数超过75，生态环境状况级别为优；四川、上海、江苏、安徽、湖北、贵州等六省的生态环境指数超过55，生态环境状况级别为良。2019年，全国森林覆盖率为23%，除了上海、江苏两省市低于这一比例外，其他九省份均远超23%，尤其是江西、浙江、云南、湖南均是全国森林覆盖率的2倍以上。长江经济带在2019年的造林面积为2 956.99千公顷，全国2019年造林总面积为7 390.29千公顷，长江经济带占比高达40.01%（见表1－2）。

表1－2　长江经济带生态环境指数、森林覆盖率和造林面积

省份	生态环境指数[a]	森林覆盖率（%）[b]	全年造林面积（千公顷）
上海	62.5	14	5
江苏	65.2	15.2	44.37
浙江	优	59.4	75.53
江西	79.87	61.2	269.35
安徽	良	28.6	138.75
湖南	79.02	49.7	574.54
湖北	69.47	39.6	473.11
重庆	未发布	43.1	275.19
四川	71.3	38	400.37
云南	优	55	353.81
贵州	65.7	43.8	346.97
全国	51.7	23	7 390.29

注：a. 根据《生态环境状况评价技术规范》（HJ 192－2015），生态环境指数≥75为优，55≤生态环境指数 <75为良，35≤生态环境指数 <55为一般。

b. 国家统计局网站关于森林覆盖率和全年造林面积的最新数据为2019年数据。

资料来源：生态环境指数来源于各省市2020年生态环境状况公报、森林覆盖率和全年造林面积来源于国家统计局网站。

但是，同样应该看到，伴随着经济发展，近20年来长江经济带生态系统格局变化剧烈。城镇面积增加44.6%，农田面积减少8.7%、野生动植物自然栖息地面积减少3.2%，天然林、灌丛、草地等自然生态系统的面积均有所减少。[①] 长江经济带湿地面积1 154万公顷，占全国的21.5%，湿地围垦、建设工程占用、污染等威胁仍比较突出。[②] 长江鱼类400余种，鱼类产量占我国淡水鱼类产量70%左右[③]，长江沿岸蓬勃发展的经济导致生物栖息地受到破坏，鱼类等生物资源急剧下降，部分鱼类甚至濒临灭绝。

3. 大气污染排放量大，且主要集中于中下游地区

长江经济带面积205.23万平方公里，占全国的21.4%，2020年其水泥产量达到全国的49.7%，大气污染排放量大。2017年[④]，长江经济带二氧化硫、烟尘粉尘、氮氧化物的排放量分别为251.67万吨、227.49万吨、576.69万吨，分别占到全国总排放量的41.20%、28.57%、32.30%。从长江经济带各省市来看，除上海、浙江、重庆外，其他8省的二氧化硫排放平均量均高于全国平均水平；江苏、安徽、四川3省的氮氧化物排放量高于全国平均水平；江苏、安徽、江西3省的烟尘粉尘排放量高于全国平均水平。综合来看，除上海以外，长江经济带废气污染物排放主要集中于经济发展水平更高的中下游地区（见表1－3）。

表1－3　长江经济带各省市水泥产量及废气污染物排放量　单位：万吨

省份	水泥产量	二氧化硫	氮氧化物排放量	烟尘粉尘排放量
上海	398.89	1.46	22.18	4.70
江苏	15 275.13	38.32	103.68	39.08
浙江	13 272.91	11.40	48.86	15.34
江西	10 030.74	32.17	49.80	27.95

① 王金南．长江经济带发展建设要遵从“规矩”［N］重庆日报，2018－05－25（3）.

② 我国将在长江经济带实施湿地修复工程［EB/OL］. http：//www. xinhuanet. com/local/2017－11/11/c_1121940593. htm.

③ 尚勇敏，海骏娇．长三角与长江经济带研究中心．长江经济带生态发展报告（2019～2020）［EB/OL］. 长三角与长江经济带研究中心，https：//cyrdebr. sass. org. cn/2020/1223/c5775a100923/page. htm.

④ 国家统计局网站废气污染物排放量的最新数据为2017年第二次全国污染源普查数据。

续表

省份	水泥产量	二氧化硫	氮氧化物排放量	烟尘粉尘排放量
安徽	14 189.26	20.97	70.50	28.08
湖南	11 043.16	22.82	56.75	20.71
湖北	9 826.63	18.07	49.00	18.80
重庆	6 524.41	12.89	25.77	8.33
四川	14 517.47	26.38	64.71	22.40
云南	13 130.31	26.49	43.81	22.42
贵州	10 820.86	40.70	41.63	19.68
加总	119 029.77	251.67	576.69	227.49
全国平均		19.70	57.59	25.69
全国总和	239 483.70 (49.70%)	610.80 (41.20%)	1 785.22 (32.30%)	796.26 (28.57%)

注：括号中为比例。

资料来源：国家统计局网站（废气污染物排放量为2017年第二次全国污染源普查）。

综上所述，一方面经过长江经济带各省份的努力，水质有所改善、大气质量总体向好、生态系统逐渐修复，但是，节能降耗和主要污染物减排压力大、污水和垃圾处理建设成本高等原因，经济发展对生态系统带来的威胁依然存在。同时，在长江经济带的生态治理中仍然存在碎片化、分散化和效率低下的问题。因此，在长江经济带覆盖的11个省份形成合理的成本分担和利益分享机制，构建常态化和制度化的协同治理既是实现“生态优先、绿色发展”的需要，也是经济持续发展、建设生态先行示范带的必要条件。

1.1.2 研究意义

1. 推进生态文明建设的有益探索

长期以来，党中央、国务院高度重视生态环境保护问题。党的十八大首次将生态文明在党代表报告中独立成章，生态文明建设与经济建设、政治建设、文化建设、社会建设一起被列入“五位一体”总体布局。党的十九大报告从推进绿色发展、着力解决突出环境问题、加大生态系统保护力度、改革生态环境监管体制四个方面，用单独章节阐述“加快生态文明体制改革，建设美丽中国”。

长江是中华民族的母亲河，长江水生态保护事关国家生态文明兴衰，长江经济带是我国生态文明建设的先行示范带。但是，长江经济带长期以来存在环境污染集中、经济发展与环境保护矛盾突出、生态环境治理分散、缺乏协同等问题。因此，牢固树立绿色发展理念，基于区域协同治理，打破以省为界的治理思路，从“求同”角度而非“差异”角度寻求生态环境治理体制的重建与革新，努力在长江经济带建设起可持续的协同治理体制，是我国生态文明建设先试先行的有益探索。

2. 长江经济带高质量发展战略的贯彻落实

长江经济带横跨中国东中西三大区域，是具有全球影响力的内河经济带，是推动我国经济增长的重要增长极。2014 年 9 月，国务院发布了《国务院关于依托黄金水道推动长江经济带发展的指导意见》，在同年 12 月的中央经济工作会议上，中共中央决定重点实施“一带一路”、京津冀协同发展、长江经济带三大战略。2016 年 1 月 5 日，习近平总书记在重庆召开推动长江经济带发展座谈会，明确提出长江经济带要走生态优先、绿色发展之路。2018 年 4 月 26 日，习近平总书记在武汉主持召开深入推动长江经济带发展座谈会并发表重要讲话，强调使长江经济带成为引领我国经济高质量发展的生力军。

通过各省市间的协同创新，推动区域内部创新产业发展模式，实现产业发展生态化和生态经济产业化，探索全流域的生态合作机制，实现“创新、协调、绿色、开放、共享”发展。这既是为长江经济带生态环境政策制定提供决策依据和指导，又是对长江经济带“生态优先、绿色发展”高质量发展战略的全面贯彻和落实。通过把握整体推进和重点突破，坚持绿色创新的经济发展理念，将生态环境保护同经济发展融合贯通，在谋求自我发展的同时把握长江经济带经济发展与生态治理的整体推进，在保护生态环境的前提下推进长江经济带经济高质量发展。

3. 协同治理理论的深化和拓展

协同的理论依据可以追溯到协同学理论、整体性治理理论和新区域主义理论。协同学创始人哈肯认为，协同学研究系统从无序走向有序的自组织过程。整体性治理的代表人物佩里·希克斯强调，主体之间通过共同协作、治理手段相互强化，最终保证了利益一致、目标一致，是一种合作下的治理行动。新区域主义提出政府和市场在跨区域治理合作中同等重要。本书针对流域管理的“碎片化”倾向，融合协同学理论、整体性治理理论和新区域主义理论的思想，将协同思想引入生态环境治理，在测算出生态环境治理的协同度指标体系的基础上，力图在三个协同——主体协同、利益协同、发展协同的框架下，构建长江经济带生态环境协同治理体系，实现管理者和利益相关者通过平等协商、统一行动、共同治理流域，实现对协同治理理论的进一步深化和拓展。

1.2 国内外研究现状

1.2.1 协同治理理论

协同治理理论是新公共管理的重要学说，主要用于解决治理中的“碎片化”问题。它的治理思路是管理者和利益相关方通过平等协商、共同行动、共同管理社会公共事务。协同的概念最早由哈肯在《协同学：一门协作的科学》一文提出，其理论依据可以追溯到整体性治理理论。代表人物佩里·希克斯指出，整体性治理就是政府机构组织间通过充分沟通与合作，达成有效协调与整合，彼此的政策目标连续一致，政策执行手段相互强化，达到合作无间的目标的治理行动[①]。国内外的研究主要集中于两个不同维度：多中心的治理主体研究和横向府际的合作研究。

1. 国外研究现状

第一，多中心治理理论。多中心是公共资源学说的一个基本概念，指的是一个有着多个半自主决策中心的复杂治理模式[②]。国外学者对多中心治理

---

① Perri，Diana Leat，Kimberly Seltzer. *Towards Holistic Governance：The New Reform Agenda* [M]. London：Red Globe Press，2002.

② Keith Carlisle，Rebecca L. Gruby，Polycentric Systems of Governance：A Theoretical Model for the Commons [J]. *The Policy Studies Journal*，2017.

的内涵、优点以及应用领域进行了较为全面的阐述。

多中心治理需要多个决策中心来提供治理服务，强调这些参与主体之间互动性与能动性。这些决策中心不仅限于公共部门，还包括私人组织等。[①]微观经济调控的方式无法反映广泛利益，多中心治理思想可以为解决这一问题提供平台与应用程序[②]。相关实证研究也已表明，多中心治理系统相较于单一中心拥有更好的适应性，可以带来更好的环境或社会成果[③]。Selmier 将多中心应用于改善金融市场管理[④]，Wagner 也提出多中心框架可以促进人们自发参与管理以确保社会繁荣[⑤]。多中心治理涉及部分冗余、重叠的机构安排，没有支配的中央权威，而是提供多种权力和决策来源。多中心是一个有着多个半自主决策中心的复杂治理模式。这些决策中心既彼此合作又相互竞争，在解决同一问题时，各决策中心可提供不同对策。学者总结出多中心治理体系在自然资源管理中的优点：提高适应能力、提供与自然资源体系相符的制度，多样化的行为者和治理制度。在知识、行动和社会生态环境之间，多中心治理能让社会在适当的水平上作出更具适应性的反应。一个拥有多个相对独立中心的组织结构，通过加强监督和反馈循环以及加强相关的制度激励机制，为当地适当的机构创造了机会。多层次的机构能通过明确的机制来解决跨层次的互动，而不破坏任何特定层次的组织能力[⑥]。以流域治理为例，需要解决多个实质性政策领域，这些政策领域具有不同的规模；自然、政治和行政空间单元的长期不匹配；因此，多中心是流域治理系统的一种自

---

① Michael D. McGinnis，Elinor Ostrom. Reflections on Vincent Ostrom，Public Administration，and Polycentricity［J］. *Public Administration Review*，2011，72（1）：15－25.

② Aligica P. D. *Institutional diversity and political economy*：*The Ostroms and beyond*［M］. Oxford University Press，2013.

③ Pahl－Wostl C.，Knieper C.. The capacity of water governance to deal with the climate change adaptation challenge：Using fuzzy set Qualitative Comparative Analysis to distinguish between polycentric，fragmented and centralized regimes［J］. *Global Environmental Change*，2014，29：139－154.

④ Selmier W. T.，Winecoff W. K. Re-conceptualizing the political economy of finance in the post-crisis era［J］. *Business and Politics*，2017，19（2）：167－190.

⑤ Wagner R. E. Self-governance，polycentrism，and federalism：recurring themes in Vincent Ostrom's scholarly oeuvre［J］. *Journal of Economic Behavior & Organization*，2005，57（2）：173－188.

⑥ Lebel L. J. M. Anderies，B. Campbell，C. Folke，S. Hatfield－Dodds，T. P. Hughes. and J. Wilson. Governance and the capacity to manage resilience in regional social-ecological systems［J］. *Ecology and Society*，2006，11（1）：19.

然特征[①]。将中央政府作为资源支配权的唯一行使者可能会造成资源崩溃，如果在系统中存在着多个地方决策中心，就可能会形成决策中心冗余[②]，而多中心治理系统固有的这种决策冗余可以形成重叠的信息传输，增强自适应管理，显著地降低风险。此外，多中心治理方法可以将责任转移至最低可能治理级别，通过胁迫或者财务因素减少交易成本与政治成本，增加自愿保护者的经济红利[③]。简而言之，治理主体的多元化的原因是企业和政府之间的协作性多于对抗性[④]，多层级环境治理的优势是提高环境政策稳定性和效率[⑤]。

第二，横向府际合作思想。国外学者围绕横向府际合作的内容、模式等内容进行了深入研究。早在1956年，Teibout的研究表明，地方层面公共支出模式不同，消费者会选择更能满足自身偏好的社区，因此地方政府在公共产品提供中存在府际竞争[⑥]。Shrestha认为成本与收益间的衡量决定了府际间是合作还是竞争，当交易成本高于合作时的收益，就会阻碍政府间的合作，因此减少交易成本是府际合作思想的关键[⑦]。Andrew认为，与应采取限制性规范的纵向府际合作不同，横向府际合作应该采取调试型契约来加以规范[⑧]。Sullivan与Skelcher提出财政、运作、政治是影响府际合作的因素，可以采取合同、伙伴关系、网络的形式来解决政府间合作的问题[⑨]。阿格拉诺

---

① André R. da Silveira εt Keith S. Richards. The link between polycentrism and adaptive capacity in river basin governance systems: Insights from the river Rhine and the Zhujiang (Pearl River) Basin [J]. Annals of the Association of American Geographers, 2013, 103 (2): 319-329.

② Dietz T., Ostrom E., Stern P. C. The struggle to govern the commons [J]. *Science*, 2003, 302 (5652): 1907-1912.

③ Marshall G. R. Polycentricity, reciprocity, and farmer adoption of conservation practices under community-based governance [J]. *Ecological Economics*, 2009, 68 (5): 1507-1520.

④ David B. Spence. The shadow of the rational polluter: rethinking the role of rational actor models in environmental law [J]. *California Law Review*, 2001, 89 (4): 917-918.

⑤ Jens Newing, Oliver Fritsch. Environmental governance: participatory, multi-level-and effective [J]. *Environmental policy & Governance*, 2009, 19 (3): 197-214.

⑥ Charles M. Tiebout. A pure Theory of Local Expenditures [J]. *Journal of Political Economy*, 1956, 64 (5): 416-424.

⑦ Shrestha M. K. *Decentralized Governments, Networks and Interlocal Cooperation in Public Goods Supply* [M]. The Florida State University, 2008.

⑧ Andrew S. A. Institutional ties, interlocal contractual arrangements, and the dynamic of metropolitan governance [J]. *Sociology, Political Science*, 2006.

⑨ Sullivan H., Skelcher C. *Working Across Boundaries: Collaboration in Public Services* [M]. Bloomsbury Publishing, 2017.

夫等结合网络理论，提出地方政府合作的方式可以采用制定联合政策、协定付费服务或联合服务、孵化可以获取资源的融资项目[①]。OECD 认为，横向府际的合作内容包括信息交换、共同学习、相互审查与评论、联合规划、共同筹措财源、联合行动、联合开发、合并经营等。横向府际的合作进程有三个阶段：政府行政调整规划阶段—功能整合阶段—合作关系的建立阶段[②]。Mackintosh 把伙伴关系概括为三种模式，可应用至横向府际合作：第一，协同模式。协同模式被称为“理想”的关系模式，指具备各自资产和能力、但目标不同的政府主体通过协同合作，产生更多的经济效益和社会效益。第二，转变模式。通过互相学习借鉴，以更“市场化”的方式来推进政府合作，创建府际合作新模式。第三，预算模式。基于共同的外部目标建立合作关系，以获得第三方财政捐助[③]。Kenneth Fox 和 Scott Greer 归纳出地方政府合作的四种模式：地方政府协会模式、地方性公共管理局模式、特别区模式、区域性办公机制或论坛模式[④]。

2. 国内研究现状

第一，多中心治理理论。国内对多中心治理的研究主要集中于内涵、优势和实践。多中心是指多个权力中心和组织机构对公共事务进行治理，提供公共服务。不同的权力中心和组织机构之间不存在上下级的隶属关系[⑤]。在私有化和国有化二极之间还存在着其他可行的方式，即可以通过多元主体之间的沟通、协调、对话和利益诱导来确立公共价值，通过相互信任达到双赢，通过相互合作而减少非理性行为[⑥]。由于市场和政府在治理过程中均会出现失灵，应建立政府、市场、社会三维框架下的“多中心”治理模式，

---

① 阿格拉诺夫，麦圭尔．协作性公共管理：地方政府新战略［M］．李玲玲，等译．北京：北京大学出版社，2007.

② OECD. *Local Partnerships for Better Governance*［M］. OECD，2001：14－15.

③ Maureen Mackintosh. Partnership：Issues of policy and negotiation［J］. *Local Economy*，1992（7）：210－224.

④ 封慧敏．地方政府跨区域合作治理的制度选择［D］．济南：山东大学，2009.

⑤ 张振华．公共领域的共同治理——评印第安纳学派的多中心理论［J］．中共宁波市委党校学报，2008（3）：53－58.

⑥ 王飏．奥氏多中心理论及实践分析［J］．北京交通大学学报（社会科学版），2010（10）：90－94.

克服单一依靠市场或政府的不足①。因此，公共部门、私人部门、社区组织均可成为公共物品的供给者②。在利益多元化、主体分散化、社群复杂化的治理局面下，多中心治理理论中主体相互承认相互尊重的价值规范使其成为当今政府改革的主流思潮③。同时，多中心治理要避免结合“无中心倾向”，尤其是发展中国家。因此，结合中国国情，在中国特色的多中心治理中仍要充分发挥中国政府的主要性作用④。多中心治理理论在国内主要应用于解决教育问题⑤、环境问题⑥、农村事务治理问题⑦以及城市社区治理问题⑧。基于多中心治理理论，国内学者提出权利向度朝多中心转移⑨、充分合理利用市场⑩、培育非政府组织⑪等多项措施。以京津冀自然资源治理为例，龙贺兴等建议在景观尺度上构建治理架构、强化基层治理主体能力建设，促进市场、社会和社区类治理措施的创新和应用，鼓励基层治理主体开展制度创新和学习⑫。在将多中心理论应用到区域的协同治理上，臧乃康指出长三角区域的一体化与利益主体多元、行政区划分割、绩效评估价值等方面存在冲突，为加强企业与民间的区域合作和经济要素流动，应以多中心理论为基

---

① 李平原，刘海潮．探析奥斯特罗姆的多中心治理理论——从政府、市场、社会多元共治的视角［J］．甘肃理论学刊，2014（3）：127－130.

② 顾金喜，李继刚．农村公共产品供给与治理的国际经验与借鉴——基于多中心治理机制的探讨［J］．中共浙江省委党校学报，2008（3）：75－80.

③ 孔繁斌．多中心治理诠释——基于承认政治的视角［J］．南京大学学报（哲学．人文科学．社会科学版），2007（6）：31－37.

④ 于水．多中心治理与现实应用［J］．江海学刊，2005（5）：105－110，238.

⑤ 曲正伟．多中心治理与我国义务教育中的政府责任［J］．教育理论与实践，2003（23）：24－28.

⑥ 刘芳雄．多中心治理与温州环保变革之道［J］．企业经济，2005（4）：139－141. 刘菲．多中心治理视角下H省雾霾治理问题研究［D］．沈阳：辽宁大学，2014.

⑦ 李莹莹．多中心理论视角下的农村公共物品供给主体研究以阜新市为例［D］．沈阳：辽宁大学，2011.

⑧ 史敏．鄂尔多斯市城市社区治理研究——基于多中心治理理论的视角［D］．呼和浩特：内蒙古大学，2014.

⑨ 肖建华，邓集文．多中心合作治理：环境公共管理的发展方向［J］．林业经济问题，2007（1）：49－53. 黄军荣．新公共管理理论对环保管理体制改革的启示［J］．传承，2012（24）：88－89，96.

⑩ 杜常春．环境管理治道变革——从部门管理向多中心治理转变［J］．理论与改革，2007（3）：22－24.

⑪ 刘然，褚章正．中国现行环境保护政策评述及国际比较［J］．江汉论坛，2013（1）：28－32.

⑫ 龙贺兴，刘金龙．基于多中心治理视角的京津冀自然资源治理体系研究［J］．河北学刊，2018（1）：133－138.

础，创新区域公共合作关系纳入企业与公民等，建立公共政策协调机制确保公共产品的供给与财税政策的优化[①]。在面对环境治理问题时，欧阳恩钱认为治理的不足产生了多中心治理的制度需求，环境具有非排他性与历史积累的不可逆性，使其不能轻松地作为商品进入市场，仅靠政府往往可能存在信息不完全等情况，使得治理无效。因此，结合多中心治理理论，要解决环境问题需要以公民社会自主治理为基础，辅以动态的、复杂的制度安排作为环境控制系统，这是一个从局部到整体渐进而非一蹴而就的过程[②]。在农业生态环境补偿制度方面，王彬彬等建议农业生态环境保护必须与农业发展、农民增收有机统筹起来，构建多方主体参与，政府市场互补、市场供求、农民增收与生态保护相协调的农业生态环境补偿机制。一方面构建以市场供求为基础、品牌为导向，联结农民、消费者、政府与民间组织等多方利益主体的市场补偿机制；另一方面构建政府主导，农民、消费者、企业与民间组织参与的政府补偿机制[③]。

第二，横向府际合作思想。国内关于横向府际合作的研究主要围绕内涵、条件以及途径展开。府际关系是政府之间的关系，它包括中央政府与地方政府之间、地方政府之间、政府部门之间、各地区政府之间的关系；是政府之间的权利配置和利益分配关系[④]。横向府际关系既包括同级地方政府及其职能部门之间的关系，还包括政府内部职能部门之间的交往关系。横向府际关系包括协作型、互助型和网络型三种形态。在府际合作时存在两种作用力，即发挥正向推动作用的激励合作与起到约束作用的惩罚非合作，因此在制度设计时可以分别从这两种不同维度的作用力进行考虑[⑤]。此外，完善科学的问责机制，才能更好地推动府际合作[⑥]。在区域的经济一体化过程中，

---

① 臧乃康．多中心理论与长三角区域公共治理合作机制［J］．中国行政管理，2006（5）：83－87.

② 欧阳恩钱．环境问题解决的根本途径：多中心环境治理［J］．桂海论丛，2005（3）：55－57.

③ 王彬彬，李晓燕．基于多中心治理与分类补偿的政府与市场机制协调——健全农业生态环境补偿制度的新思路［J］．农村经济，2018（1）：34－39.

④ 谢庆奎．中国政府的府际关系研究［J］．北京大学学报（哲学社会科学版），2001（1）：26－34.

⑤ 顾新月．长三角城市群府际合作问题研究［D］．长春：吉林财经大学，2020.

⑥ 丁煌，周丽婷．地方政府公共政策执行力的提升——基于多中心治理视角的思考［J］．江苏行政学院学报，2013（3）：112－118.

由于“行政区经济”的盛行、地方保护主义的存在，亟须依靠横向府际合作理论打破制度性壁垒，转变政府惯性思维①。面对我国的区域生态环境问题，因为生态环境内部各要素的相互关联，超越跨越传统的行政区界，也需要依靠横向府际合作来进行治理②。针对不同的领域，学者还分析了横向府际合作的先决条件。以重大突发事件治理中的横向府际合作为例，地方政府需具有一定水平的应急处置能力，国家层面具有调控中央与地方以及地方政府之间的制度规范，地方政府应当秉持公共理性③。以环境污染治理为例，横向府际合作的前提是构建起共同治理区域环境污染的目标，构建起区域环境污染治理的信任机制、协调机制和维护机制④。关于横向府际合作的途径，学者建议完善跨行政区环境管理体制、完善跨行政区环境管理政策、完善跨行政区环境管理支撑体系⑤。为有效推动府际合作治理效果，应该下沉权力，突破条块局限，拓展合作空间；分担责任，基于生态补偿，强化约束机制；参与多元，挖掘新生动力，推动长效合作⑥。

1.2.2 长江经济带生态环境协同治理

从现有文献来看，专门研究长江经济带生态环境协同治理的数量不多，且研究不够深入，主要是围绕生态环境治理存在的问题和长江经济带生态环境协同治理的途径展开了定性研究。

1. 长江经济带生态环境治理存在的问题

第一，府际间协调机制缺乏。生态环境的治理跨越了行政的区划，不能只依靠单独的省份，需要建立跨域的合作机制，目前的长江流域像一个松散

① 胡东宁．区域经济一体化下的横向府际关系——以府际合作治理为视角［J］．改革与战略，2011，27（3）：105－108.

② 严小英．新时代我国区域生态府际合作治理研究［D］．温州：温州大学，2021.

③ 陈朋．重大突发事件治理中的横向府际合作：现实景象与优化路径［J］．中国社会科学院研究生院学报，2020（7）：109－116.

④ 马晓明，易志斌．网络治理：区域环境污染治理的路径选择［J］．南京社会科学，2009（7）：69－72.

⑤ 马强，秦佩恒，白钰，曾辉．我国跨行政区环境管理协调机制建设的策略研究［J］．中国人口·资源与环境，2008（5）：133－138.

⑥ 王薇，李月．跨域生态环境治理的府际合作研究——基于京津冀地区海河治理政策文本的量化分析［J］．长白月刊，2021（1）：63－72.

的联盟[1]，就整体来看，缺乏包括上中下游等九省二市的全流域协同合作机制，省际沟通与协同的成本较高。省市之间、上中下游之间、部门之间的生态环境治理联动不够，使得长江经济带各省市在生态补偿、产业开发等方面各自为政、同质竞争。另外，推动"共抓大保护"的相关工作未从长江流域的完整性和生态的整体性出发进行系统布局[2]。现有的长江经济带管理机构法律地位不明确、职能重叠、缺乏自主权，往往只负责某一领域的管理，不能做到全流域综合管理[3]。第二，生态补偿机制亟待完善，未形成共同的利益保障机制。长江经济带区域跨度大，各地区资源禀赋与功能定位大不相同，保护地区与受益地区的权责不平等[4]，同时污染产业也有明显的转移现象，上游有轻度污染的产业转移，中游地区存在中度与轻度的污染产业转移，下游地区是转出区域[5]，因此亟须完善的生态补偿机制。而水环境生态补偿相关主体界定不清晰、生态补偿标准内容单一、生态补偿方式单一、生态补偿中市场作用未有效发挥[6]。此外，长江经济带生态补偿不具有整体性，目前仅存在于省内或少数省份的横跨区域[7]。省份之间的横向转移支付较少，无法弥补上游地区损失，且违背了"谁受益，谁付费"的原则[8]。第三，区域间协同治理缺乏可持续性。跨流域的生态治理存在强烈的利益冲突，地方政府因考核要求才会在不损害自身辖区利益的情况下进行下一步合作，只有找到适当的协同治理方式，才能建立长期有效的合作关系，使各主体具有动力进行区域合作[9]。

---

① 郭渐强，杨露．ICA 框架下跨域环境政策执行的合作困境与消解——以长江流域生态补偿政策为例［J］．青海社会科学，2019（4）：39－48.

② 王萌萌．长江经济带的生态治理问题研究——基于政治生态学的视角［J］．厦门特区党校学报，2016（4）：52－56. 刘伟明．长江经济带生态保护及协同治理问题研究［J］．北方经济，2016（11）：61－64.

③ 李志萌，盛方富，孔凡斌．长江经济带一体化保护与治理的政策机制研究［J］．生态经济，2017，33（11）：172－176.

④ 陈进，尹正杰．长江流域生态补偿的科学问题与对策［J］．长江科学院院报，2021，38（2）：1－6.

⑤ 丁婷婷，葛察忠，段显明．长江经济带污染产业转移现象研究［J］．中国人口·资源与环境，2016，26（S2）：388－391.

⑥ 杨成．长江经济带水资源生态补偿问题研究［D］．苏州：苏州大学，2020.

⑦ 刘红光，陈敏，唐志鹏．基于灰水足迹的长江经济带水资源生态补偿标准研究［J］．长江流域资源与环境，2019，28（11）：2553－2563.

⑧ 成长春，臧乃康，季燕霞．协同推进长江经济带生态环境保护［N］．经济日报，2020－8－12（11）.

⑨ 赵满满．长江经济带流域生态环境协同治理研究［D］．大连：东北财经大学，2020.

从全流域看，长江经济带九省二市的经济发展水平存在较大差异，城市及城市群之间的开放格局没有形成，相互关联的空间受到阻隔，区域进行统筹治理的条件较差，缺乏共同的可持续发展机制①。

2. 长江经济带生态环境协同治理的途径

第一，跨区域横向转移支付。由国家相关部委会同长江经济带九省二市组成长江经济带生态补偿委员会，推动落实国家颁布的相关生态补偿政策，协调省级主体间的矛盾纠纷，推进全流域生态补偿。五大城市群根据自身经济发展水平，通过行政区域之间横向转移支付实现对上游的生态补偿。在生态补偿委员会的指导下，各省份建立长江经济生态补偿地方办公室，制定政策要求各地方办公室每月或每季度召开联席会议，构建常态化沟通机制，由九省二市定期共同商讨解决生态补偿中的难点和重点问题。②同时构建相关配套机制，从国家出台《生态补偿办法》做指导、省份出台《生态补偿办法》条例、将生态补偿写入国家层面法律，完善法律体系作为生态补偿提供制度基础。科学地建立评价机制对生态补偿效益进行评价，从而根据评价结果进行合理调整。构建宣传教育机制，提升关注度，获取民众的广泛支持③。第二，建立多元化的生态补偿机制。构建包括资金资本、人才资源、产业发展技术以及共建园区等在内的多元化补偿体系，保障生态补偿相关方的经济利益。同时，充分利用市场手段，在合适的地区采取市场化补偿方式。搭建流域生态补偿交易平台，引导企事业单位、NGO 组织、居民等多主体参与。同时采取非金融支付方式作为辅助，例如扩大受偿主体城市或区域在生态补偿机制中主导权。通过政府和市场两只手，通过政策、项目、技术和合作多种形式，提升上游“造血”功能，实现“从输血到造血”的过程④。第三，构建跨区域污染联防联控体系。从“减排、扩容”两方面出发，推进资源合理利用、生态修复、环境治理。建立完善的流域环境信息网络平台，实现环境信息公开共享。建立长江经济带统

① 王树华．长江经济带跨省域生态补偿机制的构建［J］．改革，2014（6）：32－34.

② 刘振中．促进长江经济带生态保护与建设［J］．宏观经济管理，2016（9）：30－38.

③ 李宁．长江中游城市群流域生态补偿机制研究［D］．武汉：武汉大学，2018.

④ 曹莉萍，周冯琦，吴蒙．基于城市群的流域生态补偿机制研究——以长江流域为例［J］．生态学报，2019，39（1）：85－96. 刘洋，毕军．生态补偿视角下长江经济带可持续发展战略［J］．中国发展，2015（2）：15－20.

一的环境监测体系，包括共同的环保标准、共同的检测方式、共同的监测管理模式。建立长江经济带统一的环境污染管理机制，包括定期会商、统一响应、共同制定应急预案，设立管理台账，进行动态管理，强化网格化、精细化管理，以点带面，推进上中下游联防联控[①]。第四，优化产业分工格局。着眼长江经济带各省市的区域特色，建立长江经济带全流域协同发展机制，统筹人口、资源与发展的良性循环，保证要素自由流动、统一配置。从长江经济带全局考虑产业布局，鼓励中游和上游地区承接下游转移产业，实现全流域资源优化配置[②]。

1.2.3 研究述评

综上所述，欧美发达国家对横向府际合作的研究较为盛行，且集中于合作方式的创新，这对于构建长江经济带生态环境的协同治理机制有一定的借鉴意义。随着党和国家对长江经济带发展的日益重视，国家政策措施频频出台，学界对长江经济带的生态环境治理研究也逐渐增多，学者们不仅分析了长江经济带生态环境治理存在的问题，还提出跨区域横向转移支付、建立多元化生态补偿机制、构建跨区域联防联控体系、优化产业分工格局等建设路径。

但是，现有研究并不完善，尚有进一步研究的空间。主要体现在：第一，对“协同治理”的研究，多数文献将重点放在治理主体的重塑。但构建长江经济带生态环境的协同治理机制，主体协同仅仅是其中的一个部分。要实现协同治理的可持续，最根本的是要解决利益协同、发展协同等触及经济社会发展的深层次协同，从而构建长江经济带协同治理的常态机制。第二，对长江经济带生态环境治理的研究，多数文献只停留在定性研究，缺乏实证或定量研究。要掌握长江经济带生态环境治理的现状，衡量九省二市的

① 姚瑞华，李赞，孙宏亮，巨文慧．全流域多方位生态补偿政策为长江保护修复攻坚战提供保障——《关于建立健全长江经济带生态补偿与保护长效机制的指导意见》解读［J］．环境保护，2018，46（9）：18－21．彭劲松．长江经济带区域协调发展的体制机制［J］．改革，2014（6）：36－38．

② 许颖．尽快建立长江经济带上下游生态补偿机制的建议［J］．中国发展，2016（8）：88－89．黄磊，吴传清．长江经济带生态环境绩效评估及其提升方略［J］．改革，2018（7）：116－126．

协同程度，非常有必要引入定量分析。

1.3 主要内容及框架

本书的研究内容主要包括以下几个部分：第一部分，导论。这部分主要阐述选择长江经济带生态环境协同治理这一选题的背景与研究意义，对国内外学者关于这一选题的研究情况进行综述，通过技术路线对项目研究的思路和框架进行介绍，最后就研究方法以及项目可能的创新进行说明。第二部分，生态环境协同治理的理论基础。在梳理协同治理相关文献的基础上，提炼出协同治理的含义。进一步，对生态环境协同治理的内涵进行凝练，基于协同理论并结合治理实践，总结出生态环境协同治理的主要途径。第三部分，长江经济带生态环境治理的现状及协同度测算。在对长江经济带上各省市生态环境治理的协同情况进行了定性分析之后，构建协同度测算模型，对长江经济带各省市生态环境治理的协同度进行定量分析。第四部分，长江经济带生态协同治理的主体协同，构建两个维度的生态环境多元治理体系。从理论层面来看，一方面，长江经济带的生态治理属于典型的跨域治理，根据空间依赖理论和跨域治理理论，流域上的各治理主体必须协同合作，建立并完善区域间环境污染联防联控机制；另一方面，生态环境是一种典型的公共品，根据多中心治理理论，除了政府主体外，还广泛存在社会组织、企业、个人等多个独立的决策中心，应充分发挥政府、企业、公众的合力才能实现公共品的高效供给。从实证层面来看，一方面，基于社会网络分析，证明长江经济带环境污染存在空间关联，必须建立长江经济带生态环境的协同治理机制；另一方面，利用博弈论方法，证明公众监督对政策效果影响明显，必须建立政府、企业、公众多元共治的治理体系。第五部分，长江经济带生态协同治理的利益协同，探索完善生态补偿机制。马克思主义生态观、生态环境的公共物品属性、生态环境的外部性等理论是生态补偿的理论基石。长江经济带生态补偿中存在生态补偿标准不完善、生态补偿机制较单一、生态补偿法律法规不健全等问题，因此围绕补偿原则、补偿方式、补偿标准提出完善长江经济带生态补偿机制的政策建议。除定性分析之外，还对长江经济带水资源生态补偿效率进行测度并提出提高生态补偿效率的对策建议。第六部分，长江经济带生态协同治理的发展协同，构建流域绿色发展机制。从理论上，对绿色发展思想的理论基础马克思主义自然观、生态马克思主义、环境经济理论、新发展理念等进行分析。从实践上，构建评价指数对长江经济带的绿色发展水平进行测度并对三大区域和省市之间绿色发展水平进行对比分析，并提出构建流域绿色发展机制的对策建议。最后，对发展生态农业的调研数据进行实证分析，研究农户绿色生产技术采纳意愿并提出政策建议。第七部分，以全周期视角下的成渝地区双城经济圈环境污染协同治理为例，探索重点区域的主体协同问题。首先是定性分析，在搭建出全周期视角下的环境污染协同治理框架后，对成渝地区双城经济圈环境污染协同治理的现状和问题进行梳理。其次构建了全周期视角下的成渝地区双城经济圈环境污染治理协同度模型，对成渝地区双城经济圈的环境污染治理的协同度进行了测量，并提出构建全周期视角下的成渝地区双城经济圈协同治理机制的相关政策建议。第八部分，以成渝地区双城经济圈为例，分析重点区域生态环境治理的利益协同问题。使用 2018 ~2020 年的月度空气质量综合指数，构建出成渝地区双城经济圈大气污染的空间网络，采用社会网络分析法对这一大气污染的空间网络进行实证分析后，提出贯彻统筹兼顾、体现利益均衡等方面的政策建议。第九部分，以新发展理念下的成渝地区双城经济圈协同发展为例，对重点区域的发展协同问题进行梳理。以“创新、协调、绿色、开放、共享”为基点，建立了包含新发展理念的成渝地区双城经济圈协同发展指数，利用 2008 ~2017 年的数据进行测算，指出必须要深度推进成渝地区双城经济圈协同发展，发挥重庆在新时代西部大开发中的支撑作用、在共建“一带一路”中的带动作用、在长江经济带绿色发展中的示范作用。本书的研究框架如图 1 -2 所示。

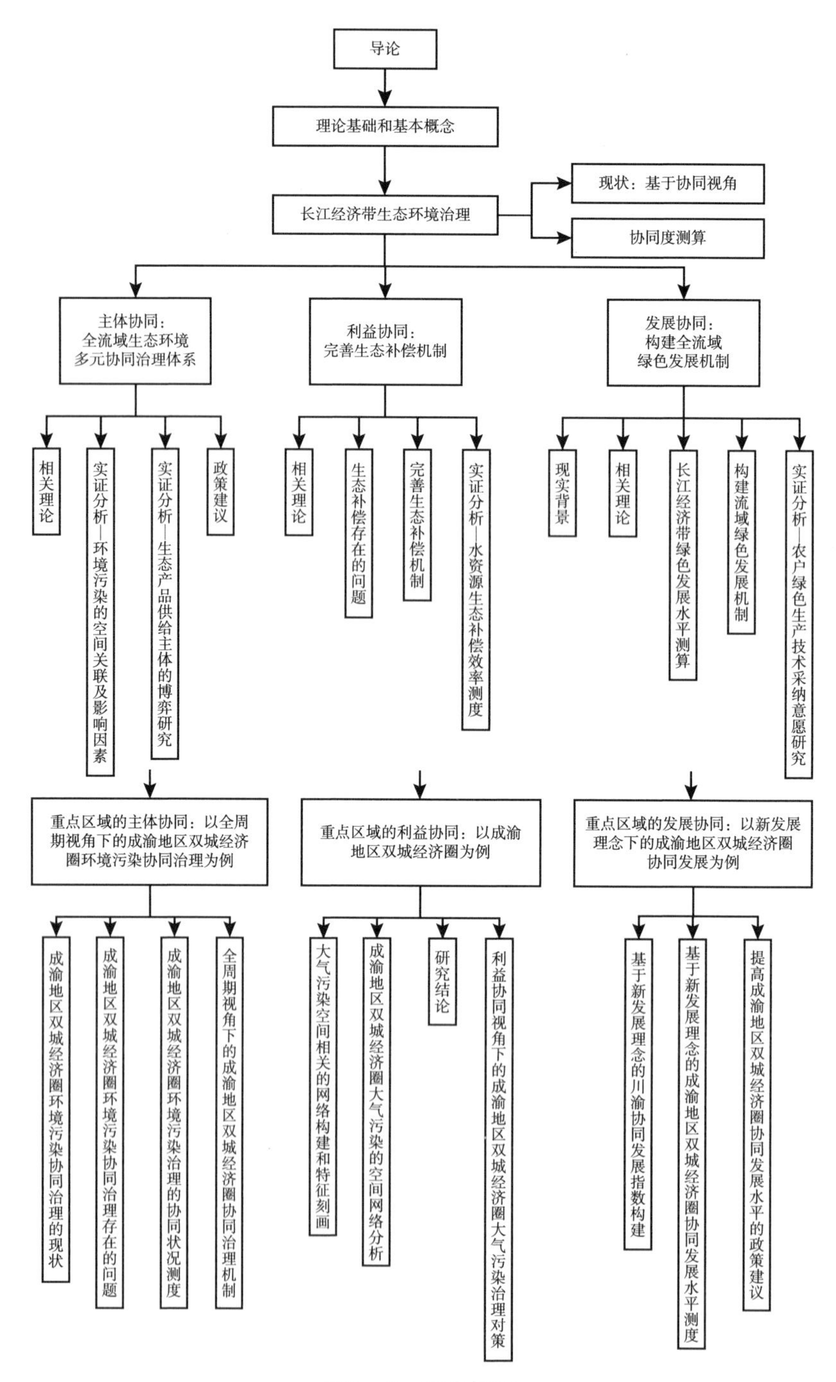
导论
理论基础和基本概念
长江经济带生态环境治理
现状：基于协同视角
协同度测算
主体协同：全流域生态环境多元协同治理体系
利益协同：完善生态补偿机制
发展协同：构建全流域绿色发展机制
相关理论
实证分析—环境污染的空间关联及影响因素
实证分析—生态产品供给主体的博弈研究
政策建议
相关理论
生态补偿存在的问题
完善生态补偿机制
实证分析—水资源生态补偿效率测度
现实背景
相关理论
长江经济带绿色发展水平测算
构建流域绿色发展机制
实证分析—农户绿色生产技术采纳意愿研究
重点区域的主体协同：以全周期视角下的成渝地区双城经济圈环境污染协同治理为例
重点区域的利益协同：以成渝地区双城经济圈为例
重点区域的发展协同：以新发展理念下的成渝地区双城经济圈协同发展为例
成渝地区双城经济圈环境污染协同治理的现状
成渝地区双城经济圈环境污染协同治理存在的问题
成渝地区双城经济圈环境污染治理的协同状况测度
全周期视角下的成渝地区双城经济圈协同治理机制
大气污染空间相关的网络构建和特征刻画
成渝地区双城经济圈大气污染的空间网络分析
研究结论
利益协同视角下的成渝地区双城经济圈大气污染治理对策
基于新发展理念的川渝协同发展指数构建
基于新发展理念的成渝地区双城经济圈协同发展水平测度
提高成渝地区双城经济圈协同发展水平的政策建议

图 1－2　研究框架

1.4 主要研究方法及可能的创新

1.4.1 主要研究方法

1. 社会网络分析方法

社会网络分析法（network analysis）是一种针对关系数据（relation data）的、制度化的跨学科分析方法，在社会学、经济学、管理学、政治学以及信息科学、生物学、混沌理论和复杂理论领域均有较广泛的运用。不同于“因果性”分析的另类研究理论，网络分析提供了“交互”的视角，倡导的不是单向“因果分析”，而是一种双向交互作用。社会网络分析法的重要之处在于，其分析单位主要不是个体、组织、群体等行动者，而是行动者之间的关系。由于关系数据通常不满足统计学意义上的变量独立性假设，从而使得传统意义上的多元统计方法不适用于关系数据分析。从这一层面来讲，社会网络分析法就具有独特性，它专门研究关系数据，从关系的角度出发进而研究社会现象和社会结构，在微观和宏观之间建起一座沟通的桥梁。由于社会结构内涵广泛，包括行为结构、政治结构、经济结构等，社会网络分析法在多个学科得到广泛的应用。在经济学和管理学领域，它已经成为一种研究新范式。在经济学领域，学者利用社会网络分析法对金融业①、高科技产业②和农业③等多个行业进行深入研究。本书将利用长江经济带城市的水污染评价因子和空气污染评价因子重构成环境污染综合评价指标，并在此基础上构建长江经济带环境污染空间关联网络，并运用社会网络分析法考察空间关联网络的特征和影响因素。

2. 博弈论

博弈论是社会科学研究中较为流行和普遍的一种研究方法。除经济学之

---

① Allen F., D. Gale. Financial contagion [J]. *Journal of Political Economy*, 2000, 108 (1): 1-33.

② Vanio A. M. Exchange and combination of Knowledge-based resources in network relationships [J]. *European Journal of Marketing*, 2005, 39 (9/10): 1078-1095.

③ Fafchamps M. & S. Lund. Risk-sharing networks in rural Philippines [J]. *Journal of Development Economics*, 2003 (71): 261-287.

外，我们在社会学、政治学、管理学等领域也常常看到该研究方法的使用。[①]。博弈论是一种决策理论，是重视决策问题中策略互动性的决策理论。博弈中一般有两个及两个以上的主体，这些主体从维护自身利益的角度出发选择不同的策略，从而对自身和其他主体的利益产生影响。在博弈的过程中，每个主体都致力于在相互影响和相互作用中最大化自己的收益。博弈论是用数学方法来解决现实问题，是在高度概括和抽象问题的基础上，用数学形式来精确表达定义和结论。博弈论本质上研究的是个人、团队或其他组织的决策行为，特别是有策略互动和利益依存特征的决策行为[②]。本书将利用博弈论方法，研究中央政府、地方政府和企业等生态品供给主体的决策行为，研究存在或不存在中央政府检查监督的前提下，其他两类供给主体提供生态品的积极性是否存在差异，这将为构建多中心生态环境治理主体提供实证依据。

3. 因子分析法

因子分析（factor analysis）是主成分分析的推广，是多元统计分析中的一种降维、简化数据的技术。它通过研究多变量之间的内部关系，探索观测数据的基本结构，并从中取少数几个变量来表示基本的数据机构。这些变量可以反映原来多个观测变量所代表的主要信息，并解释观测变量之间的相互关系，这种变量被称为因子。因子分析法实质上就是寻找出支配多个指标的少数几个公因子或共性因子，以公因子（新变量）代替原指标（原变量）作为研究的对象，不损失或很少损失原指标所包含的信息。在因子分析法中，原变量是可观测的显示变量，因子一般是不可观测的潜在变量。在本书中，将在获得水污染评价因子和空气污染评价指标的基础上使用因子分析法，提取主成分，并根据各自不同的权重，计算出因子综合得分。最终，将这些评价指标重构成环境污染综合指标，用于考察长江经济带九省二市环境污染的空间关联性。

4. 复合系统协调度模型

从系统学角度来看，现实社会由若干复合系统组成。对于任何一个复合

① 蒲勇健. 应用博弈论［M］. 重庆：重庆大学出版社，2014.
② 谢识予. 经济博弈论［M］. 上海：复旦大学出版社，2017.

系统，衡量系统内各组成部分之间的协调程度，准确评价该复合系统的整体协调情况都具有重要的现实意义和理论意义。复合系统是由若干个子系统组成，复合系统的协调是指在系统内部的自组织和来自外界的调节管理活动（即他组织）作用下，其各个组成子系统之间的和谐共存，以实现系统的整体效应。协调度是指系统与系统或者要素与要素在复合系统的整体发展中呈现出的和谐统一程度。复合系统协调度模型则是以协同学的序参量原理和役使原理为基础，针对复合系统建立的整体协调度模型①。该模型主要分为两个步骤：第一，确定各个子系统的有序度；第二，在子系统有序度的基础上计算出整个复合系统的协同度。以长江经济带生态环境治理为例，其中涉及九省二市，是典型的复杂系统。因此，本书将借鉴复合系统协调度模型，对长江经济带的生态环境协同治理进行测度进而从总体上把握协同状况。

1.4.2 可能的创新

如前所述，已有文献对长江经济带生态环境治理进行了详细而深入的研究，为本书提供了可借鉴的研究成果和理论依据。但是，关于长江经济带生态环境治理的现有研究仍然存在不充分不完善的地方，如对“协同”的研究不够深入，对治理的研究多偏重于定性分析等，有必要进一步补充完善。因此，本书可能的创新如下。

1. 拓展“协同治理”的研究视角

本书将对“协同”本身的内涵进行丰富，打破“协同”研究只停留在“主体协同”的层面，将研究视角拓展到“主体协同—利益协同—发展协同”三位一体的协同体系。其中，主体协同是第一层次，主要解决谁与谁协同的问题，通过强化多元治理思想，建立全周期视角下的全流域生态环境协同治理机制。利益协同是第二层次，主要解决主体之间为什么会协同的问题，通过提升长江经济带生态补偿效率，完善长江经济带生态补偿机制。发展协同是第三层次，主要解决如何让主体实现持续协同的问题，通过以经济增长为驱动力，以生态保护为核心，构建起全流域绿色发

① 孟庆松，韩文秀．复合系统协调度模型研究［J］．天津大学学报，2000（4）：444－446.

展机制。

2. 弥补“重对策轻实证”的研究空白

本书将弥补长江经济带生态环境协同治理研究“重对策轻实证”的现状。具体体现在：第一，利用复合系统协调度模型构建长江经济带水污染治理协同度指标，测算长江经济带生态环境治理协同程度，为完善长江经济带生态环境协同治理提供重要参考。第二，利用社会网络分析、博弈论、因子分析等方法分析长江经济带环境污染的空间关联程度和多中心治理状况，为协同治理提供实证依据。第三，系统测度长江经济带水资源补偿的生态效率，为完善长江经济带水资源生态补偿机制提供重要方向。第四，构建绿色发展水平的评价指标，为全面了解长江经济带的绿色发展水平和进一步提高绿色发展水平提供参考。

第 2 章

理论基础和基本概念

2.1 理论基础

2.1.1 协同学理论

协同学的创始人是德国物理学家哈肯，1973 年他首次提出了协同概念。根据哈肯的定义，协同学是“研究完全不同性质的大量子系统（诸如电子、原子、分子、细胞、神经元、力学元、光子、器官、动物乃至人类）所构成的各种系统”，研究“这些子系统是通过怎样的合作才能在宏观尺度上产生空间、时间或功能结构”，“尤其要集中研究以自组织形式出现的那类结构，从而寻找与子系统性质无关的支配者自组织过程的一般原理”。总之，协同学“探讨的是在宏观尺度上导致定性新结构的各种自组织过程”①。

协同学有几个基本概念：序参量、绝热消去原理和自组织。序参量是系统相变（物质从一种相转变为另一种相的过程）前后所发生的质的飞跃的最突出的标志，它表示着系统的有序结构和类型，它是所有子系统对协同运动的贡献总和，是子系统介入协同运动程度的集中体现。在相变前

---

① 哈肯．高等协同学［M］．郭治安，译．北京：科学出版社，1989.

序参量应为零，在临界点它随着系统有序程度的增加而急剧增大。“协同”的第一层含义是指，在总体系统中，通过子系统的有效合作实现协调有序。“协同”的第二层含义是指，在子系统中，通过序参量的有效合作实现协调有序。

绝热消去原理。系统参量在稳定状态时作用相差不大，在临界点却出现两极分化。对系统演化、临界特征不发生明显作用的参量为快弛豫参量。相反，支配子系统行为，决定演化进程和发展的参量被称为慢弛豫参量。在研究演化的进程中，为了更好地掌握其主要作用的慢弛豫参量，忽略快弛豫参量的影响，得到只有一个或多个慢弛豫参量的序参量方程，这个过程称为绝热消去原理①。

哈肯同时对“自组织”下了经典的定义：“如果系统在获得空间的、时间的或功能的结构过程中，没有外界的特定干预，我们便说系统是自组织的，这里的‘特定’一词是指，那种结构和功能并非外界强加给系统的，而且外界是以非特定的方式作用于系统的。”

哈肯认为，“在各种各样的领域中，结构的发展有着相同的规律”②。这意味着协同学不仅可以应用到自然科学，还可以应用到经济学和社会学。类似物理学，生态环境治理是一个复杂系统，系统内部存在着诸多的子系统以及支配子系统行为、主宰系统演化过程的序参量。生态环境治理的无序状态和有序状态分别为一种“相”，从无序治理走向有序治理就是“相变”的过程。只有保证各个子系统协同的基础上，才可能实现复杂系统的有序，并在此基础上实现系统的自组织③。

进一步将协同学理论运用到长江经济带的生态环境治理中，可以发现长江经济带的九省二市均为复杂系统中的一个子系统，要实现协同，实质上就是如何让子系统的无序治理上升为有序治理，从而保证在没有外力作用的情况下，复杂系统能保证有序运行。在这一意义下，主体协同、利益协同和发展协同其实可以看作保证系统有序治理的序参量。

---

① 郭治安，等. 协同学入门［M］. 成都：四川人民出版社，1988.
② 赫尔曼·哈肯. 协同学：大自然构成的奥秘［M］. 上海：上海译文出版社，2001.
③ 曾健，张一方. 社会协同学［M］. 北京：科学出版社，2000.

2.1.2 整体性治理理论

整体性治理是20世纪90年代后期基于对新公共管理的反思和批判基础上提出来的后公共治理理论。其代表人物是佩里·希克斯和帕却克·登力维。整体性治理理论在新公共管理的困境中产生。新公共管理注重分散化、竞争、激励等方式再造政府，并强调功能分工与专业分工，忽略了统一和集中，造成了碎片化管理和治理低效[①]。整体性治理逆向回应了新公共管理，涉及多学科研究方法与交叉理论，对法律、组织、社会、企业等方面进行了观点整合[②]，可以为政府改革提供思路。整体性治理兼顾了工具理性与价值理性，优化政府组织结构，改善组织运作模式，利用网络信息技术构成了整体性治理的工具理性，而从公民出发，兼顾效率与公平则是整体性治理的价值理性[③]。整体性治理着眼于公众需要和公众服务，强调政府的社会管理和公共服务职能，通过协调、合作、整合等方法促使公共服务各主体紧密合作，为公众提供无缝隙公共服务，把民主价值和公共利益置于首要位置。整体性治理以整体性为取向，克服了碎片化管理的困境。不仅如此，该理论还强调充分利用信息技术包括有递送电子服务、更新自动化流程模式、借助网络结算公共事业、集中采购信息技术、渠道分流和分割、促进自我管理等方式[④]，构建打破区域界限的全社会整体治理机构，一方面打破了条块分割、各自为政的局面，另一方面又优化了社会和市场的横向关系，构建起政府、市场、社会共同合作的治理机制。整体治理思想有效解决了过度分权产生的管理分散、缺乏中心的问题，倡导建立基于等级基础之上的横向综合组织结构。这一做法加强了中央的控制力和权威性，增强了跨组织合作的可行性。整体治理以整体主义为理论基础，提高了政府整体运作效率和效能，使政府

---

① 陈群民. 打造有效政府：政府流程改进研究［M］. 上海：上海财经大学出版社，2012.

② Hampel R. Committee on Corporate governance：Final Report［J］. Gee & Co Ltd.，London，1998.

③ 刘学平，张文芳. 国内整体性治理研究述评［J］. 领导科学，2019（4）：27－31.

④ Colten C. E. An incomplete solution：Oil and water in Louisiana［J］. *The Journal of American History*，2012，99（1）：91－99.

扮演整体性服务供给者的角色[①]。整体性治理因其具有融合整体、耦合组织、协调信任的特点，通常可以用来应对各种复杂棘手的问题，比如全球气候变暖、水资源短缺、生态环境污染等跨区域、跨部门、跨学科的综合性复杂难题[②]。

长江经济带的生态环境治理实质上是跨区域治理问题，如果按照新公共管理思想，仅把视线停留在分工和竞争层面，就会产生治理分散化、碎片化，无法从根本上解决长江经济带生态环境治理问题。为提高运行效率，破除以自我为中心、各自为政等长期困扰长江经济带治理的现象，有必要借鉴整体性治理思想，构建体现整体主义的协同治理体系。

2.1.3 新区域主义理论

随着全球化的深入发展，20 世纪 90 年代，新区域主义站到了国家政治新议程的前沿。新区域主义被定义为一种经济、政治、文化等多个方面的多维度的区域一体化进程，在经济上它主张将被隔离的市场联结成一个功能的经济单元，在政治上它将建立区域内凝聚力和区域认同作为主要目标[③]。

新区域主义的基本主张包括：第一，全新的区域观念。新区域主义认为区域化是渐进的、不断上升的动态趋势。赫里尔把区域主义观念分为五种依次递进的类型，即区域化、区域意识与认同、区域国家间合作、国家推动的区域一体化和区域内聚体等。区域空间范围具有开放性，与只强调空间毗邻的传统工业社会的区域观不同，信息化社会发达的通信和交通，使得空间观不再只关注空间邻近，区域合作可以是相近区域，也可以是跳跃性的区域，区域边界概念也在淡化，地区发展不再只关注自身，也关注区域内外政治、经济、文化等多方面的互利共赢[④]。区域一体化是一个社会重构的过程，是政治空间尺度重构的结果。第二，竞争与合作融合。新区域主义试图超越“国家干预”和“市场调节”的两难选择，提出解决区域问题应该综合应用

① 楚明锟，等．公共管理导论［M］．武汉：华中科技大学出版社，2011.

② 谷贺．整体性治理视角下辽阳市生态环境治理问题及对策研究［D］．长春：吉林大学，2021.

③ 殷为华．新区域主义理论：中国区域规划新视角［M］．南京：东南大学出版社，2012.

④ 孙毓蔓．新区域主义理论研究及其启示［D］．长沙：中南大学，2013.

竞争与合作两种机制，最终构建地方政府、社会公众、社会组织的协作互助关系。新区域主义主张利益相关者跨界共同分享区域资源，解决区域共同问题，谋求区域共同发展，使得区域治理良性发展，有序竞争①。在制定政策时，要致力于提升这一互助协作网络的合作水平和行动能力。第三，水平网络化治理。新区域主义强调的“合作”是一种区域内外的开放性、综合性乃至包容性、自治性的合作。新区域主义打破了条块状分割地方经济的传统，认为区域经济社会具有网络化，以区域内要素流动为基础，形成一加一大于二的整体效益。在地方自主的选择下，各地方缔结协议来形成一种复杂的治理网络结构，从而有序地对整体区域进行治理②。某些关键性的区域政务和公共服务可以通过区域内各级不同政府或者政府部门间的灵活协作来达到其最佳配置，或者由区域内各级不同政府自愿参与组成协调管理委员会来统筹规划区域内各项事务③。

与整体治理理论相比，新区域主义肯定建立跨区域治理合作机制必要性的同时，并没有忽视竞争机制，强调政府和市场共同发挥作用。除此之外，新区域主义还倡导政府与公众、社会组织之间形成战略合作伙伴关系。因此，在构建长江经济带生态协同治理机制的同时，不仅要体现整体主义，还要充分发挥市场的作用；不仅要实现横向府际间的高效合作，还要保证政府、企业、公众的多元融合。

2.2 基本概念

2.2.1 协同治理

协同，既不是一般意义上的合作，也不是简单意义上的协调。而是一种比协调和合作在程度上具有更高层次的集体行动。④ Green 等将组织之间的

---

① 向延平，陈友莲．跨界环境污染区域共同治理框架研究——新区域主义的分析视角［J］．吉首大学学报（社会科学版），2016，37（3）：95－99.

② 许源源，孙毓蔓．国外新区域主义理论的三重理解［J］．北京行政学院学报，2015（3）：1－8.

③ 王勇，李广斌．中国城市群规划管理体制研究［M］．南京：东南大学出版社，2013.

④ 姬兆亮．区域政府协同治理研究——以长三角为例［D］．上海：上海交通大学，2012：50.

关系分成五种类型，分别是竞争、合作、协同、协调和控制。这五种关系根据程度的不同依次组成了连续光谱。[①] 由此可以看出，竞争和控制是组织关系的两个极端。竞争强调个体组织的独立性，突出组织之间的矛盾。控制强调个体组织的整体性，突出组织之间的控制以及控制之下形成的服从与合作。协同处于组织关系的中间，如果以竞争和控制为两个边界，那么协同的竞争性低于合作，控制性低于协调。即协同与合作相比，更强调控制；协同与协调相比，更强调自组织。“协同是指共同协力；合作则是以互惠价值为基础”[②]。

治理，是网络化的公共行为，是一种非预先设定的和常历常新的关于合作的关系实践。[③] 有学者在此基础上进一步发展，提出治理是一种具有网络化形式，通过充分的协商与对话来弥合多元主体的利益差异，达致适宜的共识规则，继而实施公共事务的管理行为。[④]

关于协同治理，联合国全球治理委员会认为是“一个连续的过程，在此过程中，各种矛盾的利益及由此产生的冲突得到缓和并产生合作。这一过程既建立在现有机构和具有法律约束力的体制之上，又离不开非正式的协商和调和”。[⑤] 也有学者认为，协同治理是一种典型的集体行为。作为一种理念，协同治理是指通过对地方区域各主体要素及其子系统互动行为的分析，在合作主义的引导下，探究文化系统、组织系统、权力系统和制度结构相互构建而推动合作行为发生的逻辑；作为一种实践策略，协同治理是指在公共事务领域中，致力于实现公共部门之间、公私部门之间以及私部门之间的合作化行为。基于以上理论分析，有效的协同治理至少应该包含三个维度：

第一，治理主体的多元平等。“协同”意味着主体的多元化，意味着打破传统的单中心公共治理方式。在本书中，治理主体的多元平等包含着横向府际合作和多中心治理两个维度。从横向府际合作来讲，打破了行政区划

---

① Green A.，Matthias A. *Non-governmental Organizations and Health in Developing Countries* [M]. London：Macmillan Press Ltd.，1997.

② O. Leary，Rosemary，Catherine Gerard，and Blomgren Bingham. Introduction to the Symposium on Collaborative Public Management [J]. *Public Administration Review*，2006，66：6－9.

③ 让－皮埃尔·戈丹．何谓治理 [M]．钟震宇，译．北京：科学文献出版社，2010：26.

④ 杨华峰，等．后工业社会的环境协同治理 [M]．长春：吉林大学出版社，2013：18.

⑤ 周群华，等．内部资本市场协同治理研究 [M]．北京：光明日报出版社，2013：144.

后，地方政府之间的关系是平级关系而非上下级关系，一定程度上保证了主体地位的平等性。在各区域经济发展、资源禀赋、环境承载力、治理能力、人口构成等方面普遍存在异质性的前提下，协同治理中仍然强调中央政府发挥统筹协调作用。从多中心治理维度来讲，在彻底改变单纯依靠政府的固有的公共事务治理模式、建立包括政府、企业和公众在内的多元共治体系之后，如何确定各治理主体的平等地位。因为，处在竞争和控制之间的协同治理主体，既不是非此即彼的完全竞争关系，也不是一方对另一方的控制关系，而是在相对平等基础上的协商和配合，进而共同管理。此处还应注意的是，治理主体的地位平等并不代表治理主体的地位毫无差别，针对不同的公共事务，处于主导地位的主体可能有所不同。

第二，矛盾冲突下的利益协调。利益，也称好处或收益，是指与人或事相关的，有影响的、重要的利害关系。利益主要指物质利益，色诺芬在《经济论》中提到“财富是一个人能够从中得到利益的东西”；利益也包括心理层面，柏拉图认为利益是人内心的欲望[①]。利益协调指在一定的社会情境下，利益主体在一定方法和原则的指导下，通过一定的路径，对利益相关者的利益进行协调、整合，以实现利益关系和社会关系的协调[②]。利益协调常常需要依托相应的机制，即通过组织和制度形式来解决不同社会阶层的不同利益需求。实际上，利益协调回答了为什么各部门各区域愿意协同治理这一关键问题。只有在各方利益都得以兼顾和实现的前提下，才能调动各方协同的积极性，实现治理效能提升。

第三，自组织活动的动态互补。自组织活动就是一个系统在没有外部指令的条件下，其内部各个系统（要素）之间能自行按照某些规则形成一定的结构与功能；并以其特定方式协同地朝某一方面发展的客观过程[③]。要保证没有外力作用的情况下，整体系统也能有序运行，需要实现系统的自平衡。这意味着整体系统中的子系统不仅要保持互补，而且能够随时调整，达到动态互补。

---

① 白天成．京津冀环境协同治理利益协调机制研究［D］．天津：天津师范大学，2016.

② 贾杜磊．协同治理视角下地方政府与NGO的利益协调研究［D］．金华：浙江师范大学，2019.

③ 舒元梯，等．化学教育研究［M］．成都：电子科技大学出版社，1995.

2.2.2 生态环境协同治理

生态环境协同治理指综合运用协同学、整体治理理论、新区域主义等理论，对生态环境进行治理[①]。广义的生态环境治理包括环境污染和生态保护两方面内容，聚焦突出生态环境问题，通过行政手段、经济手段、法律手段、技术手段等惩戒破坏生态环境行为，激励环境保护行为，改善区域整体环境质量[②]。

长江经济带生态环境治理问题不只是单纯的环境污染治理问题，而是涉及经济、政治、社会各个领域，核心是促进经济发展与生态环保的双赢，实现绿色发展。将有效协同治理的内涵具体化，长江经济带的生态环境协同治理至少也应该具备三个层次：

第一，治理中的主体协同。长江经济带生态环境的治理主体协同包含两层含义：一方面，要实现长江经济带九省二市的府际协同，建立基于全周期的生态环境协同治理机制。另一方面，要构建包括政府、企业、社会等多元主体的治理体系。这其中必然涉及地方政府之间以及政府与企业、社会之间的主体关系和地位的问题。如何在治理主体地位平等的前提下，实现有效协同、高效治理是主体协同应解决的关键环节。第二，治理中的利益协同。从经济学的角度来看，协同治理的动力源是利益增长。长江经济带的上中下游各省市在生态环境治理中有相同的责任，但是由于地理位置、产业结构、经济发展水平等因素的不同，各省份的治理成本存在较大差异，尤其是在水污染治理中，上游地区为保护生态牺牲了发展机会，下游地区从良好的生态环境中受益。这一系列问题均需要建立完善的生态补偿机制实现利益协同。第三，治理中的发展协同。如果说生态补偿是静止的短期的利益协同，那么发展协同就是动态的长期的利益协同。要从根本上解决长江经济带的生态环境问题，必须落脚到绿色发展。只有构建起全流域的绿色发展机制，实现九省二市的发展协同，才是真正可持续的长江经济带生态环境协同治理机制。

---

① 闫亭豫．辽宁生态环境协同治理研究［D］．沈阳：东北大学，2016.
② 薛秋霞．促进京津冀生态环境协同治理的财税政策研究［D］．天津：天津财经大学，2019.

第 3 章

长江经济带生态环境治理的现状及协同度测算

3.1 长江经济带生态环境治理现状——基于协同视角

2016 年以前，长江经济带凭借粗放经济发展模式，依赖于能源消耗，且产业结构以重化工业为主，由此导致生态环境问题日益突出，使得生态环境保护与经济发展的关系逐渐变得相互排斥。具体来说，长江经济带凭借“黄金水道”区位优势成功带动沿岸产业发展，但不合理的产业结构布局导致生态环境问题复杂严重，尤其是沿江污染物排放量大、水污染日益严重，导致环境污染治理难度越来越大。此外，虽然各级领导干部在对长江经济带生态环境治理层面的思想认识不断深化，但从现实治理情况来看，部分官员对其认识不全面、不深入。有的认为搞大保护、不搞大开发意味着不发展经济了，他们没能辩证看待经济发展和生态环境保护的关系。有的仍然没有更新思想、与时俱进，继续抱着发展必然要付出环境代价的陈旧观念。有的对于生态环境修复和治理缺乏思路、缺少办法，导致项目推进停滞不前。

2016 年 1 月，习近平总书记对长江经济带发展明确提出了“生态优先、绿色发展”的根本思路。同年9月，《长江经济带发展规划纲要》（以下简称《纲要》）正式印发。《纲要》特别强调长江经济带生态环境的保护问题，要求经济发展是要在保护生态环境的基础上寻求发展，并提出了生态质量全面改善治理两步走战略。《纲要》的出台，表明长江经济带的生态治理已经进入新的轨道，并将正式启动长江经济带战略布局转型升级。2021年1月，时值习近平总书记关于长江经济带重要讲话的五周年。五年来，沿江各省份深入贯彻习近平总书记的重要讲话精神，推进生态环境保护和经济发展的协同共进，长江经济带生态环境质量显著提升，绿色发展取得积极成效。但是，基于协同视角，长江经济带生态环境治理仍然呈现出治理效果区域差异大、治理主体单一、生态补偿机制不健全、区域产业发展协同不足等情形。

3.1.1 治理效果区域差异大

五年来，在提倡各省份共抓大保护、不搞大开放，以及打好污染防治攻坚战等的工作指引下，积极推动生态环境治理，长江经济带的各省份水土气环境总体得到了改善，但局部水环境问题、部分城市空气质量问题、部分区域土壤环境问题仍然较为突出。

第一，长江经济带水环境得到极大改善，但省份间仍然呈现较大差别。

如表3-1所示，2020年长江流域监测的510个水质断面中，Ⅰ~Ⅲ类水质断面占96.7%，比2019年上升5个百分点；无劣Ⅴ类水质，比2019年下降0.6个百分点，当中的干流和主要支流水质均为优，且所有11省（市）的“三磷”企业均完成了问题整治[①]。但同时长江经济带各省市地表水质状况存在较大差异，比如贵州、湖南、四川、江西、浙江、重庆、湖北、江苏8个省份的Ⅰ~Ⅲ类水比例均为90%以上，云南为80%以上，但上海和安徽只为74.1%和76.3%，为长江经济带各省份中达标率最低的2个省份。长江经济带中已有9个省份消除了劣Ⅴ类水体，但云南和湖南分别还有3.8%和0.29%的劣Ⅴ类水体。如表3-2所示，从废水污染物排放情

① 中华人民共和国生态环境部.2020中国生态环境状况公报［R］.北京：中华人民共和国生态环境部，2020：21.

况来看，长江经济带的化学需氧量、氨氮、总氨、总磷等污染物排放量分别占全国总排放量的41.85%、47.85%、46.68%和47.21%，均超过全国的40%。具体来看，废水化学需氧量排放量最低的上海市为9.08万吨，最高的江苏省为142.14万吨，相差近15倍。废水氨氮排放量最低的上海市为1.09万吨，最高的湖南省为7.24万吨，后者是前者的6.6倍。废水总氨排放量最低的上海市为3.52万吨，最高的江苏省为21.23万吨，两省相差超过5倍。废水总磷排放量最低的上海市为0.15万吨，最高的湖南省为2.23万吨，后者约为前者的15倍。这表明长江经济带整体水环境逐年向好，但局部水环境污染依旧严重。要进一步提升长江经济带的生态环境治理，需要从协同上下功夫。

表3-1　长江经济带各省份水质情况　单位：%

省份	比例						
	Ⅰ类	Ⅱ类	Ⅲ类	Ⅰ~Ⅲ类	Ⅳ类	Ⅴ类	劣Ⅴ类
上海	—	—	—	74.1	24.7	1.2	0
江苏	0	21.8	69.7	91.5	7.2	1.3	0
浙江	11.8	45.2	37.6	94.6	5	0.4	0
江西	—	—	—	94.7	5.3	0	0
安徽	6.5	37.7	32.1	76.3	19.6	4.0	0
湖南	6.7	81.4	7.8	95.9	3.5	0.29	0.29
湖北	10.1	60.9	22.9	93.9	6.1	0	0
重庆	2.6	60.2	31.6	94.4	4.6	1.0	0
四川	13.7	43.8	37.9	95.4	4.6	0	0
云南	6.1	59.2	21.1	86.4	7.5	2.3	3.8
贵州	—	—	—	99.3	0.7	0	0

资料来源：根据各省份2020年生态环境状况公报整理。

表3-2　长江经济带各省份废水污染物排放情况　单位：万吨

省份	化学需氧量	氨氮	总氨	总磷
上海	9.08	1.09	3.52	0.15
江苏	142.14	7.01	21.23	2.08

续表

省份	化学需氧量	氨氮	总氮	总磷
浙江	42. 28	3. 10	12. 06	0. 98
江西	88. 40	5. 36	13. 85	1. 61
安徽	106. 19	4. 26	14. 52	1. 68
湖南	127. 82	7. 24	19. 23	2. 23
湖北	128. 66	5. 82	18. 11	2. 14
重庆	32. 91	1. 43	5. 24	0. 51
四川	116. 36	5. 92	16. 52	1. 58
云南	59. 59	2. 56	10. 92	1. 08
贵州	43. 82	2. 31	6. 76	0. 85
加总	897. 25	46. 1	141. 96	14. 89
全国	2 143. 98 （41. 85%）	96. 34 （47. 85%）	304. 14 （46. 68%）	31. 54 （47. 21%）

注：括号中为比例。
资料来源：《中国统计年鉴 2020》（2017 年第二次全国污染源普查数据）。

第二，大气质量总体向好，地区差异明显。

根据生态环境部定期发布的《城市空气质量状况月报》，2020 年 12 月，长三角地区 41 个城市平均空气质量优良天数比例为 66. 7%。其中，全国有包括黄山等在内的 5 个城市的优良天数比例达到 100%，包括台州在内的 5 个城市的优良天数比例在 80% ~100% 之间，包括上海在内的 23 个城市的优良天数比例在 50% ~80% 之间，但包括淮南在内的 8 个城市的优良天数比例却不足 50%。从 2020 年 12 月的 168 个城市空气质量排名来看，在九省省会和上海重庆两个直辖市中，空气质量最好的是贵阳市，综合指数 3. 22，排名第 7；空气质量最差的是武汉市，综合指数 6. 45，排名 135，地区空气质量差异明显（见表 3 –3）。生态环境部的相关数据显示，四川省的 5 个城市（德阳、自贡、成都、泸州、宜宾）的空气改善幅度在 168 个重点城市中均是后 20 位（见表 3 –4）。

表3－3　　2020年12月长江经济带直辖市省会城市空气质量排名

城市	综合指数	排名
贵阳	3.22	7
昆明	3.28	8
上海	4.33	39
重庆	4.67	47
成都	5.05	62
南京	5.32	77
杭州	5.53	87
合肥	5.71	97
南昌	5.72	98
长沙	5.82	104
武汉	6.45	135

资料来源：中国环境监测总站《2020年12月全国城市空气质量报告》。

表3－4　　2020年1～12月空气改善幅度排名后20位的部分城市

城市	排名
德阳	倒6
自贡	倒7
成都	倒9
泸州	倒13
宜宾	倒14

资料来源：生态环境部《2020年12月和1～12月全国地表水、环境空气质量状况》。

第三，固体废物利用率较高，但环境违法行为仍时有发生。长江经济带是钢铁、电力、化工等工业企业集聚之地，也是有色金属、非金属矿物等的富集区，燃煤、矿产开采、冶炼等产生不可避免地造成大量矿渣、粉煤灰等工业固体废物。2017年，长江经济带一般工业固体废物产生量为10.98亿吨，占全国总量的28.39%；生活垃圾清运量为9 625.4万吨，占全国的39.76%，总体上，长江经济带产生的工业固体废物和生活垃圾数量较多，占比较大。

从利用情况来看，长江经济带的一般固体废物综合利用量为6.87亿吨，占全国总量的33.32%；除上游的4省份外，其余7省份的生活垃圾无害化处理率均为100%（见表3-5）。除此之外，长江沿岸仍然存在固体废物非法转移和倾倒等环境违法问题导致水质恶化，长江经济带内工业固废随意堆置造成土壤污染严重。酸雨也是长江经济带的重要环境问题，尤其是长江以南—云贵高原以东地区。酸雨严重造成长江经济带部分地区土壤酸化、板结等问题。

表3-5　长江经济带各省份工业固体废物及生活垃圾情况

省份	一般工业固体废物产生量（万吨）	一般工业固体废物综合利用量（万吨）	生活垃圾清运量（万吨）	生活垃圾无害化处理率（%）
上海	1 789	1 681	750.6	100
江苏	13 610	12 314	1 809.6	100
浙江	5 656	5 038	1 530.2	100
江西	12 406	5 676	542.6	100
安徽	14 068	12 581	646.1	100
湖南	6 016	4 460	775.4	100
湖北	10 746	7 339	980.0	100
重庆	2 496	1 841	601.8	88.8
四川	15 221	5 442	1 168.6	99.8
云南	17 115	7 040	455.9	99.8
贵州	10 671	5 276	364.6	96.6
加总	109 794	68 688	9 625.4	—
全国	386 751（28.39%）	206 159（33.32%）	24 206.2（39.76%）	—

注：括号中为比例。
资料来源：《中国统计年鉴2020》（2017年第二次全国污染源普查数据）。

3.1.2 全流域生态协同治理机制不完善

第一，从省份之间看，协同的利益基础和整体机制缺乏。长江经济带包括上海、浙江、江苏、安徽、江西、湖南、湖北、重庆、四川、云南和贵州一共11个省市。各地区更多注重行政事权的划分，注重本地区的生态环境和经济发展，没有充分认识长江经济带共同的治理责任，导致重复投资、分散治理、效率低下。由于覆盖长江上中下游的全流域生态补偿机制尚未建立，缺乏稳定的常态化合作机制。在当前的生态环境治理中，各省份多以行政区划为依据，分区治理的特征明显。

协同治理的利益基础缺乏。相关研究指出，四川、重庆、云南、贵州四个省份虽然经济实力是长江经济带中相对较弱的，但是生态建设投资占比很高，达到39.25%。湖南、湖北、江西、安徽四省的生态建设资金占比也达到39.34%。与之相对的是，流域生态建设受益最大的上海、江苏、浙江三个省份，经济实力最强，但生态建设投入资金仅占了21.41%[①]。这样的情形显然对下游更有利，再加上区域内尚未形成下游对上中游的补偿机制，生态建设者与受益者一定程度上分离，缺乏协同治理的利益基础。

覆盖长江经济带九省二市的整体协同机制缺乏。长江上游、中游、下游的主要省份虽然在各自区域内已初步建立生态环境协同治理机制，但包括长江经济带九省二市的整体协同治理机制却尚未建立。如长三角区域已构建生态环境共保联治机制，出台《长三角区域柴油货车污染协同治理行动方案（2018～2020年）》《长三角区域港口货运和集装箱转运专项治理（含岸电使用）实施方案》《太浦河水资源保护省际协作机制——水质预警联动方案》《协同推进太湖流域水环境综合治理信息共享工作备忘录》《加强长三角临界地区省级以下生态环境协作机制建设工作备忘录》等推进环境治理一体化的重要文件。湘鄂赣三省共同签署了《关于建立长江中游地区省际协商合作机制的协议》《长江中游地区省际协商合作行动宣言》，创建跨区域生态保护与修复机制。川渝两地共同出台了《深化川渝合作深入推动长江经济带发展行动规划（2018～2022年）》《共同推进长江上游生态环境保护合作协议》《川渝两省市跨界河流联防联控合作协议》《深化川渝两地大气污染联合防治协议》《危险废物跨省市转移“白名单”合作机制》等相关

① 汤学兵. 跨区域生态环境治理联动共生体系与改革路径［J］. 甘肃社会科学，2019（1）：147－153.

文件。

第二，从省份的内部治理来看，部门之间仍未形成有效的协调机制。随着2018年自然资源部和生态环境部正式成立，在机构层面有效破解了多头治理。但在具体的操作过程中，仍然存在两方面问题：一是，职责不清。如流域水资源保护、河湖水域岸线管理保护、水污染防治、水环境治理、水生态修复等工作就涉及水利部门、生态环境部门、农业农村部门、林业部门等多部门协作，如果不清晰界定各部门权责，“九龙治水”就无法得到根本破解。二是，各自为政。与权责不清相反的是，当各部门未统筹兼顾，“头痛医头脚痛医脚，种树的只管种树，治水的只管治水，护田的只管护田”，相互推诿、各管一摊，导致顾此失彼、无法形成合力，不能从整体上提升生态环境水平。除此之外，环保部门权力小，现实中易受到其他部门的掣肘，其执法力度较弱，也在一定程度严重影响生态环境治理的效果。

3.1.3 多元治理主体参与度不足

根据多元治理理论，生态环境是多元共治的典型领域。针对治理效率不高的问题，不能仅依靠政府作为治理主体，应将企业和公众共同引入生态环境治理，充分发挥政府、企业、公众的多元主体作用，形成完备的治理体系，提升生态环境治理效能。但从长江经济带生态环境的现实情形来看，政府的主导地位非常明确，但企业和公众的作用发挥并不充分。

第一，从理论层面来看，传统的政治学、行政学、经济学理论都普遍认为政府是迄今为止最好的治理主体，甚至是唯一的治理主体，包括生态环境在内的各类公共产品理应由政府来提供，而对企业和公众的作用认识不足。同时，企业本质上是追求自身利益最大化的微观经济主体，他们喜欢投入少、产出高、能够获得快速回笼投入资本的项目，而生态环境显然不满足此类特性，因为它前期投入巨大、回收利润周期长。对于个人或社会组织而言，公共品供给管理的权限不够、动力不足、能力有限。正因为上述种种理由，在长江经济带生态环境治理过程中，企业和公众的作用发挥不充分，总体治理效果大打折扣。

第二，从治理实践来看，政府往往是唯一的治理主体，政府—企业—公众协同治理体系未有效构建，治理主体缺乏多元性已是不争事实。这主要体现为政府主体角色错位或缺位、企业主体角色缺失、社会公众边缘化①。

政府主体角色错位或缺位。受过去“公私分明”的传统思想影响，只有政府才是唯一履行生态环境的治理义务的合理主体，而其他的参与者不具备合法角色。但事实是政府的时间和精力有限，它不可能做到深入生态环境治理的每个环节每个步骤，这就出现了政府缺位、治理真空，从而产生了低效治理的问题。除此之外，政府如果承担了所有的责任则会弱化其他主体的责任，造成角色错位，最终影响整体治理效果。

企业主体角色缺位。从企业的角色定位来看，企业作为社会的一份子理应履行环境保护义务，减少污染并承担修复生态环境的责任。但是基于传统规制理论中“政府与市场”相对立的立场，政府与企业往往是“监督与被监督”的对立关系，企业难免对政府有抵触情绪。再加上环境治理一般是有成本的，与企业经济收益最大化的目标存在矛盾，这就进一步加大政府与企业的隔阂，忘记环境保护是企业应该履行的义务，忘记环境治理对企业形象和名誉有重要意义，只在政府监督下才有主动参与环境保护，环境治理陷入恶性循环。企业环境违法行为并不是个案，出于经济效益的考虑，企业环境违法比例居高不下。以生态环境部通报的 2021 年 1 ~6 月环境行政处罚案件为例，江苏省处罚案件数量为 6 706 件，排名全国第二；江苏省处罚金额为 59 407. 79 万元，排名全国第一（见表 3 -6）。因此，为了使企业迅速地成为治理主体，政府应该尽快改变企业的角色，由规制对象向治理主体方向转变，让其成为有环保意识和企业责任感的企业。

表 3 -6　2021 年 1 ~6 月长江经济带各省份环境一般行政处罚情况

省份	案件数（件）	处罚金额（万元）
上海	369	3 810. 54
江苏	6 706	59 407. 79
浙江	2 443	24 340. 76

① 王树义，赵小娇．长江流域生态环境协商共治模式初探［J］．中国人口·资源与环境，2019（8）：31 -39.

续表

省份	案件数（件）	处罚金额（万元）
安徽	1 197	12 093. 76
云南	2 062	27 626. 10
江西	800	8 523. 47
湖北	530	5 548. 00
湖南	1 207	10 016. 94
重庆	749	4 078. 05
四川	1 469	10 201. 22
贵州	586	5 583. 50

资料来源：生态环境部网站。

社会公众参与度不够。在“政府主导”型的生态环境治理模式下，公众将生态环境保护责任归于政府，政府也尽职尽责地履行这一义务。这种模式的结果就是公众对环境问题的关心程度高，但参与程度低。2015 年，有学者援引数据指出，在调查的公众内，了解 PM2. 5 的公众仅有 43. 2%，26% 表明参与过环保活动，还有 33. 7% 的公众没有听说过“垃圾分类”，了解“生物多样性”的仅占 27. 8%。从环保组织来讲，15% 的中国环保社会组织年收入基本为零，年收入 1 000 万元人民币以上的只占 8. 6%。只有约 15% 的中国环保社会组织与当地环保部门关系非常密切，20% 的环保社会组织表示与当地政府几乎没有联系，41% 的环保社会组织表示未能与政府建立沟通信息分享项目合作的机制①。鉴于这种形势，生态环境部高度重视，出台了《关于推进环境保护公众参与的指导意见》《关于培育引导环保社会组织有序发展的指导意见》《环境影响评价公众参与方法》《“美丽中国，我是行动者”提升公民生态文明意识行动计划（2021 ~ 2025 年）》等，对公众参与做出明确规定。从地方上看，河北省 2014 年发布了全国首个环境保护公众参与地方性法规《河北省公众参与环境保护条例》。上海市于 2021 年 9 月 1 日起开始实施《上海市环境影响评价公众参与办法》。中央和地方两级

① 俞哲旻. 环境智库：中国公众环保意识强参与度低 [EB/OL]. https://finance.huanqiu.com/article/9CaKrnJPjdH.

的推进政策使公众的参与环境保护治理的积极性和可行性大大提升。截至2021年上半年，生态环境部共计公布4批2 101家向公众开放环保设施和污水垃圾处理设施的单位名单，接待参访公众超过1.35亿人次①。但从实际效果来看，公众参与环境治理的深度和广度仍需进一步提高。首先，从深度来看，公众在参与环境法规或政策的制定和修订时，参与决策过程多为间接的、滞后的参与，通常是在相关法律法规草案形成之后，以问卷调查、建议等方式表达自己看法，表达自身意愿的方式有限。其次从广度来看，环保意识强烈的人群主要集中于受教育程度较高、收入较高的阶层和经济发展水平较高的地区。农村地区、西部地区参与环境保护的机会则相对欠缺②。

3.1.4　生态补偿推进速度广度不一

近年来，长江经济带各省份高度重视生态文明建设，积极推进绿色、低碳、循环发展，已经取得了明显成效。但就生态补偿机制而言，各省份推进速度和广度存在差异。

整体来看，上中游地区进行生态补偿的时间晚于下游地区。这主要是由于下游地区意识到生态环境问题的时间早于上中游地区，较早地着手准备并实施生态补偿措施。除此之外，下游地区面对的生态环境治理形势更为复杂，也促使其率先对生态补偿进行探索。比如长江经济带乃至全国生态补偿实践走在最前沿的浙江省，早在2008年就在省内全面实施生态补偿机制，当时在全国属于首创。按照“谁保护，谁得益”“谁改善，谁得益”“谁贡献大，谁多得益”“总量控制、有奖有罚”等原则，浙江省财政在2007年就拨出6亿元，依据《浙江省生态环保财力转移支付试行办法》对境内八大水系（钱塘江、曹娥江、甬江、苕溪江、椒江、鳌江、瓯江、运河）干流和流域面积100平方公里以上的一级支流源头及流域面积较大的市县，包

① 董鑫．生态环境部：全国各类设施开放单位累计接待参访公众超1.35亿人次［EB/OL］. https：//t. ynet. cn/baijia/31291649. html.

② 郭红燕．我国环境保护公众参与现状、问题及对策［J］．团结，2018（5）：22－27.

括杭州、开化、安吉等45个市县[①]。2011年，全国首个跨省流域生态补偿机制试点在新安江启动实施，主要参与省份即为浙江省和安徽省。由中央财政、浙江、安徽每年拿出5亿元生态补偿基金，建立两省联动保护机制。2018年，浙江省在成功开展新安江流域生态补偿实践的基础上，又制定出台了国内首部《关于建立省内流域上下游横向生态保护补偿机制的实施意见》。

与下游地区相比，上中游地区虽然也进行了生态补偿探索，但是推进速度和广度仍存在一定差距。以中游省份湖南省为例，早在2006年，湖南省就开始在林业领域开展生态补偿实践，之后推广到湿地、流域、矿产资源等方面。但一直到2017年，湖南省才出台省级层面的生态补偿基础性支撑制度《关于健全生态保护补偿机制的实施意见》。2019年，湖南省才出台《湖南省流域生态保护补偿机制实施方案（试行）》，明确在湘江、资水、沅水、澧水干流和重要的一、二级支流，以及其他流域面积在1 800平方公里以上的河流，建立水质水量奖惩机制、流域横向生态保护补偿机制[②]。以上游城市重庆为例，重庆市委市政府高度重视生态环境保护治理，广泛开展生态补偿实践。2015年12月，重庆被纳入全国7个试点省市开展生态环境损害赔偿制度改革试点。2018年，省级层面的《重庆市生态环境损害赔偿制度改革实施方案》出台。同年，重庆市出台了《重庆市实施横向生态补偿提高森林覆盖率工作方案》，成为全国首创的横向生态补偿机制。2019年，重庆、湖南两省份政府签署《酉水流域横向生态保护补偿协议》，是重庆首个跨省流域横向生态补偿改革成果。

3.1.5 区域间产业发展协调度不够

经济的持续健康发展要求人类追求经济利益的同时也要尊重自然、保护自然。长江经济带在我国经济发展中具有举足轻重的作用，要促进长江经济

① 王菊．浙江在全国首创生态补偿制度［EB/OL］．浙江大学，http：//zj. cnr. cn/jjzx/jjxw/200803/t200 80305_504724541. html.

② 曹娴，张尚武．湖南省试行流域生态保护补偿机制［EB/OL］．中国政府网，http：//www. gov. cn/xinwen/2019－07/09/content_5407520. htm.

带可持续发展，就必须在发展过程中始终贯彻绿色发展理念。要充分考虑长江经济带的生态环境容量，保证上中下游协调发展，努力构建资源节约型和环境保护型的产业结构。长江和长江经济带的地位和作用，说明推动长江经济带发展必须坚持生态优先、绿色发展的战略定位，这不仅是对自然规律的尊重，也是对经济规律、社会规律的尊重。要在生态环境容量上过"紧日子"的前提下，依托长江流域，统筹管理岸上水上，自觉推动绿色循环低碳发展，富足的地区率先形成节约能源资源和保护生态环境的产业结构、增长方式，真正发挥"黄金水道"，产生"黄金效益"。把引导产业优化布局作为协同发展重点。

一般而言，正常的产业结构发展会呈现"雁形发展"趋势。东部沿海地区产业会向长江中上游地区梯度转移，由此来带动中西部地区的产业经济发展。但是目前，长江经济带各省市间的产业发展相对独立，关联性有限，区域产业发展协同不足。在"生态优先、绿色发展"的指导思想下，实现长江经济带高质量发展，从根本上要求沿江各省份通过生态环境治理实现区域内环境保护和经济发展的有机统一。因此，长江经济带生态环境治理效果一定程度上也体现在各省份产业的绿色发展水平和协调度上。

第一，不同省份绿色发展水平存在较大差异。上海社会科学院长三角与长江经济带研究中心2020年发布的《长江经济带生态发展报告（2019～2020）》，从绿色发展综合水平、绿色生态、绿色生产、绿色生活领域等指标全方位测度了2018年长江经济带九省二市的绿色发展水平。就绿色发展综合水平来看，呈现东高西低的情形。上海市绿色发展综合指数排名第一，浙江、重庆、江苏紧随其后，说明东部地区和直辖市等在长江经济带中相对发达的区域，其绿色发展综合水平更高。就绿色生态方面来看，西部地区的优势明显。云南省的绿色生态指数居长江经济带九省二市的首位，紧随其后的是贵州省和湖南省。就西部四省份来看，云南、贵州和四川的自然禀赋得分较高，重庆的环境质量存在短板。虽然西部地区的绿色生态水平整体靠前，但绿色生产和绿色生活水平仍有待提高。就绿色生产来看，东部地区和直辖市存在一定优势。上海的绿色生产指数排名第一，江苏省和重庆市紧随其后。由于节能减排方面的优势，重庆在西部地区中异军突起，绿色生产指数中居于前列。就绿色生活来看，中部地区的优势明显。虽然绿色生活指数前三名中中部地区仅有江西省入围，但是在城市绿化、环境压力这两个细分指数中，中部地区平均得分都较高。从以上分析可以看出，长江经济带各省份在绿色生产、绿色生活、绿色生态方面的发展状况各有优势，要提高长江经济带整体的绿色发展水平，需要进一步提升各省份绿色发展水平的前提下，实现区域均衡发展和协同发展①。

第二，区域产业趋同明显，产业协调度不高。以制造业为例，有学者通过计算不同区域的克鲁格曼产业分工指数和结构相似系数，发现长江经济带制造业差异度很小，产业布局极其相似。2017 年，长江经济带九省二市的制造业克鲁格曼产业分工指数主要位于 0.3 ~ 0.8 之间，均值为 0.48，分工水平不高。与 2013 年相比，长江经济带 2017 年的克鲁格曼产业分工指数还有所下降，这一定程度说明各省份的产业呈现趋同的趋势。2017 年，长江经济带九省二市的制造业结构相似系数主要位于 0.6 ~ 1 之间，均值是 0.85，变异系数为 0.1，表明各省份产业结构同质化严重。进一步研究发现，2013 ~ 2017 年，长江经济带制造业结构相似系数总体趋于上升，这表明产业结构同质化现象没有得到有效缓解。分区域来看，重庆和四川的制造业结构相似度较高，安徽、湖北和湖南的制造业结构相似度较高，江苏和浙江的制造业结构相似度较高②。

3.2 长江经济带生态环境治理的协同度模型构建及测算*

以上现状部分主要是基于数据和文献做的描述性分析，为我们勾勒出长江经济带生态环境协同治理的大致轮廓。描述性分析为计量模型分析提供了

① 尚勇敏，海骏娇，长三角与长江经济带研究中心．长江经济带生态发展报告（2019 ~ 2020）[EB/OL]. https://cyrdebr.sass.org.cn/2020/1223/c5775a100923/page.htm.

② 程俊杰，陈柳．长江经济带产业发展的结构协调与要素协同 [J]. 改革，2021（3）：79 - 93.

* 林黎，杨梦雷．长江经济带水污染协同治理测度及优化对策研究 [J]. 重庆工商大学学报（社会科学版），2023，40（4）：55 - 64.

相应的研究依据，在此基础上，我们使用协同度模型对长江经济带生态环境协同治理进行测度，进一步加深对长江经济带生态环境治理的认识。

“绿水青山就是金山银山”，经济发展要以生态环境和谐为基础，正如恩格斯所说：“我们不要过分陶醉于我们人类对自然界的胜利。对于每一次这样的胜利，自然界都会对我们进行报复。”① 绿水青山是人类得以发展的关键基础，也是经济能够持续发展的重要保障。长江经济带覆盖九省二市，人口规模和经济总量占据全国“半壁江山”，2020年长江经济带地区生产总值之和占到全国的46.75%②。长江经济带生态地位突出，发展潜力巨大，是我国生态优先绿色发展主战场。对于长江经济带而言，生态治理当以水污染治理为首要任务，沿江各省份生态环境祸福相依，经济发展休戚相关，省份之间实现生态环境协同治理是实现长江经济带整体高质量发展的必要之举。从现实情况来看，流域内仍然存在各主体利益协调不一致、发展方向不协同、治理模式不统一等制约流域水污染协同治理的因素。长江经济带水污染协同治理是推进长江经济带生态优先绿色发展的重要路径，探索行之有效的协同治理方法必须对长江经济带水污染治理的协同情况进行深入研究并形成清晰判断。

3.2.1　已有研究基础

2016年9月，《长江经济带发展规划纲要》的正式发行，提出长江经济带“一轴、两翼、三极、多点”的发展新格局。学者围绕长江经济带协同进行了广泛研究。从研究维度来看，主要围绕两个方面探讨协同度：第一，生态环境系统与其他子系统的协同度。第二，省份之间发展的协同度。

研究长江经济带生态环境系统与其他子系统的协调关系的文献较多。邹辉等选用经济实力、经济结构和经济活力三个指标构建了经济子系统；选用环境污染和环境治理两个指标构建了环境子系统，利用协调度模型评估长江

① 中共中央马克思恩格斯列宁斯大林著作编译局．马克思恩格斯全集［M］．北京：人民出版社，2014.

② 根据《中国统计年鉴2021》计算得到。

经济带经济子系统与环境子系统的协调度；发现长江经济带环境协调发展空间分布不平衡，东、中、西部地区环境协同程度存在较大差距，东部地区明显高于其他地区[①]。杜宾等在经济子系统的构建上相对于邹辉等增加了经济生活水平指标，采用协调度研究模型测算 2004 ~ 2013 年长江经济带经济与环境协调度，结果表明，经济与环境协调度呈现“U”型特征，即先下降，后上升[②]。温彦平等从人口城镇化、经济城镇化、土地城镇化、社会城镇化等角度构建城镇化系统；从生态压力、生态状态、生态响应等角度构建生态环境承载力系统，利用耦合度模型和协调发展度模型，对 2006 ~ 2015 年长江经济带内各省份城镇化与生态环境承载力协调关系进行测度，研究发现除上海外，大部分省份的城镇化与生态环境承载力的协调程度在逐步提高[③]。除两个子系统外，有学者也尝试探讨三个子系统的协调关系。周正柱等则基于压力—状态—响应框架，对 2010 ~ 2016 年长江经济带生态环境压力、状态和响应子系统的协调性进行测算，研究发现区域整体耦合度和协调发展度均出现波动上升[④]。

研究长江经济带省份之间发展协同关系的文献相对较少，量化生态环境治理协同的文献更少。肖芬蓉等利用政策文献计量和内容分析法对中央政府和长江经济带各省份生态环境治理政策的发文时间、发文单位和政策工具进行了差异性分析，发现长江经济带生态环境治理的协同主要是基于中央政府对协同的战略部署，但各省份之间仍存在较大差异[⑤]。李志萌等指出，长江经济带虽然已经实施共抓大保护的协商合作、协调区域利益的生态补偿、构建跨界联动治理的法治机制等，但仍发展水平梯度差异大、利益诉求差异明显、生态环境“囚徒困境”难题和弱约束合作的“搭便车”现象等反映出

---

① 邹辉，段学军．长江经济带经济—环境协调发展格局及演变［J］．地理科学，2016（9）：1408 - 1417.

② 杜宾，郑光辉，刘玉凤．长江经济带经济与环境的协调发展研究［J］．华东经济管理，2016（6）：78 - 83.

③ 温彦平，李纪鹏．长江经济带城镇化与生态环境承载力协调关系研究［J］．国土资源科技管理，2017（6）：62 - 72.

④ 周正柱，王俊龙．长江经济带生态环境压力、状态及响应耦合协调发展研究［J］．科技管理研究，2019（17）：234 - 240.

⑤ 肖芬蓉，王维平．长江经济带生态环境治理政策差异与区域政策协同机制的构建［J］．重庆大学学报（社会科学版），2020（4）：27 - 37.

协同中存在问题[①]。程俊杰等从制造业、制造业与服务业、实体经济与要素协同三个方面综合考察长江经济带产业协调情况。以产业集聚、产业分工、产业同构三类指数测算各省份制造业协调度，以产业融合度和耦合协调度测算各省份制造业与服务业协调发展情况，以耦合协调度测算经济、科技、金融以及劳动等要素的协调情况。研究发现，制造业同构现象明显，制造业与金融业产业融合度较低但正在不断提升，实体经济与科技创新、现代金融以及人力资源的协调度均有待提高[②]。

综上所述，学者们围绕长江经济带生态环境的协调问题进行了深入探讨，为该研究领域奠定了坚实基础。但是，现有文献偏重于对生态环境子系统与经济发展子系统或社会发展子系统协调关系的计量研究，对长江经济带各省份生态环境协同的计量研究较少。基于此，为完善相关研究，进一步了解长江经济带各省份生态环境治理的协同情况，在借鉴相关文献的基础上，对长江经济带生态环境治理的协同度再进行测算。由于水污染治理是长江经济带最重要的生态环境治理内容，以下主要对水污染协同治理进行测度。

3.2.2　协同度测算

1. 水污染协同治理系统指标选取

本书在构建长江经济带水污染的协同治理系统基础上，考察沿江九省二市水污染治理的协同度程度。为了保证数据的时效性与科学性，主要选取2011～2020年的相关数据进行分析。本书借鉴芮晓霞[③]的水污染协同治理模型，长江经济带水污染协同治理系统由沿江九省二市11个子系统组成，其中每个子系统又划分为利益激励机制、监管机制以及协调合作机制等三个序参量，依据序参量设计各二级评价指标（见表3-7）。

---

① 李志萌，盛方富．长江经济带区域协同治理长效机制研究［J］．浙江学刊，2020（6）：143-151.

② 程俊杰，陈柳．长江经济带产业发展的结构协调与要素协同［J］．改革，2021（3）：79-93.

③ 芮晓霞，周小亮．水污染协同治理系统构成与协同度分析——以闽江流域为例［J］．中国行政管理，2020（11）：76-82.

表3-7　　长江经济带水污染协同治理指标体系

总系统	子系统	序参量	二级指标
长江经济带水污染协同治理水平	某区域水污染协同治理水平（上海、浙江、江苏、安徽、江西、湖北、湖南、重庆、四川、云南、贵州）	利益激励机制	地区生产总值
			工业污染治理投资额
			农村环境连片整治投入
		监管机制	“12369环境保护投诉”数量
			污水处理率
		协调合作机制	法律年度值
			Ⅰ~Ⅲ类水质断面比例

（1）利益激励机制。彭文斌等指出政府激励行为对环境规制效果有显著正向作用[①]。利益是主体行动的动力支撑。虽然地方政府部门在进行环境治理时不具有盈利性，但在主体间的协同合作之间却带有明显的“经济人”性质，各主体的行为都表现出明显的自我利益化。协同合作与利益之间存在着很大关联。因此利益激励机制对于流域各主体间的协同合作有着巨大的影响。利益激励机制系统主要体现在地区生产总值、工业污染治理投资额以及农村环境连片整治投入等指标。地区生产总值反映出地方的经济状况、财政能力以及潜在的转移支付能力，而转移支付是解决流域水污染外部性的重要手段，也是各级政府协同治理的重要激励机制。工业污染治理投资额以及农村环境连片治理投入是各省政府环境治理绩效考核的重要指标。两者的投入多少能够反映各省政府的利益激励机制的力度大小。

（2）监管机制。监管机制不完善是我国水污染日趋严重的重要原因之一，健全的监管机制是流域水污染治理的重要抓手。流域水污染监管体系既需要政府的监管，也离不开公众的监督，监管机制主要由“12369环境保护投诉”数量以及污水处理率来反映。12369环境保护投诉数是反映民众监督的重要指标，污水处理率综合反映了政府对于污水处理的效率，是体现政府监督能力的重要指标。

① 彭文斌，李昊匡．政府行为偏好与环境规制效果——基于利益激励的治理逻辑［J］．社会科学，2016（5）：33-41.

（3）协调合作机制。李胜等指出跨行政区域流域水污染治理主体之间存在的明显的博弈[①]。地方政府的目标取向是影响协调合作的关键因素。协调合作机制是指各地方政府间以及政府职能部门之间的合作[②]，主要通过法律年度值与Ⅰ～Ⅲ类水质断面比例来表现。我国流域水污染治理主要由政府负责，地方政府一致的目标取向需要上级部门的协调。法律法规是保障同流域内各省份协同治理的基础，也是地方政府目标取向协调一致的具体体现，法律年度值即法律政策的量化结果。此外，由于水的流动特性，各省区域内的水质情况与同流域内其他省份水质情况息息相关，Ⅰ～Ⅲ类水质断面比例良好地反映了流域内水污染协同治理的程度。

2. 长江经济带水污染治理的协同度模型

协同度是度量系统内各要素在发展中协同一致程度的定量指标，流域水污染治理系统是一个复杂的总系统，由多个子系统构成。本书采用孟庆松、韩文秀[③]构建的复合系统协调度模型来计算长江经济带11个省份水污染治理系统的协同度。流域水污染协同治理是一个相互关联、互相影响、既相互促进又相互竞争的复杂系统，李汉卿指出协同治理理论追求的是如何促进各个子系统之间的协作，进而发挥系统的最大功效[④]。因此，通过长江经济带水污染治理的协同度研究，可以深入了解省市之间的水污染协同治理现状，从而进一步提升长江经济带水污染治理主体间的协同程度。

（1）有序度。

首先确定研究对象子系统的序参量分量 $e_{ij}=(e_{1j}, e_{2j}, \cdots, e_{nj})$，其中 $i\in[1, n]$，$j\in[1, 11]$，其有序度计算公式如下：

$$U(e_{ij})=\begin{cases}\dfrac{e_{ij}-\theta_{ij}}{\varphi_{ij}-\theta_{ij}}, & i\in[1, t]\\[2ex] \dfrac{\varphi_{ij}-e_{ij}}{\varphi_{ij}-\theta_{ij}}, & i\in[t+1, n]\end{cases} \tag{3.1}$$

其中，φ_{ij}表示第 j 个子系统的第 i 个参序量分量的最大值，θ_{ij}表示最小

① 李胜．跨行政区流域水污染治理：基于政策博弈的分析［J］．生态经济，2016，32（9）：173－176.

②④ 李汉卿．协同治理理论探析［J］．理论月刊，2014（1）：138－142.

③ 孟庆松，韩文秀．复合系统协调度模型研究［J］．天津大学学报，2000（4）：444－446.

值。U 表示子系统的有序度，U 的取值区间为 [0, 1]，其大小反映了序参量对子系统有序度的贡献程度，即子系统有序度的数值越大，证明序参量对子系统有序的贡献程度越大；反之，若子系统有序度的数值越小，序参量对子系统有序度的贡献程度就越小。

各省系统有序度是通过其对应的各序参量有序度的集成来计算的，各省系统有序度大小不仅与其序参量的有序度数值有关，还取决于序参量的集成方式。为简便起见，本书将采取线性加权的办法来计算各省系统有序度：

$$D(U_j) = \sum_{i=1}^{n} w_i U(e_{ij}) \tag{3.2}$$

其中，w_i 为权重值，$w_i > 0, \sum_{i=1}^{n} w_i = 1$ 。$D(U_j)$ 的数值大小与序参量系统有序度呈正比例关系，体现了 U_{ij} 对子系统的贡献程度，数值越大说明子系统有序度就越高，反之者越低。

（2）协同度。

假设各个省子系统在 t_0 时的有序度为 $U_j^0(e_j)$，而在 t_1 时各省系统有序度为 $U_j^1(e_j)$，那么长江经济带水污染协同治理系统的复合系统协同度如下：

$$SYR = \gamma \times \sqrt[11]{\prod_{j=1}^{n} [\,|U_j^1(e_j) - U_j^0(e_j)|\,]} \tag{3.3}$$

$$\gamma = \begin{cases} 1, \prod_{j=1}^{n} (U_j^1(e_j) - U_j^0(e_j)) > 0 \\ -1, \prod_{j=1}^{n} (U_j^1(e_j) - U_j^0(e_j)) < 0 \end{cases} \tag{3.4}$$

显然，复合系统的协同度是由各省子系统共同决定的，其中，参数 γ 用来决定各子系统之间的协调方向。SYR 的取值区间为 [-1, 1]，SYR 的数值大小反映了长江经济带水污染治理协同程度的高低。同时，复合系统的系统协同度的趋势变化是相较于基期而言。当 $\prod_{j=1}^{n} (U_j^1(e_j) - U_j^0(e_j)) < 0$，复合系统协同度 SYR 表示各子系统反向发展的协调程度，协同度为负，表明各子系统之间不存在协同；反之，则为正，表明各子系统之间存在协同合作，协同程度取决其数值的大小。

3.2.3 实证分析

本书的数据来源为：国家统计年鉴、各省市统计年鉴、各省生态环境保护状况公报以及生态环境部网站上的相关信息。数据均为原始数据，其中12369环境保护投诉数据存在部分年限缺失，采取多重插补的办法将数据补全。

1. 政策量化处理

本书运用芮晓霞①的流域协同治理法律量化标准来进行长江经济带各省的法律年度值计算。政策力度与颁布该政策的机构级别呈现正相关关系。根据芮晓霞制定的政策量化标准，将收集整理的与水污染以及长江流域治理相关的法律法规和政策运用式（3.5）进行计算，从而得到2011～2020年各省的法律年度值，量化标准如表3-8、表3-9所示。

表3-8 跨界水污染协同治理政策力度量化标准政策力度度量

政策力度度量	政策评分依据
5	全国人民代表大会及其常务委员会颁布的法律
3	国务院颁布的条例、规定、决定、办法等
2	部委部令、条例和规定等 省人民代表大会及常务委员会制定的规章
1	市级人民政府制定的意见、通知

表3-9 跨界水污染协同治理政策得分标准分数

分数	政策量化的标准
5	流域水污染治理，政府协同合作、权责范围、协调内容、治理手段等
3	与水污染治理相关的政策
1	其他配套保障政策

① 芮晓霞，周小亮．水污染协同治理系统构成与协同度分析——以闽江流域为例［J］．中国行政管理，2020（11）：76-82.

运用式（3.5）对每年相关法律法规的各项指标进行计算，得到2011～2020年以来水污染、流域治理相关的各项法律政策的年度值。

$$\mathrm{APV}_i = \sum_{j=1}^{n} PG_j \times P_j,\ i \in [2011, 2020] \tag{3.5}$$

其中，APV_i 表示第 i 年相关各项法律法规政策的年度值。PG_j 是第 j 项法律政策得分，P_j 表示第 j 条法律政策力度。i 指年份，j 是第 i 年公布的第 j 条法律政策。

2. 子系统有序度

为使表示不同含义的各种指标能够综合起来反映长江经济带水污染治理协同程度以及增加数据分析过程的稳定性，首先对原始数据进行标准化处理以消除量纲。将标准化处理后的数据带入式（3.1），计算得出11个省的各指标有序度，再运用熵权法对长江经济带的三个一级指标下的各二级指标分别进行赋权，得出的结果如表3－10所示。可以看出，除了“12369环境保护投诉”与“法律年度值”两个指标外其余指标熵值均大于0.9，并且这两个指标熵值也都大于0.8，表明本书建立的长江经济带水污染治理协同系统的指标有较强的解释力。

表3－10　长江经济带水污染协同治理系统指标体系

序参量	一级指标	二级指标	信息熵值 e	权重系数 w（%）
利益激励机制	资金投入	工业污染治理投资额	0.9252	37.47
		农村环境连片治理投入	0.925	37.54
		地区生产总值	0.9501	24.99
监管机制	民众监管 政府监管	12369环境保护投诉	0.8174	94.38
		污水处理率	0.9891	5.62
协调合作机制	协调合作	法律年度值	0.8885	88.85
		Ⅰ～Ⅲ类水质断面比例	0.986	11.15

运用线性加权的方式，将长江经济带水污染协同治理系统各指标权重和有序度，代入式（3.2），计算得出各省历年利益合作机制、监管机制以及协调合作机制的有序度，结果如表3－11所示。

表 3-11　　协同治理系统的序参量有序度

利益激励机制子系统有序度

省份	2011 年	2012 年	2013 年	2014 年	2015 年	2016 年	2017 年	2018 年	2019 年	2020 年	均值
上海	0. 2376	0. 2393	0. 0916	0. 1487	0. 1685	0. 3236	0. 4706	0. 3669	0. 3617	0. 2350	0. 2643
浙江	0. 6271	0. 6364	0. 7717	0. 8886	0. 8620	0. 8083	0. 8091	0. 5084	0. 6826	0. 7154	0. 7310
江苏	1. 0000	1. 0000	1. 0000	0. 8277	0. 8576	0. 8579	0. 8765	0. 7799	1. 0000	1. 0000	0. 9200
安徽	0. 1967	0. 2263	0. 3975	0. 2224	0. 1987	0. 3216	0. 3388	0. 3248	0. 3762	0. 3468	0. 2950
江西	0. 1294	0. 0823	0. 1526	0. 1147	0. 1197	0. 0922	0. 1158	0. 1356	0. 2053	0. 1254	0. 1273
湖北	0. 2439	0. 2838	0. 2963	0. 2773	0. 2005	0. 3139	0. 2478	0. 5286	0. 2705	0. 2788	0. 2941
湖南	0. 2046	0. 2847	0. 2651	0. 2082	0. 2503	0. 1673	0. 1416	0. 1000	0. 1432	0. 1047	0. 1870
重庆	0. 0841	0. 0557	0. 0496	0. 0311	0. 0279	0. 0238	0. 0293	0. 0200	0. 0209	0. 0261	0. 0369
四川	0. 4090	0. 2534	0. 3021	0. 3040	0. 1988	0. 2049	0. 2308	0. 2281	0. 2483	0. 3213	0. 2701
贵州	0. 1187	0. 0920	0. 0993	0. 0923	0. 0440	0. 0367	0. 0678	0. 0739	0. 0744	0. 2129	0. 0912
云南	0. 1943	0. 2328	0. 1656	0. 1531	0. 1461	0. 0988	0. 0866	0. 1928	0. 1531	0. 4531	0. 1876

监管机制子系统有序度

省份	2011 年	2012 年	2013 年	2014 年	2015 年	2016 年	2017 年	2018 年	2019 年	2020 年	均值
上海	0. 2570	0. 2318	0. 1030	0. 1897	0. 1952	0. 3530	0. 3626	0. 4608	0. 4081	0. 3987	0. 2960
浙江	0. 3236	0. 3306	0. 3321	0. 3117	0. 9703	0. 4565	0. 2053	0. 1926	0. 1295	0. 2368	0. 3489
江苏	0. 9838	0. 9795	0. 9825	0. 9876	0. 6147	0. 4085	0. 9805	0. 9713	0. 9535	0. 7481	0. 8610
安徽	0. 3658	0. 3876	0. 3833	0. 2884	0. 1663	0. 0974	0. 1723	0. 2447	0. 2088	0. 3584	0. 2673
江西	0. 2807	0. 2713	0. 2628	0. 1839	0. 3353	0. 0288	0. 0831	0. 1174	0. 0597	0. 0773	0. 1700
湖北	0. 4143	0. 4252	0. 4385	0. 3904	0. 1783	0. 0838	0. 1156	0. 1828	0. 2515	0. 2540	0. 2734
湖南	0. 2515	0. 2579	0. 2638	0. 2337	0. 0875	0. 0632	0. 1053	0. 1386	0. 1038	0. 1722	0. 1677
重庆	0. 1634	0. 1505	0. 1644	0. 1412	0. 1798	0. 9955	0. 4955	0. 5986	0. 6255	1. 0000	0. 4515
四川	0. 1502	0. 1501	0. 1453	0. 1309	0. 3535	0. 2212	0. 1716	0. 1643	0. 0976	0. 1537	0. 1738
贵州	0. 0427	0. 0393	0. 0466	0. 0498	0. 0467	0. 0360	0. 0318	0. 0475	0. 0176	0. 0287	0. 0387
云南	0. 0777	0. 0777	0. 0598	0. 0514	0. 1929	0. 0412	0. 0388	0. 0660	0. 0506	0. 1010	0. 0757

协调合作机制子系统有序度

省份	2011 年	2012 年	2013 年	2014 年	2015 年	2016 年	2017 年	2018 年	2019 年	2020 年	均值
上海	0. 2539	0. 1666	0. 4443	0. 3054	0. 8885	0. 6417	0. 4846	0. 8885	0. 2962	0. 1269	0. 4497
浙江	0. 9484	0. 3954	0. 5925	0. 6203	0. 5995	0. 5791	0. 9808	0. 5547	0. 9852	0. 9792	0. 7235
江苏	0. 2648	0. 3594	0. 0285	0. 0350	0. 1208	0. 2627	0. 3158	0. 2292	0. 5250	0. 2991	0. 2440

续表

协调合作机制子系统有序度											
省份	2011 年	2012 年	2013 年	2014 年	2015 年	2016 年	2017 年	2018 年	2019 年	2020 年	均值
安徽	0.0568	0.9548	0.0659	0.0717	0.3710	0.9631	0.3209	0.6080	0.5486	0.2001	0.4161
江西	0.3453	0.2015	0.9771	0.2044	0.3887	0.3873	0.3441	0.1005	0.1977	0.1863	0.3333
湖北	0.2213	0.4304	0.0993	0.4362	0.2080	0.5920	0.0989	0.3306	0.2441	0.0876	0.2748
湖南	0.1115	0.2226	0.1115	0.1115	0.1115	0.1027	0.5136	0.5705	0.1550	0.1282	0.2139
重庆	0.0890	0.0879	0.2581	0.0910	0.0956	0.0900	0.3370	0.5514	0.3006	0.4089	0.2309
四川	0.0683	0.0741	0.0709	0.0689	0.0660	0.0657	0.0678	0.2370	0.1941	0.2846	0.1197
贵州	0.3359	0.0953	0.0934	0.1494	0.1783	0.4077	0.2730	0.3433	0.8519	0.2067	0.2935
云南	0.0677	0.0727	0.2485	0.9691	0.1628	0.1902	0.2595	0.1672	0.0812	0.0862	0.2305

从表3-11可以看出，处于长三角的4个省份的序参量有序度明显高于其他省份，其他省份的序参量有序度与浙江、上海、江苏、安徽存在一定差异，这与长三角各省经常开展水污染联合治理的现状符合。长三角四省份的地理位置较近，协同治理难度与成本相较于其他地区更低，且区域内经济发达，有充足的技术与财力支持。长三角四省份治理水污染的资金高于其他地区，这体现在利益激励机制系统有序度较高。长三角省份子系统有序度虽高于其他省份，但仍有较大上升空间，尤其是监管机制的有序度，表明各省长江经济带水污染治理的监管机制方面有待进一步加强。从长江经济带的监管机制有序度来看，2011～2020年大体呈现出上升的趋势，尤其从2016年开始上升幅度较为明显，说明各省对于流域水污染治理的监管机制重视程度逐渐提高。协调合作机制的有序度不稳定，各省整体有序度也相对较小，表明流域主体在流域水污染治理方面的政策实施持续性较弱。

通过几何平均的办法计算出长江经济带沿江11个省份的有序度。结果如图3-1所示，江西省的系统有序度最低，浙江、江苏、上海的系统有序度相对较高，安徽、湖南、湖北、四川、云南、重庆、贵州的系统有序度居中，长江经济带11省份的系统有序度总体呈上升趋势。通过与前面三大机制的有序度值对比可以发现，各省有序度的大小是三大机制有序度的有序耦合，任何机制的有序度变化都会引起各省系统有序度的波动。

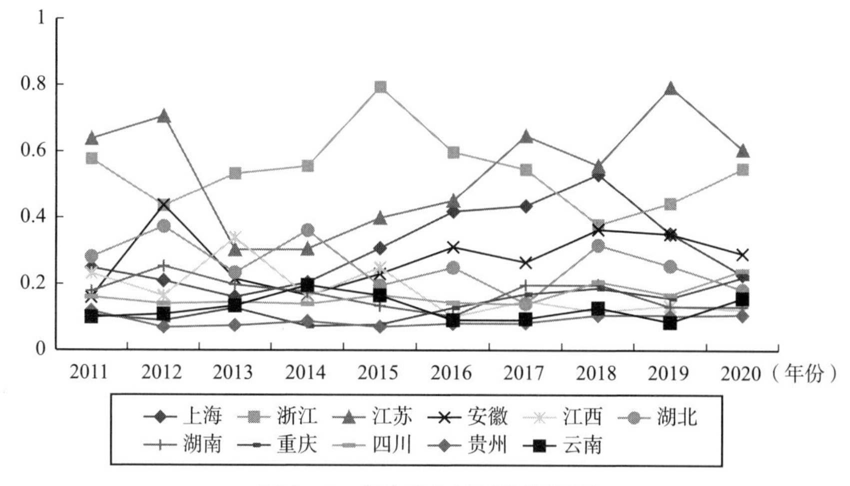

图3-1 各个省份子系统有序度

3. 协同度

将长江经济带11省份的系统有序度代入式（3.3）和式（3.4），得出长江经济带水污染协同治理系统的协同度，结果如图3-2所示。

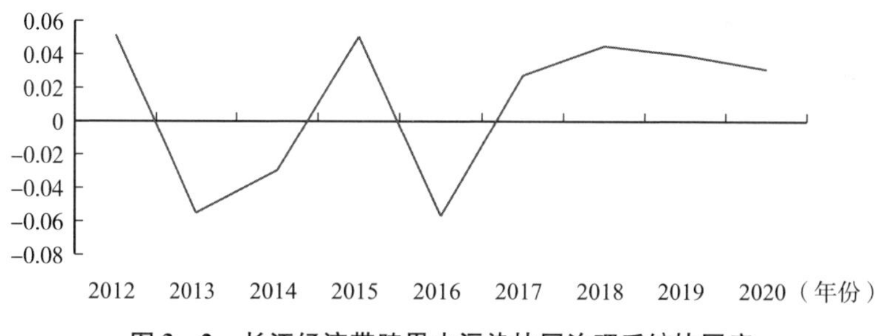

图3-2 长江经济带跨界水污染协同治理系统协同度

观察图3-2可以发现，长江经济带水污染治理系统的协同度大致呈“W型”。系统的总体协同度波动较大，数值较小，表明整个长江经济带水污染协同治理存在不稳定性，并且协同程度较低，还面临着许多协同治理问题需要解决。由图3-2可知，2013年、2014年以及2016年系统协同度数值为负，这些年份系统处于非协同的状态，由前面的分析可知监管机制下降的有序度是造成此现象的重要原因之一，同时相对不稳定的协调合作机制有序度也对系统总体协同状态产生了很大影响，导致各子系统未能有效协同。但自 2016 年起，长江经济带水污染协同治理系统的总体协同度呈现出上升的趋势，且协同呈现出稳定性。这表明在习近平生态文明思想指引下，长江经济带各省份坚持生态优先、绿色发展，在水污染跨界治理取得了明显改善。但系统协同度数值仍然较低，意味着长江经济带水污染治理需进一步提升协同治理水平，这与长江经济带水污染治理情况基本相符。

3.2.4 研究结论与政策建议

1. 研究结论

本书以长江经济带沿江 11 省份的指标数据为基础，通过协同模型的建立与最终数据结果的对比分析可以得出以下结论：

第一，利益激励机制流域区域差异大。由前文分析可知在利益激励机制方面长江下游地区明显高于长江上游地区，这也是区域经济发展不平衡所导致。长三角地区省份无论是在经济发展还是生态环境治理都有着天然的联动发展优势，高速的经济增长带来的是高水平的地区生产总值，这使得长三角地区在水污染治理方面具有足够的财政支持，从而带来更高标准的利益激励机制。而西部地区以及中游地区本身经济发展相对落后，再加之地理位置的原因，想要联合其他邻近省份发展经济将会更加艰难，要建立高效的水污染协同合作系统不仅存在财政支持上的缺乏，而且存在自然地理的阻碍。但很明显流域水污染治理的外部效益是上游治理效益高于下游治理效益，由于水的流动性，若上游污水治理长期得不到解决那么下游的水污染污水治理也将事倍功半。因此缩小区域激励机制差异是十分必要的。

第二，监管机制整体重视程度不足。从上述分析可知监管机制不只是区域上存在差异，更主要的问题在于整个长江经济带所有主体对于水污染治理的监管存在严重不足。政府在监管方面虽然发挥了主体作用，但在监管意识、监管人员投入以及设备投入上可能存在不足。民众在监管中发挥了重要作用，但没有充分发挥互联网时代的信息通信优势。从 12369 环保投诉渠道可知民众监督的方式大多仅限于电话、微信、短信等。在互联网时代，大众媒体主流早已发生翻天覆地的变化，微博、抖音、快手等亦是民众活跃的媒体平台。

第三，协调合作机制缺乏持续性。长江经济带污水污染协同治理系统是一个复杂的系统，最终的协同度是子系统的有序耦合，任何一个子系统的波动都会导致整个系统值的不稳定。从前文的数据分析中可以得知协调合作机制波动较大，说明流域各主体之间的协同合作缺乏持续性。在协同机制中法律年度值的贡献度最大，但正是法律年度值的波动造成协同机制的不稳定。流域内各级主体对于中央下发的相关法律执行程度不同，以及地方污水治理法律法规不够健全等问题都是导致系统不稳定的原因。各流域主体呈现出间歇性地颁布环境治理政策，多是当水污染问题已经明显暴露出来后才颁发相关治理文件要求进行水污染治理，一旦环境问题稍微缓解就会有所懈怠。这也是导致协调合作机制的不持续性的重要原因。

2. 政策建议

第一，构建利益激励机制。合理的利益协调机制是长江经济带水污染协同治理的重要动力源，利益协同才能实现治理协同。要实现利益协同，一方面要保证各方利益，完善生态补偿机制；另一方面要调动治理积极性，建立激励机制。

建立上下游之间合理的生态补偿机制。对长江经济带各省市污染物排放强度水平的测量发现长江经济带上游污染物排放强度最高是下游的8倍[①]。同一流域内，上游水污染治理效益明显高于下游水污染治理效益，而现实的困境在于长江经济带上游地区经济水平本就相对落后、资金相对缺乏，在保护流域水环境的过程中既需要支付数额不菲的治理成本，又会在一定程度上牺牲自己的发展机会。因此，下游对上游保护水环境的生态补偿十分必要。而关于生态补偿的标准，则应根据治理成本、生态效益和机会成本等多方面考虑、合理核算。除此之外，生态补偿还应立法规范，从补偿金、补偿主体

---

① 王宇昕，余兴厚，熊兴. 长江经济带污染物排放强度的空间差异及影响因素研究［J］. 西部论坛，2019，166（3）：104－114.

及对象以及补偿标准三个方面进行详细规划①。

建立水污染治理的激励政策。水污染治理工作人员的积极性直接关系着资金投入的治理效果以及地方政府的污水治理政策颁布和实施效果。针对不同的职务建立不同的激励机制，详细、权责分明的激励政策可以提升污水协同治理的效率。

第二，完善监督管理机制。任何计划、政策的实施要达到良好的实施效果离不开完善的监督体系。尤其在流域水污染协同治理上，完善且严格的监管系统可以有效避免“搭便车”现象。由前文的分析可知，长江经济带水污染协同治理系统面临着监管意识不足的问题，要解决这些问题就必须建立明确的监管问责机制，加强主体意识培养。

建立明确的问责机制。监管不到位很大一部分原因在于责任没有落实到具体工作人员身上，明确的问责机制可以很大程度上督促监管人员履行自己的职责。将水污染监督纳入相关部分绩效考核。考核可采取交叉考核或关联考核的形式进行，相邻主体间的监管系统相互挂钩，以此来形成流域主体间的相互监管，从而提升监管效率。在条件允许情况下还可以建立流域监督协调机构，机构成员由中央政府、各流域主体政府以及社会群众三部分组成并实施监督职能。如此，流域污水治理“搭便车”的行为就能从根本上得到解决。

培养主体监管责任意识。监管流域水资源环境是流域内任何主体都不可推卸的责任。强化政府监管部门的责任意识，拓展群众监督渠道，利用互联网优势提升监督效能。

第三，建立长期持续的协同机制。长期持续的协同机制是流域水污染治理的保障，不仅需要跨区域法律法规的规范约束主体行为，还需要完善的信息分享平台来提升协作效率。

颁布流域水污染协同治理法律法规。流域水污染协同治理法律法规的制定有利于各流域主体明晰权责范围，保证流域主体协作关系的长期稳定。政策制定中需要考虑主体地域条件，不同主体应当承担不同的职责，权责分明

① 毛涛．我国区际流域生态补偿立法及完善［J］．重庆工商大学学报（社会科学版），2010，27（2）：99－104．

的协作制度更能够建立起长期持续的协作关系。除此之外，还应对现有的相关法律法规进行合理的修订，使其更加有效。

建立水污染协同治理信息共享平台。流域水污染治理过程中，由于跨越行政区划，地区经济发展程度不同，水质情况、治理技术等存在信息不对称。信息共享平台的建立有利于增强跨区域协同治理效率的提高，可以使先进的治理技术或治理方法快速普及整个流域，同时也能够进一步促进流域主体之间的信任程度，为后续的协同合作奠定坚实的基础。

第 4 章

长江经济带生态环境协同治理之主体协同

——形成全流域生态环境多元协同治理体系

4.1 相关理论

4.1.1 空间依赖理论*

根据地理学第一定律，事物存在空间上的相互关联，并且空间分布越接近事物之间的关联性越强。任何事物都是与其他事物相关的，只不过相近的事物关联更紧密。以此为基础，学者们提出了空间依赖理论。最早提出空间依赖概念的是 Cliff 和 Ord，他们认为空间依赖（也称为空间自相关）是空间效应识别的第一个来源，它产生于空间组织观测单位之间是否具有依赖性的观察。空间计量经济学大师 Anselin 指出，空间依赖是一种在社会科学中广泛存在的现象，它取决于相对空间或相对位置的概念，强调距离的影响，可以被认为是区域科学和地理科学的核心。Anselin 还区分了真实空间依赖性和干扰空间依赖性。真实空间依赖性体现了现实中存在的空间相互效

---

* 林黎，李敬．长江经济带环境污染空间关联的网络分析——基于水污染和大气污染综合指标［J］．经济问题，2019（9）：86－92，111．

应，实实在在反映了空间相互作用对于对方的影响。干扰空间依赖性也体现了这种作用，但是由于测量中数据来源或者测量操作的失误而产生了一定的误差。

空间依赖性理论适用于流域的环境污染。流域行政区划的分割使水污染可以由上游行政区向下游行政区进行转移。流域跨界水污染与一般性污染的不同之处在于它是一种可转移的外部性。有研究表明，国际间的污染溢出显著影响水质[①]。当河流向下游流动时，任何一处观测站的水质都是来自上游的污染输入的函数，上游对下游水质有明显的空间关联。流域行政区域之间的空气污染同样存在空间关联。环境学理论认为，大气的迁移转化会造成大气污染物在时间、空间上的再分布即大气污染扩散。大气污染物扩散有利于减轻局部地区的大气污染，但同时也使影响范围扩大，且转化为二次污染的可能性增大。有研究表明，无论是用PM10还是大气污染指数，城市之间的大气污染均存在空间关联性[②]。

4.1.2　跨域治理理论[*]

跨域治理是公共管理学的热点话题，也是治理理论研究中的重点和难点。跨域治理概念有广义和狭义之分。广义的跨域治理包含了跨域、跨部门、跨团体的治理模式，狭义的跨域治理强调地方自治团体间的跨区域合作事务。跨域治理的内涵是跨越土地管辖权及行政区划的合作治理。长江经济带生态环境治理涉及国家、政府部门、私营部门和公民个人，属于广义的跨域治理，必须打破区域限制，实现主体协同。

长江经济带生态环境作为生态产品，具有准公共物品属性。准公共物品介于公共物品和私人物品之间，它在消费上具有排他性，但就竞争性而言，

① Sigman H. Transboundary spillovers and decentralization of environmental policies [J]. *Environmental Economics and Management*, 2015 (50): 82-101.

② 马丽梅，张晓．区域大气污染空间效应及产业结构影响［J］．中国人口·资源与环境，2014（7）：157-164．孙晓雨，刘金平，杨贺．中国城市大气污染区域影响空间溢出效应研究［J］．统计与信息论坛，2015（5）：87-92．

* 林黎．我国生态供给主体的博弈研究——基于多中心治理结构［J］．生态经济，2016（1）：96-99．

只有在一定范围内才有竞争性。即当消费者的数量在提供的准公共物品数量之内时，消费者数量增加对于其他消费者而言没有影响，各消费者之间不存在竞争，但是一旦超过这个范围，消费者之间便会产生竞争性①。由于生态环境资源的这一性质，在使用中很可能出现“过度使用”。从行政区域的视角来看，以水资源为例，长江上游的省份需要保护水源，甚至牺牲发展机会，来为中下游提供优质水源；反之，如果上游污染排放超标，水质遭破坏，中下游又要为上游“买单”。由于行政区域的固定性与水资源的流动性存在矛盾，从经济利益的角度出发，流域内的地方政府必然寻求区域边界内的利益最大化或区域边界内的治理成本最小化。既不想承担生态环境保护的成本，又希望获得生态环境带来的正效应。从供给主体来看，主要是由中央和地方各级政府直接或间接提供生态产品，企业参与较少。各个供给主体具有不同的地位、职能和任务，共同构成了生态产品供给体系。要保证通过生态环境治理提供有效的生态产品，需要中央政府、地方政府和企业等各部门的精诚合作。但是由于成本和利益不对称，供给主体相互博弈导致生态产品供给低效的问题也存在。因此，长江经济带生态环境治理，还必须考虑政府、企业、公众等主体的协同问题。

从以上理论分析可知，从空间依赖理论角度来看，长江经济带是一个整体，不是独立单元，各省份的环境污染存在空间关联，必须协同治理才能取得成效。从跨域治理理论角度，长江经济带生态环境是准公共物品。在行政区划的固定性与水资源的流动性存在矛盾的情况下，无法调动供给主体的积极性。此外，生态环境供给主体不局限于政府，必须发动企业和公众，发挥政府、企业、公众的合力。鉴于此，长江经济带生态环境治理必须解决好主体协同，形成多元治理体系。

4.1.3 多中心治理理论

作为公共领域的新兴理论，多中心治理理论最早是由迈克尔·波兰尼提出，他指出社会有两种秩序，指挥的秩序和多中心的秩序。在多中心的秩序

① 尹伯成．大众经济学［M］．上海：复旦大学出版社，2013.

下，每个行为主体能够在独立发展的同时协调好与其他主体，并能在社会的一般规则体系中找到各自的定位以实现相互关系的整合[①]。埃莉诺·奥斯特洛姆运用博弈论探讨了在政府和市场之外的自主治理公共池塘资源的理论上的可能性，提出了自主组织和自主治理公共事务的集体行动理论，指出该理论解决了制度设计中的三个相互联系的难题：制度供给、可信承诺和互相监督。[②]

被大多数学者接受的多中心治理定义是"把有局限的但独立的规则制定和规则执行权分开给无数的管辖单位。所有的公共当局具有有限但独立的官方的地位，没有任何个人和群体作为最终的和全能的权利凌驾于法律之上"[③]。多中心代表着没有中心并且就其含义而言它不赞成权利的集中和垄断，这与传统意义上的单中心理论存在本质的差别。它强调在提供社会公共产品的过程中，除了政府主体外，还广泛存在社会组织、企业、个人等多个独立的决策中心。各决策中心既相互独立又相互关联，通过政府与一系列非政府主体的有机结合，实现公共品供给的高效率。在多中心治理理论中，政府和其他非政府主体的地位和角色也会发生相应变化。政府虽然仍有提供公共产品的基本职能，但一改唯一生产者和提供者的垄断地位，其管理方式更趋于政府主导下的间接管理。

对于多中心治理理论的适用范围，埃莉诺·奥斯特洛姆指出，考虑到许多公共池塘资源问题和提供小范围集体物品问题的相似性，多中心治理理论有利于人们加深对个人组织集体行动以提供当地公共产品能力的影响因素的理解。来自为组织集体行动的当事人的所有努力，目的均为解决共同问题。这些问题包括"搭便车"、承诺的兑现、新制度的供给以及对个人遵守规则的监督。与此同时，对于这些研究也适用于其他场合同类问题的处理。[④]由此可知，只要涉及"搭便车"、承诺兑现、新制度供给和规则监督的经济学问题，均可借鉴多中心理论进行研究说明。

---

① 迈克尔·博兰尼．自由的逻辑［M］．冯银江，李雪茹，译．长春：吉林人民出版社，2002.

②④ 埃莉诺·奥斯特罗姆．公共事务的治理之道——集体行动制度的演进［M］．上海：上海译文出版社，2012：34.

③ Lin C. Y. C. A Spatial Econometric Approach to Measuring Pollution Externalities: An Application to Ozone Smog［J］. *Regional Analysis and Policy*, 2010, 40（1）: 1－19.

4.2 实证分析——长江经济带环境污染的空间关联及影响因素[*]

本部分以长江经济带的环境污染为研究对象，运用主成分分析法和网络分析方法对其空间关联特征以及影响因素进行探索，为长江经济带生态环境的区域协同治理提供实证依据。

4.2.1 长江经济带环境污染空间关联网络的构建

已有文献主要采用气体排放量作为大气污染空间关联的分析指标[①]。本章在借鉴此思路的基础上，利用生态环境部发布的《全国主要流域重点断面水质自动监测周报》（以下简称《周报》）和中国空气质量在线监测分析平台提供的城市空气质量指数，选取水污染评价因子 DO、COD_{Mn}、NH_3-N；空气污染评价因子 AQI、PM2.5、PM10、SO_2 和 CO；共 8 个指标。由于《周报》中公布的长江流域水质观测点位只有攀枝花、重庆、宜昌、岳阳、九江、安庆和南京 7 个城市，而这 7 个城市在中国空气质量在线监测分析平台的完整历史数据只有 2014～2018 年，故在实证研究中，主要分析 2014～2018 年长江经济带上这 7 个城市环境污染的空间关联。其中，3 个水污染评价指标数据是根据《周报》算出的年平均值，5 个空气污染评价指标是根据中国空气质量在线监测分析平台提供的月数据算出年平均值。

在计算出长江经济带 7 个城市 2014～2018 年 8 个环境指标数值的基础上，利用主成分分析法对 8 个指标进行降维处理，得到表 4－1。该结果表

---

* 林黎，李敬．长江经济带环境污染空间关联的网络分析——基于水污染和大气污染综合指标［J］．经济问题，2019(9)：86－92，111.

① 张可，汪东芳．经济集聚与环境污染的交互影响及空间溢出［J］．中国工业经济，2014(6)：70－82．唐登莉，李力，洪雪飞．能源消费对中国雾霾污染的空间溢出效应——基于静态与动态空间面板数据模型的实证研究［J］．系统工程理论与实践，2017（7）：1697－1708．刘贤赵，高长春，张勇，余光辉，宋炎．中国省域能源消费碳排放空间依赖及影响因素的空间回归分析［J］．干旱区资源与环境，2016（10）：1－5.

明，成分1、成分2、成分3的特征值大于1，它们合计能解释84%以上的方差。因此，可以将成分1、成分2、成分3作为主成分，暂时忽略掉其他不太重要的成分。进一步地，根据成分1、成分2、成分3各自不同的权重，可以算出因子综合得分。

表4-1　　主成分分析结果

成分	初始特征值			提取平方和载入			旋转平方和载入		
	合计	方差的%	累积%	合计	方差的%	累积%	合计	方差的%	累积%
1	2.930	36.627	36.627	2.930	36.627	36.627	2.840	35.504	35.504
2	2.501	31.257	67.884	2.501	31.257	67.884	2.537	31.710	67.213
3	1.309	16.361	84.245	1.309	16.361	84.245	1.363	17.032	84.245
4	0.580	7.249	91.494						
5	0.313	3.908	95.402						
6	0.202	2.530	97.932						
7	0.114	1.424	99.356						
8	0.052	0.644	100.000						

至此，将长江经济带7个城市的水污染和空气污染的8个评价指标重构成1个环境污染综合评价指标，这是进行环境污染空间关联网络分析的基础。利用各市2014~2018年的环境污染综合评价指标，在SPSS中做两两的相关性分析，通过5%的显著性水平，则记为1，未通过则记为0，得到环境污染的相关系数矩阵。

4.2.2　长江经济带环境污染空间关联网络的特征刻画

1. 网络分析理论的特征刻画指标

根据网络分析理论，刻画一个网络特征主要有网络密度、关联性、中心性和块模型等特征指标。网络密度用于衡量长江经济带环境污染空间关联网络中各省（市）之间联络的紧密程度。关联度用于测量网络中省（市）之间的可达性，体现网络的稳健性高低。“中心性”用于描述各省（市）在网络中的地位和权力，它包括度数中心度、中间中心度和接近中心度三个常用指标。相对度数中心度是指与某点直接相连的点数（N）与网络中最大可能直接相连的点数（N－1）之比。中间中心度主要测度各省（市）在多大程度上位于网络中其他省（市）的“中间”。接近中心度是指某省（市）不受其他省（市）影响的测度。块模型是研究网络位置模型的方法，是对网络中各省（市）承担角色的描述性代数分析。

2. 长江经济带环境污染空间关联的网络特征分析

第一，可视化空间关联图。利用 ucinet 的 netdraw 工具，可将长江经济带环境污染的空间关联网络可视化（见图4－1）。根据网络图，可以看出长江经济带环境污染的空间关联在各省（市）间存在差异。九江与其他城市空间关系不明显[①]。相反，剩下的6个城市，环境污染的空间关联则较为密切，相互之间至少有一条空间通道。

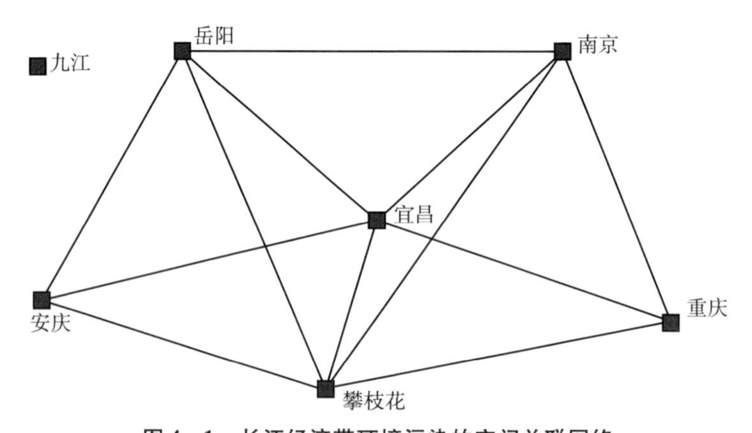

图4－1　长江经济带环境污染的空间关联网络

第二，网络密度和关联性分析。计算出长江经济带7个城市环境污染空间关联的整体网络密度为0.571，关联数为24。网络的密度越大，表明网络对其中个体产生的影响越大。鉴于网络密度的取值范围为［0，1］，0.571

① 这可能是基于现有市级的年平均数据，降低了显著性和精度，即从年数据层面不显著，但实际上可能还是有影响。

的网络密度表明，网络中各点具有一定关联性，且居于中上水平。计算出的网络关联度为0.714，说明网络中各点之间的可达性不低，网络比较稳健。上述两个指标说明，在构建的长江经济带环境污染空间网络中，各市的环境污染存在明显的空间关联，在环境污染治理中不能“单打独斗”“各自为政”，必须加强区域合作、建立环境污染治理的跨区域联防联控协调机制，才能取得较好的治理效果。

第三，中心性分析。计算出各市的相对度数中心度、中间中心度和接近中心度如表4-2所示。7个城市中，度数中心度最高的是攀枝花和宜昌，说明这两个城市在环境污染网络中居于中心。度数中心度的均值是57.144%，攀枝花、宜昌、岳阳和南京都高于该均值，表明这四个城市在长江经济带的环境污染中具有较大的关联性。城市的中间中心度越高，对其他地区环境污染的影响越大。计算结果显示，攀枝花和宜昌的中间中心度均为1.167，岳阳和南京的中间中心度均为0.333，其他城市为零。这再次证明攀枝花和宜昌处于长江经济带环境污染空间关联网络的核心，对整个网络的环境污染有最大的影响力。城市的接近中心度越小，说明该地区越不受控制，不受其他区域影响。根据测算结果，九江是孤点，接近中心度的值为空缺。重庆和安庆的值较小，这说明两者环境污染受其他城市影响程度小于其他4个城市，这与环境污染空间关联的可视化网络图完全相符。

表4-2　长江经济带环境污染空间关联的中心性分析

城市	度数中心度（%）	中间中心度	接近中心度（%）
攀枝花	83.333	1.167	50
重庆	50	0	42.857
宜昌	83.333	1.167	50
岳阳	66.667	0.333	46.154
九江	0	0	
安庆	50	0	42.857
南京	66.667	0.333	46.154
均值	57.144	0.429	46.337

第四，长江经济带环境污染空间关联的块模型分析。在使用 Ucinet 分析的过程中，将最大切分深度设定为 2，集中标准设定为 0.2，计算得到三个板块。第一板块包括攀枝花、九江和宜昌。第二板块包括南京和重庆。第三板块包括安庆和岳阳。其中，总的关联关系为 24，各组内部的关联数为 6，各组之间的关联数为 18（见表 4－3）。板块 1 的关联数为 10 个，其中内部联系 2 个，外部联系 8 个，属于外部型板块。板块 2 和板块 3 的关联数均为 7 个，其中内部联系均为 2 个，外部联系均为 5 个，也属于外部型板块。表 4－3 表明三个板块在网络中的作用都主要体现为影响板块外其他城市的环境污染。

表 4－3　长江经济带环境污染空间关联网络的板块溢出效应

板块	板块关系总数	板块内关系数	板块外关系数	板块特征
板块 1	10	2	8	外部型板块
板块 2	7	2	5	外部型板块
板块 3	7	2	5	外部型板块
合计	24	6	18	—

通过以上的块模型分析，可以得到如下结论：第一，在整体网络中，板块外城市之间的联系更为紧密，体现在板块外关系数为板块内关系数的 3 倍，表明 7 个城市呈现明显的环境污染空间关联。这与希拉里·希格曼（Hilary Sigman）的结论“污染溢出显著影响水质”、蓬（Poon）的结论“污染空间溢出效应在中国各省之间存在”相符。第二，三个板块在网络中均是外部联系数量远远大于内部联系数量，呈现明显的外部型板块特征，再次印证长江经济带城市之间的环境污染关联性较强。

4.2.3 基于 QAP 方法的长江经济带环境污染空间关联的因素分析

1. 理论假设、数据选择与分析方法

环境污染空间关联影响因素的理论基础是环境库兹涅茨曲线理论。1991

年美国经济学家克罗斯曼（Grossman）和克鲁格（Krueger）将库兹涅茨曲线应用于环境经济学研究中，发现大多数污染物的变动趋势与人均国民收入（GNI）的变动趋势呈现倒“U”形的关系，提出了环境库兹涅茨曲线（EKC）假说。根据EKC理论，经济增长通过规模效应（经济增长会增加资源使用和带来更多产出）、技术效应（高收入水平带来更好的环保技术和高效率技术）与结构效应（产业结构由农业向重工业，再向服务业和知识密集型产业转化）三种途径影响环境质量。EKC理论同样认为环境质量的变化与环保投资密切相关，不同经济发展阶段资本充裕度不同，环保投资的规模也不同。在环境库兹涅茨曲线理论基础上，学者对环境污染空间关联的解释变量进行了拓展和挖掘，主要包括空间距离、人均GDP、人口密度、第二产业占GDP比重、工业污染治理投资占GDP比重、单位GDP能耗等方面[①]。实际上，人均GDP和人口密度对应“规模效应”；单位GDP能耗对应的是“技术效应”；第二产业占GDP比重对应的是“结构效应”；工业污染治理投资占GDP比重对应的是“环保投资”。

在借鉴环境库兹涅茨曲线理论的基础上，本章基于城市的空间相邻关系（D）、人均GDP的差异（$RJGDPc$）、人口密度的差异（$RKMDc$）、单位GDP能耗的差异（$DWNHc$）、第二产业占GDP比重（$CYBZc$）和工业污染治理投资占GDP比重的差异（$GYZLc$）这六个因素，考察它们对长江经济带环境污染空间关联网络的影响。得到函数如下：

$$R = f(D, RJGDPc, RKMDc, DWNHc, CYBZc、GYZLc) \tag{4.1}$$

需要注意的是，函数中的自变量和因变量都是矩阵。R是长江经济带7个城市环境污染的空间关联矩阵。D是由城市之间的空间相邻矩阵，数据来自百度地图测算出的城市之间最短距离。$RJGDPc$是城市之间人均GDP的差异矩阵，$RKMDc$是城市之间人口密度的差异矩阵，$DWNHc$是城市单位GDP能耗的差异，$CYBZc$是城市第二产业占GDP比重的差异矩阵，$GYZLc$是工业污染治理投资占GDP比重的差异矩阵。首先计算7个城市相应指标在考

① 张可，汪东芳．经济集聚与环境污染的交互影响及空间溢出［J］．中国工业经济，2014（6）：70－82．唐登莉，李力，洪雪飞．能源消费对中国雾霾污染的空间溢出效应——基于静态与动态空间面板数据模型的实证研究［J］．系统工程理论与实践，2017（7）：1697－1708．刘贤赵，高长春，张勇，余光辉，宋炎．中国省域能源消费碳排放空间依赖及影响因素的空间回归分析［J］．干旱区资源与环境，2016（10）：1－5．

察期的平均值、再利用平均值的绝对差异构成对应的差异矩阵。本章选取2014~2018年作为考察期，所有的数据来自7个城市的统计年鉴、统计公报、《中国能源年鉴》以及中经网统计数据库。

在研究关系之间关系的时候，网络分析通常选用特定检验方法——二次指派程序（Quadratic Assignment Procedure，QAP）方法。在常规统计中要求多个自变量相对独立，否则会出现“多重共线性”，而QAP是一种非参数法，尤其是它不需要假设自变量之间相互独立，因而比参数方法更加稳健①。

2. QAP回归分析

QAP回归分析主要研究多个矩阵和一个矩阵之间的回归关系，并且对判定系数R^2的显著性进行评价。在实际计算中，首先针对自变量矩阵和因变量矩阵进行常规的多元回归分析；其次，对因变量矩阵的各行和各列进行（同时）随机置换，然后重新计算回归，保存所有的系数值以及判定系数值R^2。重复这个步骤多次，以便估计统计量的标准误差。需要注意的是，作为非参数法的QAP，其判定系数不同于一般回归分析必须大于0.5以上的规定，通常大于0.3已经比较理想②。

对式（4.1）的函数进行QAP回归，分析六个差异矩阵——长江经济带7个城市的空间相邻矩阵、人均GDP的差异矩阵、人口密度的差异矩阵、单位GDP能耗的差异矩阵、第二产业占GDP比重的差异矩阵、工业污染治理占GDP比重的差异矩阵与长江经济带7个城市环境污染空间关联的回归关系，即采用网络分析的特定检验方法，用关系矩阵分析关系矩阵。QAP回归结果如表4-4所示，第二产业占GDP比重的差异矩阵*CYBLc*在1%的水平上显著，人口密度的差异矩阵*RKMDc*在10%的水平上显著，其他差异矩阵则不显著。

$R^2=0.33267$则表明，7个城市第二产业占GDP比重的差异矩阵和人口密度的差异矩阵与长江经济带环境污染空间关联矩阵存在“线性关系”的时候，可以用这两个差异矩阵的数据解释环境污染空间关联变异的

① Barnett G. A. *Encyclopedia of Social Networks* [M]. Los Angeles: SAGE Publications, Inc, 2011.
② 刘军. 社会网络分析导论［M］. 北京：社会科学文献出版社，2004. 刘军. 整体网分析讲义：UCINET软件实用指南［M］. 上海：格致出版社，2009.

33.267%。在网络分析方法中，0.33267 的 R^2 属于比较大的数值，表明 QAP 回归较理想，两个差异矩阵对长江经济带环境污染空间关联的解释力较强。表4－4中的概率是随机置换产生的判断系数不小于实际观测到的判断系数的概率，是单尾检验的概率，为0.003，表明 R^2 在1%的水平上显著。

表4－4　环境污染空间关联矩阵的 QAP 回归分析

变量	标准化回归系数	非标准化回归系数	显著性概率值	概率1[a]	概率2[b]
D	0.00849	0.00001	0.24638	0.24638	0.75412
DWNHc	－0.00080	－0.00593	1.00000	0.00050	1.00000
CYBZc	0.78792	0.03975	0.00600	0.00600	0.99500
GYZLc	0.00048	0.01111	1.00000	1.00000	0.00050
RJGDPc	0.00386	0.00000	0.56772	0.56772	0.43278
RKMDc	－0.39662	－0.00085	0.09295	0.90755	0.09295
R^2			概率	样本体积	
0.33267			0.00300	42	

注：a：随机置换产生的判定系数绝对值不小于观察到的判定系数的概率。
b：随机置换产生的判定系数绝对值不大于观察到的判定系数的概率。

4.2.4　基本结论——长江经济带环境污染存在空间关联

根据网络分析法和 QAP 回归的分析，能够得到如下结论：第一，在整体网络特征的分析中，整体网络密度为0.571，关联数为24。表明长江经济带上7个城市环境污染是相互影响和关联的，应该立足于全面协调协作进行环境污染治理。第二，对各点的中心性分析发现，网络中每个点的地位存在差异。其中，攀枝花和宜昌的中间中心度最高，在空间关联网络具有最大的影响力，也是治理环境污染关注的重点。第三，块模型分析的结果表明，长江经济带的7个城市可以划分为三个板块。第一组（攀枝花、九江、宜昌）、第二组（南京、重庆）和第三组（安庆、岳阳）均呈现出外部型板块特征，说明长江经济带城市环境污染之间的空间关联较明显。第四，QAP分析证明第二产业占GDP的比重差异和人口密度的差异是影响环境污染空间关联的重要因素，两个因素能够解释长江经济带环境污染空间关联变动的33.267%。这同时也印证了环境库兹涅茨曲线理论中提及的“经济增长通过规模效应和结构效应影响环境质量”。

4.3 实证分析——我国生态产品供给主体的博弈研究*

本部分运用博弈论的分析方法对三类不同的生态产品供给主体之间的关系进行研究，为打破单中心思路，建立政府、企业、公众多元共治的治理体系提供实证依据。生态产品是指维持生态环境安全、确保生态系统正常调节功能、为人类社会提供良好环境的各种自然要素，主要包括优质的空气、洁净的水源、宜居的气候、美好的环境等①。外部性理论认为，大部分生态产品具有公共产品的特征，即具有消费的非竞争性和非排他性。长江经济带的生态环境治理，实际就是提供更多更好的生态产品；生态环境治理主体即生态产品的供给主体。

4.3.1 生态产品供给主体的行为特征分析

根据我国当前的情况，生态产品大部分由中央和地方各级政府筹资、投资，直接或间接提供，少数由企业提供。各个供给主体具有不同的地位、职能和任务，共同构成了生态产品供给体系。生态产品的有效供给需要主体之间精诚合作，但是由于成本和利益不对称，供给主体相互博弈导致生态产品供给低效的问题也相当普遍。基于此，为推进生态文明建设，增强生态产品生产能力，有必要研究生态产品供给主体的博弈。

---

* 林黎．我国生态供给主体的博弈研究——基于多中心治理结构[J]．生态经济，2016(1)：96－99.

① 王琳琳．你了解生态产品吗［N］．中国环境报，2012－11－20（8）．

1. 中央政府在生态产品供给中的行为特征

我国2013年版《国务院工作规则》明确了国务院要全面履行经济调节、市场监管、社会管理和公共服务职能。其中“强化公共服务职能”是指“注重公共服务，完善公共政策，健全政府主导、社会参与、覆盖城乡、可持续的基本公共服务体系，增强基本公共服务能力，促进基本公共服务均等化”。党的十八大报告中再次强调“提供优质公共服务”。无论参照经济理论还是现实国情，中央政府都具有多重职能。一方面，中央政府履行为全社会提供公共产品的职责责无旁贷。中央政府利用行政手段和经济手段的组合拳，要求地方各级政府、企业和自己一起提供具有公共产品属性的清洁空气、清洁水源、宜人气候和舒适环境等生态产品。另一方面，中央政府具有经济调节职能，需要促进国民经济持续健康发展。在要求地方政府和企业提供生态产品的同时也要确保经济的活力和GDP增速指标的稳步上升。因此，中央政府往往力求两全其美，提供生态产品又保持经济平稳增长，达到双管齐下的政策效果。生产生态产品和经济增长常常存在矛盾，中央政府会视不同时期采取不同的政策措施，对于是保增长还是保生态产品，会根据当时情况的轻重缓急相机抉择。

2. 地方政府在生态产品供给中的行为特征

地方政府在地方事务中主要承担三大职能：建设职能、社会保障职能和社会事业发展职能。其中，经济建设职能常常被地方政府视为首要任务。这主要基于以下三个原因：第一，地方政府的考核制度。长期以来，中央对地方推行以GDP为主的考核机制。第二，地区经济发展是提供生态产品的基础，生态产品供给需要资金支持。地方政府即使想为当地百姓提供生态产品，也需要充裕的财政资金做后盾。搞活地区经济可以说是生态产品供给的经济保障。第三，中央政府对生态产品供给的考核不严格。只有当中央政府将生态产品供给纳入政绩考核指标，地方政府才有提供的动力。中央政府对地方生态环保的考核很多都是软性指标。

3. 企业在生态产品供给中的行为特征

在西方经济学中，企业是微观经济主体，追求利润最大化是企业的经营目标。鉴于生态产品既具有公共产品的特性，又具有商品属性，对于企业提供生态产品的分析则需一分为二。如果市场化程度足够高，生态产品以商品形式提供给消费者，企业通过销售生态产品能够获利，那么企业会自愿生产销售（提供）生态产品。反之，如果生态产品没有商品化，企业只是作为义务或任务提供生态产品。政府监督到位，企业会如实提供生态产品；政府监督不到位，企业则不愿提供生态产品。总之，无偿提供生态产品增加企业成本、减少收益，企业没有供给生态产品的动力。

4.3.2 生态产品供给主体之间的博弈

1. 中央政府和地方政府之间的博弈

世界银行《1997 年世界发展报告》把政府的职能划分为基本职能、中型职能和积极职能三个层次，每一个层次对应着相应的经济发展水平和政府能为发展提供基础条件的能力。基本职能包括解决市场失灵和促进社会公平。中型职能主要包括外部效应的管理、制定垄断行业的法规以及提供社会保障。积极职能则涉及促进市场发展和协调再分配①。为了研究方便，我们把三个层次的职能划分为政治职能、经济职能、文化职能和社会职能四个方面。

设中央政府的目标函数 $G=f(p, e, c, s)$。其中，G 代表政府的总收益，p 表示政治职能，e 表示经济职能，c 表示文化职能，s 表示社会职能。政治职能，主要包括军事保卫、外交、治安和民主政治建设职能。政治职能履行得好，则政治稳定、国家安泰。经济职能，主要指宏观经济调控、市场监管、社会管理和提供公共品服务。对于发展中国家而言，此四项直接关系国家振兴、人民富裕，地位不言而喻。文化职能泛指国家发展科学技术、教育、文化事业和卫生体育的职能。社会职能是政府承担的具有社会公共性的一类事务，主要有：调节社会分配和组织社会保障；保护生态环境和自然资源；促进社会化服务体系建立和提高人口质量、实行计划生育等。显然，中央政府的总收益和四项职能的执行情况息息相关，且呈正向变动关系。本书研究的生态产品供给，很明显属于社会职能中的保护生态环境和自

---

① 张培刚．发展经济学［M］．北京：北京大学出版社，2009：138－141.

然资源。

在生态产品供给中，中央政府和地方政府存在委托—代理关系。中央政府是委托人，地方政府是代理人。为了履行社会职能，中央政府向地方拨款作为供给生态产品的资金。但中央财政资金常常是生态产品资金池的一部分，剩下的部分需要地方政府自我筹措。在实际操作中，由于委托代理链条过长和缺乏监管，即使中央政府三令五申甚至拨付专项资金，也可能出现地方并未如实提供生态产品。为了保证生态产品有效供给，政府往往采取检查或考核的方式进行监管，即使这样会产生成本。假设中央政府的财政收入为 t，检查成本为 c，拨给地方用于生态产品提供的资金为 d，地方政府的财政收入为 x（假设已包括中央提供给地方用于生态产品的资金 d），提供生态产品自身的支出为 b。如果中央政府检查到地方政府未如实提供生态产品，不仅会要求地方政府立即提供，而且会对地方政府进行罚款，罚款数额是中央生态产品专项供给资金的数倍，假设为 nd，$n>1$，且 $nd>b$。因此，得益矩阵见表4－5。

表4－5　　中央政府和地方政府的生态产品供给博弈

预期收益		地方政府	
		提供	不提供
中央政府	检查	$(t-d-c)$，$(x-b)$	$(t-d-c+nd)$，$(x-b-nd)$
	不检查	$(t-d)$，$(x-b)$	$(t-d)$，(x)

从表4－5可以看出，肩负供给生态产品职能的中央政府对地方政府有检查和不检查两种选择，地方政府有提供和不提供生态产品两种选择。当中央政府采取检查的措施时，地方政府若提供生态产品，则中央政府的预期收益为 $t-d-c$，地方政府的预期收益是 $x-b$。此时，如果地方政府不提供生态产品，则会被罚款。两者的预期收益则变为 $t-d-c+nd$ 和 $x-b-nd$。显然，当中央检查的时候，地方政府的最优选择是提供生态产品。当不检查时，地方政府的最优选择是不提供生态产品，此时的预期收益变为 x。中央用于提供生态产品的资金也成为地方的收益。对于中央政府而言，如果地方政府提供生态产品，最优的选择是不检查；反之，最优选择是检

查。依据该矩阵，中央政府和地方政府的博弈将长期存在，无法得到最理想的组合——中央政府不检查、地方政府如实提供生态产品。这说明在生态产品的供给中，中央政府主导的单中心治理不是最有效的，治理结构亟待改变。

2. 地方政府和企业之间的博弈

在经济发展大于一切的政绩考核体系下，地方政府对生态产品供应是缺乏刺激的。但中央将生态置于与经济、政治、文化、社会同等重要的地位，当中央对生态产品的考核常态化，地方政府便有了提供生态产品的动力。除此之外，生态产品，尤其是清新的空气、清洁的水源还与企业的治理行为密切相关。企业的生产往往伴随着对环境的不利影响，而企业并不愿为此付费和治理。究其原因，治理给企业带来的直接影响是成本增加、利润减少。此种情形下，地方政府唯有确立惩罚制度并严格执法，才能迫使企业真正对环境负责。地方制定规则或定期检查是有成本的，我们同样引入得益矩阵加以分析。假设地方政府财政收入为 x，执法成本为 f。企业的本来经济收益为 i，治理环境的支出为 h，治理环境不能带给企业任何经济上的收益。若未治理被查处还会额外罚款 g，且 $g>h>0$。于是，得到如下的得益矩阵（见表4－6）。

表4－6　地方政府和企业的生态产品供给博弈

预期收益		企业	
		治理	不治理
地方政府	执法	$(x-f)$，$(i-h)$	$(x-f+g)$，$(i-h-g)$
	不执法	(x)，$(i-h)$	(x)，(i)

基于表4－6的分析，地方政府有执法和不执法两种行为可选，企业有治理环境和不治理两种选择。当地方政府执法时，企业治理环境的预期收益是 $i-h$，企业不治理环境的预期收益是 $i-h-g$。于企业而言，此时的最优选择是治理环境，避免遭受额外的罚款。当地方政府不执法时，企业治理环境的预期收益是 $i-h$，企业不治理环境的预期收益是 i。此时，

企业选择不治理环境才是最优。相应地，当企业治理环境时，地方政府执法的预期收益是 $x-f$，地方政府不执法的预期收益是 x；地方政府的最优选择是不执法。当企业不治理环境时，地方政府执法的预期收益是 $x-f+g$，地方政府不执法的预期收益是 x；地方政府的最优选择是执法。从成本最低的角度考虑，理想的最优组合是地方政府不执法、企业治理。从得益矩阵来看，地方政府和企业的博弈将长期存在，且得不到理想的最优组合。地方政府单向管理、企业缺乏主动权，这样的治理结构存在弊端，改变和调整势在必行①。

3. 企业和企业之间的博弈

作为自主经营、自负盈亏的微观经济主体，企业的目标是收益最大化。在生态产品未市场化的环境下，治理环境、提供生态产品对于企业而言意味着成本而非收益。普遍的情况是，企业的生产过程对周边环境带来外部不经济，企业对治理环境具有不可推卸的责任。本着“谁污染谁治理”原则，地方政府会要求企业承担生态补偿。同一地区内如果不只一个企业对生态环境造成影响，那么区域内的企业都有治理的义务。为了研究方便，假设区域内有两个企业，地方政府勒令两者共同承担改善环境的任务。设治理环境的总成本是 h，两者合作治理则平均分摊成本。若地方政府检查发现企业未履行治理义务，不仅要缴纳治理环境的相关费用，还会对企业额外罚款 g，$g>h>0$。若地方政府不检查，不合作治理的企业成本为0，费用由治理环境的另一企业全额承担。企业博弈的得益矩阵见表4-7和表4-8。

表4-7　　企业和企业的生态产品供给博弈（地方政府不检查）

预期收益		企业	
		不合作治理	合作治理
企业	合作治理	$(-h)$，(0)	$(-h/2)$，$(-h/2)$
	不合作治理	(0)，(0)	(0)，$(-h)$

① 李薇. 论我国农村公共产品的多中心供给模式［J］. 学理论，2012（31）：59-60.

表 4-8　企业和企业的生态产品供给博弈（地方政府检查）

预期收益		企业	
		合作治理	不合作治理
企业	合作治理	$(-h/2)$，$(-h/2)$	$(-h)$，$(-h-g)$
	不合作治理	$(-h-g)$，$(-h)$	$(-h-g)$，$(-h-g)$

表4-7描述了地方政府不检查的情况。当企业选择合作治理时，双方各分担一半治理成本，两者的预期收益都为 $-h/2$。当一方选择合作治理，另一方选择不合作时，两者的预期收益分别为 $-h$ 和0。当两者都不合作承担治理任务时，预期收益都为0。表4-8描述了地方政府检查时的情况。当企业选择合作治理，双方仍然各承担一半治理成本，预期收益都为 $-h/2$。当一方选择合作治理，另一方选择不合作时，前者预期收益为 $-h$，后者除了承担治理成本还会被地方政府处以罚款，其预期收益为 $-h-g$。当两者都不合作承担治理任务时，预期收益均为 $-h-g$。根据以上分析可知，当地方政府不检查时，企业最优的选择是不合作治理。只有地方政府检查时，企业的最优选择才是合作治理。从全社会的整体收益来看，企业的两种所谓最优选择都非最优，企业之间的博弈仍然长期存在。

4.3.3 基本结论——构建多中心治理机制

通过现实情况的分析，我国生态产品的供给主体包括中央政府、地方政府和相关企业，各自具有不同的目标取向。中央政府身兼政治、经济、文化和社会四大类职能，生态产品供给牵一发而动全身，故中央政府对提供生态产品的态度明确、目标清晰。地方政府对生态产品的热情主要来自中央政府的考核压力，无压力则基本无动力。对企业而言，生态产品则纯属负担而非收益。不同的立场决定了三类主体在生态产品供给中的不同态度和行为，从而也直接导致了三者之间的长期博弈。要扭转供给主体长期博弈的局面，减少供给成本、提高供给效率，治理思路应向多中心治理转变，由政府、市场和社会共同提供公共服务和公共产品①。

4.4 政策建议

以上的实证分析分别从横向府际合作和多中心治理两个纬度证明了长江经济带生态环境多元协同治理的必要性。要进行长江经济带生态环境保护修复，实现区域内绿色低碳发展，建设绿色发展示范带，就必须从整体性和系统性出发，构建生态环境多元协同治理体系。一方面，建立全周期视角下的生态环境协同治理机制；另一方面，建立政府、企业、公众多元共治的治理机制。

4.4.1 建立全过程的流域生态环境协同治理机制*

长江经济带环境污染的明显空间相关性，意味着区域内的生态环境治理不能分散治理，必须是贯穿事前、事中、事后的全过程合作、全流域协同，具体包括：

第一，突出重点区域。根据社会网络分析法的实证结果可以得出长江经济带的环境污染空间相关性很强，且不同地区在网络中扮演着不同的角色。各省（市）在网络中的地位不尽相同，攀枝花和宜昌在整个网络中的关联作用最明显。本着“抓住主要矛盾和矛盾主要方面”的哲学思想，应该集中力量解决环境治理中的突出矛盾、突出问题；牢牢抓住这两个城市及其所在省份重点突破，实现全局和局部相协调、渐进和突破相衔接。

第二，事前规划协同。建立长江经济带生态环境治理领导小组，下设污染联防联治工作组。生态环境治理领导小组作为主要的协调机构，污染联防联治工作组是主要的执行机构，由九省二市的生态环境局牵头，其他相关部门协同生态环境局，将工作组的协同工作成绩纳入部门考核指标体系，作为

① 王兴伦．多中心治理：一种新的公共管理理论［J］．江苏行政学院学报，2005（1）：96－100.

* 林黎，李敬．区域大气污染空间相关性的社会网络分析及治理对策——以成渝地区双城经济圈为例［J］．重庆理工大学学报（社会科学），2020（11）：19－30.

年度考评的重要依据。通过定期召开长江经济带生态环境治理工作联席会议，交流各城市生态环境的治理进展，动态调整治理任务。对于区域内的相邻城市建立生态环境治理定期会商机制，推动建立长江经济带生态环境治理的双边、多边协作机制。厘清司法协作主体，完善程序制度衔接，明确协作运行规则，建立长江经济带生态司法协作机制。

第三，事中实施同步。首先，严格执行《长江经济带生态环境保护规划》，明确生态环境治理的主要目标和重点项目。统一污染物排放标准，保障长江经济带污染联合执法顺利地开展，防止高排放企业向区域内环境标准“洼地”转移。其次，共同治理长江经济带环境污染。探索形成长江经济带生态环境保护联合立法机制，推进区域内污染治理司法合作，建立一体化的产业准入和负面清单。再次，搭建统一的信息平台。推进长江经济带环境污染数据库建设，实现统一采集、统一标准、统一数据、统一公开。推进长江经济带环境污染监测系统建设，共同监测重点区域和重点污染企业的实时信息，共同管理超标排放行为。推进长江经济带环境污染应急管理系统建设，共享环境污染舆情信息，共同应对环境污染突发事件，集中调度应急物资。

第四，事后整体评估。建立长江经济带生态环境治理总目标年度考核制度，对区域内的生态环境治理效果进行全面考核。在充分考虑九省二市产业结构差异的前提下，合理设定约束性目标和预期性目标，制定统一的生态环境治理评价指标体系，全面跟踪分析治理成效，查找制约因素。采用平行审计方式，对区域内生态环境协同治理中的机制运行、执行力度、治理效果等方面进行审计监督，客观评价生态环境的协同治理，为进一步完善协同机制提供政策依据。构建长江经济带联合督导检查机制，形成例行督察—专项督察—督察整改的闭环管理；成立长江经济带生态环境治理联合督察小组，开展跨区域联合督察，实现督察问责追责一体化。

除此之外，建立全流域生态环境协同治理机制不能忽略两个重要因素：一是产业结构。第二产业所占比例对环境污染空间关联的影响显著，揭示了产业结构与环境之间的互动关系。不同的产业向环境排放的污染物数量和密度不同，产业结构的变化决定了资源耗费和环境污染水平的变化。在三大产业中，第二产业对生态环境的负面影响比农业和服务业更大。因此，一方面，要倡导产业生态化，在生态化原则的指导下谋划产业发展，充分利用绿色环保技术改造落后产业，创新发展绿色低碳产业，实现产业向绿色化和可持续发展；另一方面，要落实生态产业化，把保护生态、提供生态产品培育为专门的产业，利用市场和价值规律推进生产要素向生态保护产业聚集，从经济利益激励的层面保证生态保护可持续。二是人口密度。人口密度对环境污染空间关联产生影响，这对各省市控制人口密度和城市化速度提出了要求。在我国现代化建设的进程中，以人口拥挤、资源紧张、环境污染为主要特征的城市病逐渐显现。高度集中于城市的人口，突飞猛进的产业发展，随之而来的是城市环境的巨大威胁——“三废”（废气、废水、固体废弃物）。正如著名经济学家库兹涅茨的结论，“经济增长会增加资源使用，从而影响环境质量”。因此，构建全流域生态环境治理机制时，必须让九省二市处理好人口增速，协调好发展与保护的关系，既要金山银山又要绿水青山。

4.4.2　建立政府、企业、公众多元共治的治理体系*

第一，实现治理主体多元化，明确各治理主体的责任。借鉴国外的经验，打造政府主导下的企业、社会组织、公民全面覆盖、全民参与的生态环境共治体系。首先，各级政府的分工应该明确。中央政府全面规划统筹长江经济带的生态环境治理，地方政府执行中央政策的同时，立足本地区并协助相邻地区进行生态环境治理。其次，界定政府和企业、社会组织、公民的不同定位。政府是生态环境治理的主导，保护生态环境是政府基本职能之一。为实现这一职能，政府一方面要通过政治、法律、经济等多种手段构建生态环境保护的制度体系，另一方面政府要在市场上向企业购买生态保护和污染治理服务。企业是生态环境治理的主体，一方面肩负保护生态环境保护的责任，在生产过程中要体现生态优先、绿色生产；另一方面企业参与生态环保产业，提供生态产品。社会组织和公民是生态环境治理重要的参与者，政府可以通过政策优惠推动社会组织的发展，鼓励公民从自身的绿色低碳生活做起，参与生态环境治理。

---

* 林黎．我国生态供给主体的博弈研究——基于多中心治理结构［J］．生态经济，2016（1）：96－99.

第二，广泛调动一切力量参与生态环境治理。首先，提高地方政府生态环境治理的财政支付能力。积极推进财税体制改革，严格执行《生态环境领域中央与地方财政事权和支出责任划分改革方案》，明确地方和中央政府的财权和事权，使各级政府的财权和事权相统一，加强地方政府尤其是基层政府的财力，提高地方政府生态环境治理的财政支付能力。其次，推动民间投资进入生态环保和污染治理行业。对从事生态环保和污染治理的企业，政府要提供金融方面的支持，包括方便快捷的贷款、更低的利率；同时还要给予财税方面的优惠，尤其是税收减免；力图最大限度地调动企业投入生态环保和污染治理行业的积极性。再次，鼓励社会组织和个人主动参与生态环境治理。在中央政府可控的前提下，发展环境保护的社会组织，鼓励这些绿色组织利用各种基金参与生态环境治理，提供生态产品。对于个人，政府则应依靠道德规范等非正式制度来培养人们爱护生态、保护环境的自觉性，形成“爱护环境、人人有责”的良好社会风气。

第三，构筑完善的多中心监督体系。首先，监督制度法治化。根据之前的博弈分析，出于节约成本的角度，地方政府和企业都有逃避供给生态产品的动机。将监督制度上升到法律层面，实行环境破坏终身追究制，是保证监督权威和有效的关键。其次，监督主体多元化。变由上至下的单一监督结构为由上至下和由下至上相结合的双重监督机制。除了加大中央对地方和企业的监管力度外，尤其需要调动社会力量，包括社会组织、个人、新闻舆论对生态环境治理中出现的问题进行披露和督查。

第 5 章

长江经济带生态环境协同治理之利益协同

——完善生态补偿机制

5.1 相关理论

5.1.1 马克思主义生态观

马克思和恩格斯对人与自然界的关系进行了广泛深入研究，主要体现两个方面：人与自然的和谐统一以及人与自然界的矛盾危机。

1. 人与自然的和谐统一

在《论犹太人问题》一文中，马克思对犹太人的自然观提出批评，“在私有财产和金钱的统治下形成的自然观，是对自然界的真正的蔑视和实际的贬低”。[①] 马克思认为，人首先要依靠自然界生活。作为自然资源的主要代表，土地是人赖以生存的必要条件。进一步地，马克思从产品生产的视角，强调自然界为劳动提供产品的材料，“没有自然界，没有感性的外部世界，

① 中共中央马克思恩格斯列宁斯大林著作编译局．马克思恩格斯文集（第1卷）[M]. 北京：人民出版社，2009.

工人什么也不能创造”。[①] 究其原因，在于人是自然界的一部分，人必须与自然界保持交互作用以获得相应的生存条件。“自然界是人为了不致死亡而必须与处于持续不断的交互作用过程的、人的身体。”[②] 更具体地讲，人与环境有双向互动关系，上一代的生产力及其各种要素为下一代的发展提供了物质基础，下一代也可在此基础上进一步发展和提升，即“人创造环境，同样，环境也创造人”。[③] 马克思将人与自然界的关系置于资本主义的发展中进行研究，发现这种统一关系不是静止而是不断变化的，尤其体现在工业中，且“这种统一在每一个时代都随着工业或慢或快的发展而不断改变”。[④]

2. 人与自然的矛盾危机

马克思和恩格斯认识到人与自然不仅有和谐统一的一面，亦有矛盾冲突的一面。这种矛盾冲突源于自然界作用于人，人也反作用于自然界。他批评自然主义历史观的片面性，“它忘记了人也反作用于自然界”[⑤]。人对自然界的反作用集中体现在城市集中对自然环境的破坏。“大城市人口集中这件事本身就已经引起了不良后果。”[⑥] “工厂城市把所有的水变成臭气熏天的污水。”[⑦] 这种矛盾冲突集中体现在大自然对人类破坏环境的报复上。“我们不能过分陶醉于我们人类对自然界的胜利。对于每一次这样的胜利，自然界都对我们进行报复。”[⑧] 面对人与自然的矛盾，马克思和恩格斯也给出了解决的思路。“经过对历史材料的比较和研究，渐渐学会了认清我们的生产活动在社会方面的间接的、较远的影响，从而有可能去控制和调节这些影响。”[⑨] 他们强调，人类对自然界的支配作用在于正确认识和运用自然规律，而非以破坏方式去支配自然。“我们对自然界的整个支配作用，就在于能够认识和正确运用自然规律。”[⑩] 马克思和恩格斯注意到，随着科学技术不断进步，人与自然界的关系越来越紧密，“越来越有可能学会认识并从而控制那些至少是由我们的最常见的生产行为所造成的较远的自然后果”。[⑪]

综上所述，马克思和恩格斯以辩证的思维对人与自然的关系进行了全面深刻的认识，既充分肯定自然界是原材料的提供地，人类要进行正常的生产生活必须与自然界保持交互作用；又强调人类的主观能动性，人类通过自身

①②③④⑤⑥⑦⑧⑨⑩⑪ 中共中央马克思恩格斯列宁斯大林著作编译局. 马克思恩格斯文集（第1卷）［M］. 北京：人民出版社，2009.

的劳动能够改造自然、创造自然。他们注意到，在改造自然界的过程中，尤其是伴随着大城市的集中，人类对自然环境带来了破坏，这种破坏必将遭到自然界的报复。因此，马克思和恩格斯认为，人类对自然界的支配作用不在于破坏和征服，而在于能够正确认识和运用自然规律，这实际上已经包含着对生态系统保护修复的生态补偿思想。

5.1.2　生态环境的公共物品属性

公共物品是与私人物品相对应的一个概念，指在消费上具有非竞争性和非排他性特征的物品。非排他性是指人们不能被排除在消费某一种商品之外，即限制任何消费者对公共品的消费是困难的或是不可能的。非竞争性是指在任意给定的公共产品产出水平下，向一个额外的消费者提供该商品不会引起产品成本的任何增加，即消费者人数的增加所引起的产品边际成本等于零①。对于生态环境而言，首先具有非排他性，每个人都能从良好的生态环境中收益，而环境本身无法排斥这些消费者的使用，无论这些人是否为生态产品或者是服务支付了费用。与此同时，生态环境具有非竞争性，增加一个消费者也不会减少其他消费者对该生态产品的消费，比如优质的空气、优美的环境等。在大多数情况下，生态环境具有竞争性和非排他性，根据公共物品的分类，生态环境可以被看作纯公共物品（见表5－1）。

表5－1　　公共物品的分类

特征	排他性	非排他性
竞争性	纯私人物品	公共资源
非竞争性	俱乐部产品	纯公共物品

经济学理论认为，在现实生活中，具有非竞争性和非排他性的公共物品导致市场失灵，从而产生两类问题：过度消费和供给不足。首先，非竞争性使得依靠价格竞争排除其他消费者的市场机制无法发挥作用，从而出现过度

① 王素玲，杨佳嘉．经济学基础［M］．重庆：重庆大学出版社，2015.

消费，比较典型的例子就是公地悲剧。公地悲剧指村民在公地上放牧时每个村民都想多放一只羊来增加自身的收益最终导致过度放牧，草全部被吃，草地环境因此恶化，最终所有的羊都饿死了。公地与草都是公共产品，而人们对于公共产品无节制的使用最终带来公地灾难。其次，非排他性又导致“搭便车”现象。消费者不需通过市场交换就可获得公共物品，使得只消费不支付公共物品生产成本成为可能。与之对应的是，提供公共物品的企业无法得到生产成本的补偿和相应收益，缺乏刺激企业持续提供公共物品的机制，最终只能由政府提供公共物品。

显而易见，长江经济带的生态环境是重要的公共物品，具有非排他性与非竞争性，同样存在公地悲剧和“搭便车”等潜在问题。因此，我们一方面要避免将长江流域公共产品使用过度，积极进行生态环境保护和修复等工作，防止公地悲剧的发生。另一方面，我们要保证生态环境公共物品的可持续供给，不断完善长江经济带生态补偿制度，提供高质量生态产品，在长江经济带各个省市之间形成切实有效的生态补偿机制，才能在环境保护中实现发展，发展中保护环境，达到经济建设与环境保护的双赢。

5.1.3 生态环境的外部性

外部性是指一个经济行为主体（个人或企业）的行为对其他经济行为主体的福利形成影响，但其他个人和企业并未因此而承担成本或获得补偿的情形。外部性是非市场性的影响，是指一种活动所产生的成本或利益未能通过市场价格反映出来。按照影响方向的不同，外部性可分为正外部性和负外部性①。其中正外部性是经济行为主体给其他人带来了利益，但是行为主体并没有因此得到收益补偿。负外部性则是经济行为主体给其他人带来了利益损害，但行为主体并没有因此进行损害赔偿。外部性带来的最大的问题在于市场机制的资源配置失灵。

正外部性的经济后果往往是供给不足。下面用图 5－1 来分析长江经济带上游地区的生态产品供给问题。图 5－1 中的横轴表示可以供应的生态产

---

① 徐世江，彭仁贤．西方经济学［M］．武汉：武汉理工大学出版社，2014.

品数量，纵轴表示生态产品生产成本，假定长江经济带上游地区提供每单位生态产品的成本为 P_1 元，即上游地区的边际成本曲线为 $MC = P_1$。需求曲线 D 也是上游地区的收益曲线。边际外部收益曲线为 MEB，社会边际收益曲线为 MSB。社会边际收益曲线是通过垂直相加需求曲线和边际外部收益曲线得到。从上游地区的角度看，边际收益曲线 D 与边际成本曲线 MC 的交点所决定的 Q_1 是生态产品的最优数量。从社会的角度看，社会收益曲线 MSB 与边际成本曲线 MC 的交点所决定的 Q_2 是生态产品的最优数量。[①] 因此，在正外部性的作用下，生态产品的供给会出现不足。

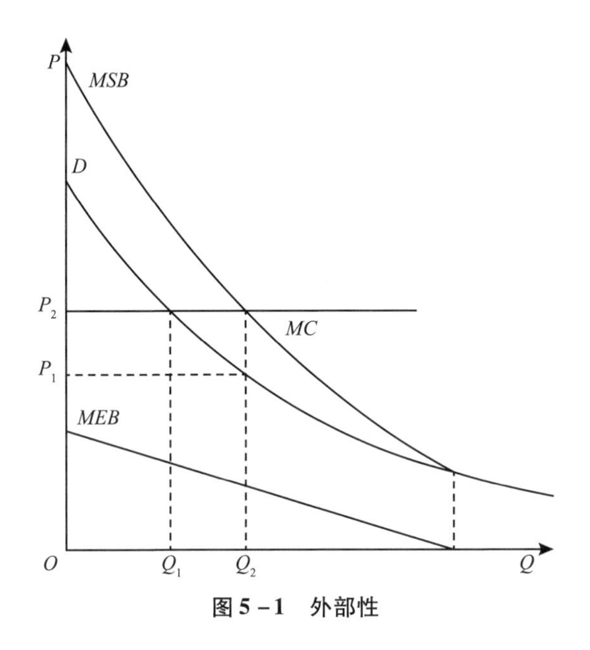

图5－1 外部性

生态环境具有正外部性，清洁的空气、美丽的环境、洁净的水质、和谐的生态系统能够为人类提供更高品质的生活。以长江经济带为例，为了确保一江清水向东流，上游省市和地区必然会支付相应的成本，这种成本不仅包括牺牲部分经济发展机会的成本，也包括环境治理和恢复生态的成本。如果仅靠市场机制发挥作用，这些成本将不会因为上游地区提供的生态产品

① 张玉明，聂艳华，等．西方经济学［M］．北京：对外经济贸易大学出版社，2014.

而得到补偿。一方面，上游地区进行污染治理，洁净水源等生态环保工作，让长江流域维持良好的生态环境，同时也让下游地区拥有良好的水质环境，保证下游正常的生产和生活。另一方面，上游保护环境对居民与下游地区带来的收益并未得到相应报酬，即正外部性未得到市场认可。长此以往，上游地区的生态环境保护的积极性必将受到打击，可能会放弃生态效益而追求经济效益，最终导致上游水质遭到破坏，进而下游因为水质不达标而无法生产生活。更糟的是，如果上游地区的企业随意排放污染物与废水，将对当地的生态环境造成破坏，产生水源污染、空气污染等一系列环境问题，损害地区的环境公共利益。但是，市场机制针对这一现象并不能发挥太大作用，上游地区的企业并不对这些环境损害进行赔偿，负外部性不会自动消失。

综上所述，由于市场不能有效解决外部性问题，针对长江经济带生态环境问题必须通过其他经济手段加以矫正。其中，最有效的手段就是生态补偿机制。按照“受益者补偿”“破坏者赔偿”等原则，生态补偿机制对正外部性的收益外溢进行了补偿，同时将负外部性产生的边际成本以赔偿的方式算入私人生产成本中，在较大程度上解决了市场失灵问题。

5.2 长江经济带生态补偿存在的问题

长江是中华文明的发源地，是中华民族成长的摇篮，养育了一代又一代炎黄子孙。长江流域横跨我国东、中、西三大板块，是连接丝绸之路经济带和21世纪海上丝绸之路的重要纽带。在推动经济发展上，长江流域丰富的水资源、土地资源、矿产资源等多种自然资源是流域农业和工业发展的重要支撑。在保护生态环境上，长江流域是我国生态文明建设的重点和难点，是国家重要的生态安全屏障，在保持生物多样性、保护濒危物种、涵养水源、防止水土流失等方面发挥着举足轻重的作用。长江经济带，作为中国纵深最长、覆盖面最广、影响最大的“绿飘带”“金腰带”，在国家区域发展格局中具有极其重要的地位和作用。2020年，长江经济带地区生产总值之和占到全国的46.75%，人口总和占到全国的42.92%①。

中国地质调查局“长江经济带地质资源环境综合评价”项目的研究显示，2020年长江经济带整体生态环境指数为0.7444，2001年长江经济带整体生态环境指数为0.7388，过去20年长江经济带的整体环境质量呈现总体向好趋势。具体而言，长三角城市群生态环境下降明显，西部山区和湿地、自然保护区等生态涵养区生态环境有所提升②。长江经济带生态环境的整体向好源于在习近平生态文明思想指导下，沿江省份严格贯彻“共抓大保护、不搞大开发”，持续推进生态环境保护和修复。长三角城市群的生态环境指数下降源于区域内人口增长和经济发展对生态环境产生巨大压力，尤其是水环境污染和大气污染问题仍然突出。具体表现为长江沿线污染物排放基数过大，废水、化学需氧量、氨氮排放量排放超标，严重影响长江水质。个别地区为了经济快速发展，忽视环境保护要求，导致土壤重金属元素超标、空气污染等环境问题；个别地区过度开发，造成了生态功能退化，森林减少、水土流失、土地荒漠化等一系列问题。

建设美丽中国是实现中华民族伟大复兴中国梦的重要内容，长江经济带是引领经济高质量发展的主力军。长江经济带的生态环境问题如果得不到有效解决，不仅无法满足人民群众对良好生态环境的需要，更会影响到中华民族伟大复兴中国梦的实现。如前文所述，构建长江经济带生态环境的协同治理体系，主体协同是基础，利益协同是保证。利益协同的重中之重就是建立与经济社会发展状况相适应且切实有效的生态补偿机制。但是，从现实情况来看，依然存在生态补偿标准不完善、生态补偿模式较单一、生态补偿法律不健全等问题。

5.2.1　生态补偿标准不完善

生态补偿标准既是生态补偿技术体系的核心部分，也是确立生态补偿机制能否顺利运行的关键。生态保护服务会产生正外部性，从而带来生态

---

① 根据《中国统计年鉴2021》计算得到。

② 遥感技术助力长江经济带生态环境保护与修复［EB/OL］. 北京环球星云遥感科技有限公司，http：//www. earthstar. com. cn/news/144. html.

效益，如何通过科学核算方法将其体现在生态补偿，如何确定既反映生态服务的成本和收益，又被上下游地区接受的生态补偿标准是生态补偿的重点和难点。

为了确保科学性与公平性，我国生态补偿标准核算的方法丰富、计算复杂。核算生态补偿标准时，通常参考如下指标：生态环境保护服务的直接成本和机会成本、生态环境保护的受益者获得的价值、生态环境本身带来的价值、被破坏后花费的恢复成本。国内的主流核算方法有生态保护成本法、生态系统服务价值评估法和条件价值评估法等。现有的生态补偿核算方式较丰富，面对流域中不同的地域、不同的主体对象、不同的补偿方式会采用不同的核算标准，这本身与流域生态补偿的复杂性是相符合的。但随之产生的问题是生态补偿标准不统一，面对不同的情况，不同的生态补偿方式，其对应的补偿标准核算机制也不相同，这势必影响生态补偿的公平性和科学性。以“新安江”模式为例，安徽和浙江经过多年探索形成了“新安江模式”，是生态补偿的成功案例。但在推行中，仍然遭遇补偿的考核指标、补偿标准、检测方式等方面不能形成共识的难题[①]。除此之外，我国生态补偿的市场化进程起步较晚，而市场是生态价值与生态补偿的有效桥梁，市场化是生态补偿机制的必然趋势。统一的补偿标准更有利于建立市场化、常态化的生态补偿机制，有益于扩大生态补偿的来源与资金获取渠道。

就长江经济带而言，11 省份在生态补偿进行了积极探索，取得了一定成效，但是补偿标准体系仍然不完善，生态补偿标准的确立依据不明确且缺乏动态调整机制。因此，在兼顾系统复杂性和标准统一性的前提下，长江经济带可以选取流域上下游比较容易接受的一些点，先制定试行补偿标准，再逐渐把面推开。完善长江经济带区域内生态补偿标准体系，对于建立长江经济带生态补偿的市场化机制和常态化机制具有重大意义，在一定程度上减少了上下游关于补偿标准的争议，有利于推进社会资本进入长江流域生态补偿。

---

① 为啥生态补偿难走好市场化这条路？［EB/OL］. 中国政协网，http：//www.cppcc.gov.cn/zxww/2019/12/06/ARTI1575592889481307.shtml.

5.2.2 生态补偿机制较单一

从实践来看，我国生态补偿一直以中央和地方政府为主，采取的方式更多的是财政转移支付、专项资金以及税收优惠等。就长江经济带而言，区域覆盖九省二市，参与生态补偿的主体繁多、涉及生态补偿情况复杂，生态补偿更多依靠政府完成，企事业单位投入、优惠贷款、社会捐赠等其他方式参与较少，市场化补偿机制缺乏。但是，单纯依靠行政手段与政府主导不仅会加大各级政府的财政负担，更无法保证生态补偿的持续性。因此，利用市场在资源配置中的决定性作用，提高生态补偿效率，建立市场化生态补偿机制势在必行。

不能忽视的是，当前长江经济带建立市场化生态补偿机制还面临着许多困难。一是生态补偿主体不清，权责不明。长江经济带涵盖范围大、地域广，涉及的生态补偿主体众多，厘清权责关系有难度。这就出现两种极端情况，一种是真正的生态产品提供者未得到补偿。保护生态环境的主体没有因为提供生态产品获得收益，享受生态效益的主体未履行补偿义务，有的甚至尽量逃避补偿义务；另一种是得到补偿的主体未真正提供生态产品。部分获得补偿资金的主体保护生态环境的成效不理想，甚至一边获得生态补偿资金，一边破坏环境。除此之外，流域生态补偿涉及多个部门、多个主体，“九龙治水”导致利益相关方发生推诿责任、逃避责任。最终，由于未清晰划定生态补偿主体的权责利，导致生态补偿效率低下。二是缺乏多元化的筹资渠道。长江经济带的生态补偿市场化进程滞后，未完全构建包括资本市场资金、企业资金、个人资金的新型筹资渠道。多数生态建设项目未按照市场运行规律，以项目的生态价值为基础进行融资并开展建设。传统的生态环保专项资金以政府部门为基础设置，缺乏以社会资本为主导的流域生态补偿基金，未充分发挥有关组织和企业的个人投资、社会团体和私人捐赠等渠道在生态保护中的作用。

5.2.3 生态补偿法律法规不健全

党的十八大以来，随着生态补偿实践的快速推进，我国加快了生态补偿的法治化步伐。中央办公厅、国务院办公厅先后印发了《关于加快推进生态文明建设的意见》《生态文明体制改革总体方案》《生态环境损害赔偿制度改革方案》《关于统筹推进自然资源资产产权制度改革的指导意见》《关于建立健全生态产品价值实现机制的意见》等多项重要政策文件。但是，从总体来看，我国生态补偿的深入仍然缺乏法律的支撑。

首先，我国的生态补偿的法律规定分散化。不管是中央还是地方，我国生态补偿的相关规定均分散在不同的生态环境保护法律法规中，只能在一些生态环境保护类法律中看到涉及生态补偿的规章制度，离系统的生态补偿法律法规还有很大的距离。关注流域的系统性生态补偿法规更是缺乏，主要分散于水环境、水资源以及水生态等不同领域的法律法规，模糊了生态补偿与环境保护的差别。其次，法律的层级效力不够。除了《环境保护法》《水污染防治法》等属于中央立法外，我国流域生态补偿主要依赖于政策性的规范性文件，如2016年国务院办公厅印发的《关于健全生态保护补偿机制的意见》，国家发展改革委、财政部印发的《建立市场化、多元化生态保护补偿机制行动计划》均属于规范性文件的范畴。而地方则主要是依靠政府间的合作协议推进生态补偿，如2020年川渝两地签订的《长江流域川渝横向生态保护补偿实施方案》等。无论是政策性规范文件或者政府间合作协议，都不是法律制度，不具备法律约束力，更缺乏可持续性①。

面对日益严峻的生态环境问题，以习近平同志为核心的党中央高度重视长江经济带的发展，分别于2016年、2018年、2020年这三个重要年度，在长江上中下游的重庆、武汉、南京三座城市，亲自主持召开三次长江经济带发展座谈会。在习近平总书记“生态优先、绿色发展”思想的指导下，各

① 汪永福．跨省流域生态补偿的区域合作法治化［J］．浙江社会科学，2021（3）：66－73，158.

部委和地方政府相继出台针对长江流域的生态补偿规范文件和合作协议。2018年1月，包括财政部在内的四部委联合出台《中央财政促进长江经济带生态保护修复奖励政策实施方案》；同年12月，财政部印发《关于建立健全长江经济带生态补偿与保护长效机制的指导意见》。2021年，财政部、生态环境部等四部门联合印发了《支持长江全流域建立横向生态保护补偿机制的实施方案》。截至2021年9月，长江经济带11个省市都建立了省内的流域生态保护补偿机制，建立了5条跨省际的流域横向生态保护补偿机制①。但是，我国目前缺乏国家层面的生态补偿法律法规，《生态保护补偿条例（公开征求意见稿）》虽然已于2020年11月发布，但是正式条例尚未颁布。针对长江经济带生态补偿的专项法规更加缺乏。因此，在推进长江经济带生态补偿的进程中，亟须流域生态补偿的专项立法来保障相关工作走深走实。同时，由于长江经济带涉及9省2市，仅靠地方性的法规约束力显然不够，需要建立国家层面的法规，才能做到对长江流域统筹兼顾、全面管理，为长江流域绿色发展提供有效保障。

5.3　完善生态补偿机制

5.3.1　补偿原则

在早期生态补偿被视为减少生态环境破坏的经济刺激手段。随着研究的深入，生态补偿的内涵具象为将保护并可持续利用生态系统服务作为目的，以生态系统服务价值、生态保护成本、发展机会成本作为根据，主要借助政府和市场，制定的一系列调节相关者利益关系的制度②。同时，生态补偿政策还在保护生物多样性、公共服务均等化、脱贫攻坚等方面发挥积极作用。学界普遍认为，生态补偿应该秉承“谁开发谁保护，谁破坏谁恢复，谁受益谁补偿，谁污染谁付费”的原则。习近平总书记在南京主持召开全面推

① 财政部：长江经济带已建5条跨省际流域横向生态保护补偿机制，经验将全国推广［EB/OL］. 搜狐网，https：//3g. k. sohu. com/t/n553473370.

② 李晓佳. 生态补偿是迈向生态文明的“绿金之道”［EB/OL］. 中国水网，http：//wx. h2o-china. com/news/266514. html.

动长江经济带发展座谈会中指出，要让保护修复生态环境获得合理回报，让破坏生态环境付出相应代价，即“污染者治理，受益者补偿”。因此，长江经济带生态补偿，最重要的原则就是污染者治理和受益者补偿两个重要层面。

长江经济带的生态保护中，上中下游有各自不同的使命，承担着各自不同的责任，在生态补偿中扮演着不同的角色。《长江经济带生态环境保护规划》明确指出，要坚持“空间管控、分区施策”的原则，西部和上游地区以预防保护为主，中部和中游地区主要进行保护修复，而东部和下游地区主抓治理修复。长江流域的上中下游、干流支流之间各自的生态环境功能定位存在差异，同时某些重点地区存在突出问题，因此各个区域的保护策略与管理措施需要因地制宜，实施精准治理。长江经济带的上游区包括重庆、四川、贵州、云南等省份，区域水土流失、荒漠化严重，需解决地区缺水问题，提升城乡供水保障，提升长江下游地区湖、田、沟、塘的容水纳水能力。中游区包括江西、湖北、湖南等省，沿江重化工业高密度布局，污染严重、风险隐患大，部分地区总磷、重金属污染也严重，要优化产业结构，规范产业发展，防范环境风险，合理地利用资源，提高使用效率。下游区包括上海、江苏、浙江、安徽等省份，饮用水水源环境风险大，需重点恢复退化水生态系统，强化饮用水源保护，加强水污染治理以及长三角城市群大气污染治理。

1. 污染者治理

“污染者治理”意味着污染者必须对破坏的生态环境进行修复。污染者为了追求自身经济效益，对生态环境造成了污染或破坏，因此在生态修复中污染者就得付出代价，以恢复生态环境为目的付出资金、技术、时间等成本进行生态补偿。

以新安江模式为例，发源自安徽黄山的新安江，自西往东流向浙江省西部，在浙江千岛湖入库水量中新安江平均出境水量占比高达68%。对于浙江省乃至整个长三角地区的生态安全，新安江和千岛湖流域都极其重要。随着安徽省城镇化水平的提高，污染物排放量增加，且城市排水设施建设落后于城市的发展，中心城区没有形成完整的排水系统，由此带来污染物排放总量快速上升，再加上居民对生活垃圾的不正确处理，雨季的时候垃圾随河水流向下游，对新安江污染严重，流域生态安全面临严峻挑战。中央高度重视新安江水污染问题，制定《新安江流域水环境补偿试点实施方案》《关于加快建立流域上下游横向生态保护补偿机制的指导意见》等重要文件，界定清晰安徽和浙江两省协力治污的职责和义务。方案规定，以每年新安江跨界断面水质为考核指标，如果水质达到要求，浙江划拨安徽1亿元，否则安徽划拨浙江1亿元[①]。安徽省通过增加污水处理设施，严格规定污水处理标准，加强工业废水的治理，建立垃圾收集处理系统等措施来对水源进行防治。通过治理，新安江的水质得到明显改善，这一案例一定程度体现了"污染者治理"。

长江经济带的生态补偿也同样遵循"污染者治理"原则。如2020年，国家发展改革委等五部委下发的《关于完善长江经济带污水处理收费机制有关政策的指导意见》就明确指出，完善长江经济带污水处理收费机制的目的就是为了充分发挥价格杠杆作用，引导资源优化配置、实现生态环境成本内部化，倒逼生产方式转型和生活方式转变，通过"污染付费"的形式，由污染者承担污染治理的成本。就长江经济带而言，"污染者治理"可以体现在两个层面：第一，政府层面，即九省二市之间。处在长江上游和中游地区，包括重庆、四川、贵州、云南、江西、湖北、湖南等省市，总体经济水平落后于下游省市，期望通过地方经济增长带动老百姓收入提高。在追求经济增长的过程中，城市化进程加快、重化工业密集，以此对流域造成严重的生产污染和生活污染，从而对下游省市饮用水水质构成巨大威胁。反观下游地区，由于经济发展水平较高，更关注的是流域生态安全。要解决这一矛盾，就应该借鉴"新安江"模式，按照"污染者治理"原则，一方面厘清上中下游省份各自的权利和责任，明确所有省市均是治理主体的前提下，上中游应对已经产生的水污染进行治理，对流域水环境进行保护；下游则应对上中游保护治理水质的成本进行补偿。第二，企业和个人层面。截至2019年12月31日，人民法院依法审理了大量长江经济带生态环境保护的案件，其中刑事案件有42 230件，民事案件有112 265件，行政案件有75 591件，

---

① 美丽中国先锋榜（16）｜全国首个跨省流域生态保护补偿机制的"新安江模式"［EB/OL］. 中华人民共和国生态环境部，https：//www. mee. gov. cn/xxgk2018/xxgk/xxgk15/201909/t20190906_732784. html.

公益诉讼案件有 2 945 件，此外生态环境损害赔偿案件有 58 件[①]。这些案件中最常见也最典型的违法行为是向长江干支流直排、偷排污染物。对于这些污染环境案件，最终的判决主要为赔偿义务人承担生态环境损害赔偿责任，履行修复和赔偿责任，同样体现着“污染者治理”原则。

2. 受益者补偿

“受益者补偿”是指享受生态服务的受益方，需要对生态服务的提供方进行补偿。河流的特殊性决定了上游水源直接影响下游水质和水量。上游通过保护和修复为下游提供生态服务，下游向上游提供经济补偿以获取生态服务。上游和下游的利益在生态保护和修复中均得到保证，流域实现生态利益和经济利益的双赢。在生态补偿中，流域水质得到了改善，水源得到了合理的分配与科学的利用，生态环境得到优化，流域省市的产业结构优化升级，经济发展质量显著提升。

新安江模式同样是“受益者补偿”的典型案例。2011 年，在财政部和环保部联合推动下，新安江启动实施了全国首个跨省流域生态补偿机制试点。下游的浙江省与安徽省约定，只要出境水质达标，每年为安徽提供生态补偿 1 亿元。流域的水质在这一机制的促进下渐渐改善，千岛湖的营养状态指数也在逐年降低。在这一成功案例中，安徽省为了改善新安江水质，采取了一系列措施，放弃了经济发展机会。浙江省在安徽省的生态保护中受益并通过支付补偿金购买生态保护服务。流域上下游以生态补偿为纽带实现了互利共生、协同发展。

类似的生态补偿例子还有位于密云水库上游潮白河流域水源涵养区的生态补偿。密云水库是北京市唯一饮用水源地，为了保障本市饮用水的水质水量，对密云水库入库河流潮河和白河的上游地区实行了一系列补偿措施。密云水库的上游位于河北境内，河北省通过“稻改旱”工程（对密云水库上游实行全流域退种水稻），建设了京冀生态水源护林等措施承担首都生态安全屏障的责任。处于下游地区的北京则向河北购买生态服务，即质量达标、数量足够的饮用水——2018 年底，北京市财政向河北省拨补偿资金 2 亿元。

① 最高法：涉长江经济带环保刑案逾四万起，跨省倾废时有发生［EB/OL］. 澎湃新闻，https：//baijiahao. baidu. com/s?id = 1655218170483579756&wfr = spider&for = pc.

通过生态补偿，北京和河北共同保护了密云水库的水生态环境。

就长江经济带而言，流域的上游地区肩负保护环境、恢复水质的责任，应该获得水质改善、水量保障而带来的收益。流域下游在享用良好的生态产品的同时应对上游做出补偿。反之，当存在水质恶化、上游过度用水的情形时，下游也应享有受偿权利。为保护河流源头，上游地区必须严格控制开发和建设活动，减少对自然生态系统的干扰和破坏，加大生态保护和修复力度。上游地区对生态环境的预防、保护、恢复势必产生成本，包括用于预防、保护、恢复的直接费用，也包括因保护生态环境放弃的发展机会。为保护上游地区的利益，需要沿江各省市共同协商，由下游地区根据生态环境指标进行效果评估，并以此为依据对上游地区进行补偿，这体现出“受益者补偿”原则。

5.3.2 补偿方式

补偿方式是生态补偿机制中具体的运行模式，是协调地区发展与环境保护的特定方法。补偿方式在生态补偿机制中占据重要地位，由于流域生态补偿的复杂性和多样性，不同情况下采用的补偿方式不尽相同。大体来说，生态补偿方式通常有资金补偿、技术补偿、政策补偿以及异地开发等几种模式。

1. 资金补偿

顾名思义，资金补偿是指在生态补偿中将资金作为主要手段，遵循“谁受益谁补偿，谁污染谁赔偿”的原则，依据事先达成的协议，补偿主体支付补偿对象一定资金的补偿方式，主要包括受益者补偿和破坏者赔偿等两种类型。对于受益者补偿，根据补偿主体的不同，可以划分为纵向补偿模式和横向补偿模式。

纵向补偿是一种自上而下的补偿方式，资金补偿包括政府的一般性转移支付和专项转移支付，是由政府对隶属于该政府的下一级政府或区域进行补偿。例如，江苏省太湖流域的生态补偿就是一种纵向资金补偿。该生态补偿机制是以水环境为基础，将测试出的断面水质指标值与断面水质目标值进行比较，如果达到或超过目标值水平，则按照规定的标准，由省级政府以纵向转移支付的形式拨付给太湖资源保护区。该方式显著改善了太湖的水质质量，有利于实现该地区的生态保护与经济发展的协调。

横向模式中的资金补偿则是存在非隶属关系的地区之间，由资金作为补偿方式的生态补偿。例如，钱塘江的生态补偿为例。依靠自动监测站对地表水环境的检测结果来测算补偿指数，若补偿指数小于或等于1，下游常山县根据约定按指标情况分段向上游开化县提供生态补偿资金；若补偿指标大于1或者开化县出现重大污染事故，则由上游的开化县根据指标分段拨付给下游常山县，该模式有效地改善了当地的水质并且防范了重大污染事故的发生。该例子中的常山县和开化县是两个非隶属关系的地区，他们之间的补偿方式是以收益方支付资金，污染方赔偿资金的资金补偿。

将两种资金补偿方式进行对比发现，纵向资金补偿执行简便、成效较显著，但会额外增加补偿主体尤其是中央地方政府的财政负担，且可能出现资金利用效率不高的情况。横向补偿能充分与市场机制相结合，撬动社会资本进入生态补偿领域，更加灵活高效。因此，在完善长江经济带的生态补偿机制过程中，重点是建立以地方补偿为主、中央财政给予支持的跨省流域横向生态保护补偿机制，充分调动各方生态保护动力。

2. 技术补偿

技术补偿是生态服务受益方以技术为手段对生态服务供给方进行补偿，即受益方享受到由生态保护的环境收益，作为补偿，受益方将先进技术输送给到供给方。技术补偿主要有两种类型，即中央政府向生态补偿地区提供的、地方政府与企业对生态补偿地区提供的技术援助。具体来说，技术补偿主要是向补偿对象提供以传授技术、管理知识和培养人才为主要内容的援助，包括：提供技术资料，引进先进设备，派遣技术专家，帮助勘查和开发资源，为补偿对象提供项目示范，建设促进技术进步的基础设施等①。

技术补偿的优点主要包括：第一，由于补偿方式不是以资金为主，减轻了受益方的经济压力。第二，技术是可以长久发挥效益的资源，补偿对象能在较长时间内享受技术带来的收益。最重要的是，先进技术能够引导补偿对象的产业结构优化升级和绿色发展，技术补偿是发展补偿，是一种“造血

① 徐旭．技术援助型生态补偿研究［D］．济南：济南大学，2019.

式”补偿方式。

长江经济带上下游省市经济差距大，下游地区较发达，地处上游的四川、重庆、云南、贵州等相对落后，但其生态地位非常重要，在长江经济带流域保护中发挥重大作用。因此，中央和长江下游地区在对四川、重庆、云南、贵州等地区资金补偿的同时，还应加大技术补偿力度，推动上游地区生态产业发展、实现经济可持续和环境可持续，最终带动整个长江经济带高质量绿色发展。

3. 政策补偿

政策补偿，主要是指政府对污染地区颁布优惠政策，促进地区经济社会全面发展，从而实现高质量绿色发展的补偿方式。政府在严格制定污染指标和环境保护措施后，保护区的产业发展必然受到限制和冲击。为了弥补保护区牺牲的发展机会，政府可以为保护区提供优惠政策，包括税收减免或退税、贴息、加速折旧、人才引进政策等，引导保护区的产业转型升级和绿色发展。与技术补偿一样，政策补偿能在引导保护区产业布局的同时，提升保护区的自我发展能力，是一种具有长效性与稳定性的补偿方式。

长江经济的绿色发展得到以习近平同志为核心的党中央的高度重视，党的十八大以来国家颁布了推进长江经济带发展的多个政策文件，如2014年的《国务院关于依托黄金水道推动长江经济带发展的指导意见》，2017年的《关于加强长江经济带工业绿色发展的指导意见》，2021年的《关于全面推动长江经济带发展财税支持政策的方案》。其中，《关于全面推动长江经济带发展财税支持政策的方案》对一般性转移支付、污染防治专项资金、财政专项资金倾斜、国家绿色发展基金、建立横向生态保护补偿机制的奖励资金等均给予明确规定。但是，要实现长江经济带绿色发展主战场和高质量发展主力军的目标，有必要进一步落实和完善长江经济带税收、绿色信贷、绿色采购、土地等优惠政策，充分调动各方积极性。

4. 异地开发模式

异地开发模式是一种上下游协商共建产业园区的生态补偿方式，因为有的项目在上游水资源保护区无法建设，只能转移至下游规划出相应区域。例如，浙江省磐安县在金华市建立的开发区就是这种模式。浙江省磐安县是钱塘江等水系的发源地之一，磐安县的水质影响着下游的用水安全。1992 年出台的《浙江省水功能区划分方案》将磐安县 98% 以上的地区设置为一类水功能区，因此当地的工业发展受限，同时磐安县也在 1984 年被确定为省级贫困县。为补偿磐安县为保护水资源牺牲的发展机会，金华市区和磐安县达成了共识，在金华市区为磐安提供一个工业开发区——金磐开发区，接纳磐安县的招商引资项目，由磐安县自主开发。

在构建长江经济带生态环境协同治理机制的过程中，异地开发补偿机制的完善也是重要环节。一方面，异地开发方式体现了跨区域共享共建治理机制，有利于流域产业协同发展，由此对上游地区产业形成带动效应和扩散效应。另一方面，下游地区可以承接上游和中游某些产业发展，但是下游地区并不是污染区。在异地开发的同时，要紧密结合生态产业激励政策，引导产业生态化、生态产业化。

5.3.3 补偿标准

要让生态补偿机制顺利实施，其核心和难点是生态补偿标准。生态补偿标准主要是确定对生态服务提供者的补偿标准或对生态服务受益者的征收标准，主要包括提供生态服务的直接花费和机会成本，如保护区生态保护和建设的人力、物力、财力的耗费，保护区实施严格环境标准带来的经济收入减少等。

流域生态补偿标准有两种确定方式：核算法和协商法。核算法确定生态补偿标准是建立在生态环境治理成本和生态环境损失评估核算上。协商法确定补偿标准是依靠利益相关者之间的协商和谈判等方式，从而使生态补偿的范围和数额达成一致。

核算法有两种最常见的方法：生态保护成本法、生态服务价值法。生态保护总成本法是指对流域生态建设和保护的总成本进行核算，从而确定补偿标准。流域生态建设和保护的总成本包括直接成本和间接成本。直接成本是进行生态保护和建设的直接投入，间接成本指的是为了保护生态环境所放弃的原本可以获得的收益和发展机会。生态服务价值法是根据生态系统所产生的价值（或效益）来核算补偿标准。这种方法将生态环境作为生态产品，生态服务需求者像购买普通商品一样，按照经济价值购买生态环境服务。

协商法强调主观偏好，充分考虑补偿主体对环境效益的支付意愿和能力或对环境损失的赔偿意愿和能力、受偿人的受偿意愿。在生态补偿中，若满足不了受偿者的意愿，会降低其参与生态保护行为的积极性；若不考虑补偿方的意愿和能力，生态补偿则难以实施。协商是一个协调过程，在双方达成一致意愿的条件下，保证生态补偿有效开展，提高生态补偿效率。在流域生态补偿中，上游地区通常为欠发达地区，如果补偿标准不合理，就会加深脱贫与环境保护之间的矛盾。因此，在确定补偿标准时，要因地制宜确定补偿标准，充分考虑补偿的长效性，实现乡村振兴与生态保护的协同。

在生态补偿实践中，由于生态补偿项目的异质性，协商法较核算法使用更普遍。例如，从2012~2017年，新安江上游地区的黄山和绩溪两地共获得国家补偿20.5亿元，另外从浙江省获得了9亿元生态补偿，省内生态补偿10亿元，其补偿标准主要通过协商确定，即在财政部、生态环境部等部委的推动下，由安徽和浙江两省协商签订生态保护补偿协议。又如，浙江省绍兴市小舜江的生态补偿标准也是协商法的结果。上下游根据签订的供水合同，下游补偿主体支付7亿余元，在2005~2022年的18年中，补偿对象向补偿主体供水12亿立方米，并且上下游城市市民享受同水同价。

5.3.4 政策建议

1. 完善生态补偿标准体系

流域生态补偿作为当前调整生态环境保护及经济利益关系的一种政策手段，在实践中涉及多个行政区划，而流域上下游之间、各级政府之间以及不同利益相关者之间有着不同利益诉求，补偿标准难以达成共识。因此，要实现长江经济带生态环境协同治理，确立完善的生态补偿标准体系尤其重要。

第一，秉承全面的原则，完善生态补偿标准体系。在确定补偿标准时，既要充分考虑正、负外部性两种情况，还要包含机会成本。正外部性因素即是优质生态环境所提供的生态服务价值，科学全面评估和核算生态服务价值，这是确定生态补偿的客观因素。负外部性是由于区域生产生活造成环境破坏从而带来的生态价值损失，要治理和恢复生态环境要消耗相应的人力、物力、财力。除此之外，还应考虑提供生态服务的补偿对象在保护和维持良好生态环境的过程中所形成的机会成本，即放弃的发展权。沿江省市在产业结构、经济水平等方面呈现出异质性，在生态补偿的过程中应综合考量，既不能损害上游地区的经济利益，防止因环境保护而致贫，又要结合下游地区的支付能力，通过协商确定适合地区的补偿标准。

第二，秉承动态调整的原则，完善生态补偿标准体系。生态补偿是一个持续的、动态的过程，应根据不同时期构建不同的标准。无论是采用核算法还是协商法来确定生态补偿标准，都要综合考虑长江经济带的整体发展水平、各省市的经济发展差异性、补偿的长期性和标准的动态调整机制。在核算法日益成熟的条件下，鼓励将核算法和协商法搭配使用，以核算法作为生态补偿标准和客观参考，以协商法考虑人的主观意愿，提高生态补偿机制实施的科学性和可行性。

2. 建立多元化生态补偿机制

生态环境属于公共物品，要求政府在生态补偿中主导牵头。生态环境的公共物品属性决定了生态补偿首先要发挥政府的主导作用。如政府依据实际经济情况制定长远规划，因地制宜确立生态补偿标准，构建生态产品交易市场并维持市场秩序等。但是，政府也有失灵的时候，仅仅依靠政府可能出现效率低下，可能与公平性原则相悖，无法使生态补偿的整体效益最大化。换言之，生态补偿机制单靠行政手段就较难维持，在政府发挥作用的同时还需要充分发挥市场机制的作用。因此，长江经济带生态补偿机制的构建中，最重要和最迫切的是建立政府和市场协同的多元化生态补偿机制。

第一，积极构建统一的生态产品交易市场。多元化生态补偿机制需要发挥政府和市场的共同作用，其中市场化生态补偿是核心，生态产品市场的构建和完善是关键。一方面，要推进生态服务资源的优化配置，建立生态产品交易市场，包括：建立和完善相关制度水资源的配置合理化、使用有偿化，加快交易机制的实施使水资源取用权可以自由地进行出让、转让和租赁，使水资源的使用价值得以实现。建立和完善有偿分配机制使污染物排放指标得到合理配置，结合市场交易机制与政府管制，推行排污权交易降低排污成本，提升污染治理效率。积极开展林权交易，允许市场开发利用，变林业资源为资本资源。另一方面，要打造统一的生态产品交易市场。由于现行生态交易以沿江省份各自的试点为主，交易平台分散，没有统一的交易标准，未形成长江经济带整体的交易市场。因此，未来的重点是打造一站式的交易场所、出台统一的交易制度。

第二，疏通生态产品市场交易的堵点，打通生态产品市场交易的瓶颈。一方面，清晰界定生态产品的权属。在生态产品的市场交易中，产权界定不清是必须解决的难题。要充分发挥生态产品市场的作用，必须深化产权制度改革，建立健全生态产品产权制度和监管制度，推进生态资源资本化，激活生态资产。另一方面，确定统一的生态产品价值评估体系。生态产品价值评估的准确性和专业性是生态产品市场化的技术保障。目前，浙江、江苏、贵州等省已开始积极探索生态系统生产价值（GEP）核算体系，但各地标准不一、数据来源不同，核算认可度不高。因此，建立面向全流域的生态产品价值核算的统计系统尤为重要。

除此之外，在生态补偿机制的完善中，长江经济带在坚持政府为主导，充分发挥市场作用的同时，还应调动各种社会资源。如在国内，争取金融机构、企业集团、民间环保组织等的关注，积极引导社会资本投向生态环境保护。在国际上，争取世界环保组织、国际自然资源保护协会等非政府组织的环保基金等措施。

3. 建立健全生态补偿法律法规

依法行政是现代政府进行管理的本质要求和基本规范，为解决立法滞后于生态补偿实践、区域生态补偿立法不够完善等问题，需要强化宪法和环境基本法等法律在生态补偿中的地位和作用，将生态效益纳入法律的规范和调整范畴，对相关条款进行立法完善，推进生态补偿的专门性立法，形成中央统一立法、长江经济带统一规划构成的生态补偿法律体系。

第一，国家尽快出台专门的生态补偿法律法规。我国的生态补偿立法虽然比较分散，体现在各种生态环境保护类法律中，但实际上为生态补偿专门立法提供了技术基础。国家已于2020年11月发布了《生态保护补偿条例（公开征求意见稿）》，正在征求意见阶段，对国家财政补助机制、地方政府合作机制、社会主体交易机制、保障机制等作出相应规定。随着生态文明建设不断推进，生态补偿日益深化，应尽快出台全国性的生态补偿专门法规，统一思想认识、形成全国性市场，将生态补偿逐步纳入法治化轨道，能给予生态补偿应有的法律地位。

第二，建立长江经济带生态补偿的统一规划。推动长江经济带发展，前提是坚持生态优先，把修复长江生态环境摆在压倒性位置，要从生态系统整体性和长江流域系统性着眼，建立统分结合、整体联动的工作机制。要实现整体联动、协同保护，长江经济带生态补偿的法治进程必须跟上。因此，在全国《生态保护补偿条例》正式出台后，以此为指导，长江经济带需要结合流域实际情况，总体规划、因地制宜，建立长江经济带的生态补偿条例，以保证长江经济带生态补偿的统一部署、统一标准，最终实现长江经济带生态环境协同治理。

5.4 实证分析——长江经济带水资源生态补偿效率测度

5.4.1 引言

习近平总书记2020年11月在全面推动长江经济带发展座谈会上做出要把修复长江生态环境摆在压倒性位置的重要指示。自改革开放以来，长江经济带作为内陆通向沿海、疏通经济的大动脉，各级政府、企业、民众倾向于将工作重心放在经济增长上，忽视了对生态环境的保护，造成了流域水资源的恶化。在发展经济的时候造成生态环境恶化，最主要的原因是大部分经济参与主体存在外部性的问题，生态补偿就是将生态系统外部价值与各参与者的财政激励建立联系以使外部性问题内部化的一系列策略集①。这些策略的施行对于流域内水资源的好转是否有正向影响、影响程度如何需要有定量的测算体系才能确定，在得到生态补偿的效率后才能有针对性地调整优化生态补偿策略。基于此，众多学者进行了关于生态补偿效率及其测算的研究。

---

① 赵雪雁．生态补偿效率研究综述［J］．生态学报，2012，32（6）：1960－1969.

学者对于生态补偿效率的研究大部分围绕流域水资源的生态补偿和海洋生态补偿两个重点。因为相较于具有其他特征的区域，流域和海洋的存在使得区域内生态环境与经济发展的联系更为紧密，流域水资源生态补偿与海洋生态补偿的效果更为明显。李秋萍（2015）使用 AHP 模型将流域水资源生态补偿效率分解为社会效率、经济效率、生态效率、文化效率、政治效率 5 个方面，对宜昌市 2005 ~ 2012 年流域水资源生态补偿效率进行了测算①。曲超（2019）运用三阶段 DEA 模型评估了长江经济带重点生态区的生态补偿效率，结果显示生态补偿效率自长江上游到下游呈上升的趋势②。石晓然（2020）采用 SBM 模型、标准差椭圆模型、Tobit 模型和 DEA - Malmquist 指数模型对中国沿海省份 2006 ~ 2020 年间的生态补偿效率进行了测算，发现技术进步是关键的影响因素③。

现有文献在构建生态补偿效率测算体系时大部分是基于"成本—收益"的思路，将生态补偿效率看作是实施生态补偿计划后所获取的额外生态收益，当生态补偿的投入一定时，获取的额外生态收益越多，生态补偿效率越高④。本章也将基于这一思路，通过建立起长江经济带水资源生态补偿投入与生态效益的产出之间的联系来测算生态补偿效率。

5.4.2 研究方法

1. DEA - SBM 模型

数据包络分析（DEA）是一种基于被评价对象间相对比较的非参数技术评价效率分析法⑤。传统的 DEA 方法大多基于投入与期望产出模型，对

---

① 李秋萍，李长健．流域水资源生态补偿效率测度研究——以中部地区城市宜昌市为例［J］．求索，2015（10）：34 - 38.

② 曲超，刘桂环，吴文俊，王金南．长江经济带国家重点生态功能区生态补偿环境效率评价［J］．环境科学研究，2020，33（2）：471 - 477.

③ 石晓然，张彩霞，殷克东．中国沿海省市海洋生态补偿效率评价［J］．中国环境科学，2020，40（7）：3204 - 3215.

④ 袁伟彦，周小柯．生态补偿效率问题研究述评［J］．生态经济，2015，31（7）：118 - 123，139.

⑤ 谢永琴，曹怡品．基于 DEA - SBM 模型的中原城市群新型城镇化效率评价研究［J］．城市发展研究，2018，25（2）：135 - 141.

于包含非期望产出的测量存在一定的局限性。而 Tone K. [①]针对径向 DEA 模型的缺点提出了非径向非导向的 SBM 模型，将松弛变量考虑进了目标函数，解决了传统 CCR 模型的松弛性问题与非期望产出对效率测度的影响。

假设 m 为投入指标的数量，期望产出指标的数量以 q_1 表示，而非期望产出指标的数量以 q_2 表示。生产系统中由 n 个决策单元（DMU）组成，那么，各单元的投入、期望产出、非期望产出可以用向量表示为：$x \in R^m$，$y \in R^{q_1}$，$b \in R^{q_2}$，则矩阵 X、Y、B 分别为：$X = [x_1, \cdots, x_n] \in R^{m \times n}$，$Y = [y_1, \cdots, y_n] \in R^{q_1 \times n}$，$B = [b_1, \cdots, b_n] \in R^{q_2 \times n}$。$s^-$、$s^+$、$s^{b-}$ 分别为投入、期望产出、非期望产出松弛变量；θ 为所有决策单元的线性组合系数向量。当前测量的 DMU 记为 DMU_k，ρ 为当前评价单元 DMU_k 的效率，$\min\rho$ 为严格递减的目标函数，取值范围在［0～1］之间。当 $\min\rho = 1$ 时决策单元是有效的，当 $\min\rho < 1$ 时决策单元无效率，此时则存在投入产出上改进的必要性[②]。Tone K. 定义的可包含非期望产出的非导向的 SBM 模型为：

$$\min\rho = \frac{1 - \dfrac{1}{m}\sum_{i=1}^{m}\dfrac{s_i^-}{x_{ik}}}{1 + \dfrac{1}{q_1 + q_2}\left(\sum_{r=1}^{q_1}\dfrac{s_r^+}{y_{rk}} + \sum_{t=1}^{q_2}\dfrac{s_t^{b-}}{b_{tk}}\right)} \tag{5.1}$$

$$\text{s.t. } X\theta + S^- = x_k$$

$$Y\theta - S^+ = y_k$$

$$B\theta + S^{b-} = b_k$$

$$\theta,\ s^-,\ s^+,\ S^{b-} \geqslant 0$$

2. Malmquist 指数分解法

长江经济带水资源生态补偿效率的测度涉及多方面的投入与产出变化关系，其中非期望产出是生态补偿效率测度的关键指标。当处理的数据为面板数据时，通过非径向的 DEA－SBM 模型可以得到 Malmquist 全要素生产率指

① Tone K. A slacksbased measure of efficiency in data envelopment analysis [J]. *European Journal of Operational Research*, 2001, 130: 498－509.

② 谭粤元. 中国工业用水效率研究［D］. 北京：中国地质大学，2018. 刘勇，张俊飚，张露. 基于 DEA－SBM 模型对不同稻作制度下我国水稻生产碳排放效率的分析［J］. 中国农业大学学报，2018（6）：177－186.

数，本章采用“Sequential（序列）Malmquist 指数测算方法”[①] 对长江经济带的生态补偿效率进行测算。由于希望增加或保持期望产出并减少非期望产出，因此选择 Malmquist - Luenberger 生产效率指数（ML），并将 ML 分解为 $ML = PEC \times SEC \times TC$[②]，其中 PEC、SEC、TC 分别表示纯技术变化、规模效率变化和技术变化。在本章中 ML 表示长江经济带水资源生态补偿效率的跨期动态变化情况。

3. 灰水足迹计算方法

以国际水足迹网络出版的《水足迹评价手册》为指导标准[③]，参考曹昭[④]等的灰水足迹评价方法来计算长江经济带的灰水足迹。计算方法如下：

工业部门与生活部门灰水足迹计算：

$$WF = \frac{l}{C_{\max} - C_{nat}} \tag{5.2}$$

其中，$C_{\max}$ 为达到环境水质标准情况下的污染物最高浓度（千克/立方米），C_{nat} 为受纳水体的初始浓度（千克/立方米），l 为污染物排放负荷（千克/a），WF 为灰水足迹（立方米/a）。工业与生活部门排放的污水中含量最高的是化学含氧量（COD），因此选择 COD 作为两部门的评价指标。而农业部门则选用氮元素作为灰水足迹的评价指标，且农业部门 $l = \alpha \times Al$，其中变量 Al 表示氮肥施用量，α 等于氮肥淋失率。

地区总灰水足迹计算：

$$AWF = \max\{WF_1 + WF_2,\ WF_3\} \tag{5.3}$$

比较生活部门灰水足迹与工业部门灰水足迹、与农业部门灰水足迹这两个数值，将较大的数值作为地区总灰水足迹。其中，WF_1、WF_2、WF_3 分别表示工业、生活、农业部门灰水足迹。

---

① Shestalova V. Sequential Malmquist indices of productivity growth: An application to OECD industrial activities [J]. *Journal of Productivity Analysis*, 2003.

② Fre R., Grosskopf S., Norris M., et al. Productivity growth, technical progress, and efficiency change in industrialized countries [J]. *American Economic Review*, 1994, 87 (5): 1033 - 1039.

③ Hoekstra A. Y., Chapagain A. K., Aldaya M. M., et al. The Water Footprint Assessment Manual: Setting the Global Standard [M]. London, UK: Earthscan, 2011.

④ 曾昭，刘俊国. 北京市灰水足迹评价 [J]. 自然资源学报，2013，28（7）：1169 - 1178.

5.4.3 指标选取与数据来源

1. 指标选取

本章在构建长江经济带水资源生态补偿效率评价系统基础上，借鉴时润哲[①]的水资源生态补偿效率投入产出指标体系，在兼顾研究科学性和数据可得性的条件下构建了长江经济带水资源生态补偿效率投入产出指标体系（见表5－2）。

表5－2 长江经济带水资源生态补偿效率投入产出指标体系

变量指标	生产函数投入变量	变量说明
投入	劳动	年末就业人数
	资本	固定资本存量
	水资源	用水总量
期望产出	经济收益	GDP 实际增加值
	水质情况	Ⅰ～Ⅲ类水质断面比例
非期望产出	灰水足迹	工业部门化学需氧量
		生活部门化学需氧量
		氮肥施用量

生产投入指标：资本、劳动作为最基本的要素投入，各行各业都离不开。任何部门或产业的发展都需要资本与劳动的加持。本章确定资本投入时采取的是永续盘存法计算的固定资本存量，劳动投入本章采用的是年末就业人数。在考虑到水资源生态补偿效率测算的基础上加入用水量来作为水资源投入指标。

产出指标：产出指标分为期望产出与非期望产出。经济收益是考察产出效益的最直接指标，本章选择GDP实际增加值作为该投入产出模型中

① 时润哲，李长健．长江经济带水资源生态补偿效率测度及其影响因素研究［J］．农业现代化研究，2021，42（6）：1048－1058.

期望产出指标一，水质是水资源生态补偿效率是否有效的关键评价指标，本章选择Ⅰ～Ⅲ类水质断面比例作为期望产出指标二。灰水足迹是评价水污染程度的重要指标，本章选取灰水足迹作为水资源生态补偿效率的非期望产出。

2. 数据来源

本章通过对 2011～2020 年长江流域 11 个省份的面板数据的检验与分析，对长江流域生态补偿效率采用 DEA－SBM 模型来进行测算。本章的数据来源为：住建部统计年鉴、国家统计年鉴、各省份统计年鉴以及生态环境部环境状况公报。数据均为原始数据，由于部分数据存在年份缺失，采取多重插补的方法将缺失数据补全。

5.4.4　长江经济带水资源生态补偿效率测度

1. 长江经济带生态补偿效率的空间格局

本章运用包含非期望产出的 DEA－SBM 模型，结合长江经济带投入产出指标体系，利用 MAXDEA Ultra 8.0 软件测算出长江经济带 11 个省份的生态补偿效率（如表 5－3 所示）。

表 5－3　长江经济带各省份水资源生态补偿效率

省份	2011 年	2012 年	2013 年	2014 年	2015 年	2016 年	2017 年	2018 年	2019 年	2020 年
上海	0.4893	0.4950	0.5211	0.5254	0.4034	0.4769	0.6487	1.0000	1.0000	1.0000
江苏	0.3187	0.3105	0.3103	0.3049	0.3142	0.3598	0.3861	0.4006	0.4197	0.4368
浙江	0.4419	0.4444	0.4466	0.4519	0.4819	0.5166	0.5522	0.5910	0.6365	0.6483
安徽	1.0000	0.8919	0.7190	0.4703	0.4002	0.3942	0.4095	0.4410	0.4453	0.4609
江西	1.0000	0.8141	0.7051	0.6248	0.5767	0.5701	0.6010	0.6427	0.6467	0.5972
湖北	0.7908	0.5442	0.5019	0.4579	0.4264	0.4410	0.4430	0.4603	0.4664	0.4566
湖南	0.9064	0.6034	0.4885	0.4401	0.4320	0.4254	0.4426	0.4471	0.4623	0.4835
重庆	1.0000	1.0000	0.8861	0.9066	0.8682	1.0000	0.9896	0.8536	1.0000	1.0000

续表

省份	2011 年	2012 年	2013 年	2014 年	2015 年	2016 年	2017 年	2018 年	2019 年	2020 年
四川	0.5545	0.4747	0.4392	0.3977	0.3696	0.3772	0.4018	0.4445	0.4714	0.4840
贵州	1.0000	1.0000	1.0000	0.8642	0.8841	1.0000	0.8951	0.8621	0.8029	0.7939
云南	0.5165	0.4975	0.4722	0.4529	0.4448	0.4567	0.4604	0.4475	0.4518	0.4625

观察数据可以发现，长三角区域的生态效率值整体呈现上升趋势，尤其上海在 2016 年之后上升趋势明显，生态补偿效率逐步跃居第一，2018 ~ 2020 年上海水资源生态补偿效率均处于有效状态，但在 2016 年以前长三角区域生态补偿效率普遍偏低。重庆与贵州生态补偿效率相对比较稳定，并且水资源生态补偿效率处于高位，观测其数值可以发现其生态补偿效率处于有效状态。中西部其他城市生态补偿效率则呈现出先下降后上升的整体趋势，尤其是 2016 年上升趋势较为明显。但是，中西部其他城市生态补偿效率上升速度比较缓慢，且大多还处于生态补偿效率非有效的状态。总体来看，长江经济带 11 省份水资源生态补偿效率变化基本一致，均呈现先上升后下降的趋势，但各省份之间仍然存在差异。2016 年之后，长江下游区域相对中上游区域的生态补偿效率上升更加明显。

2. 长江经济带生态补偿总体效率的时间演化分析

将长江经济带各省份的水资源生态补偿效率通过几何平均法算出长江经济带总体的水资源生态补偿效率（见图 5 - 2）。如图 5 - 2 所示，2011 ~ 2015 年长江经济带水资源生态效率整体呈现下降趋势，说明在这期间长江经济带各省市整体对于生态补偿的重视程度存在很大不足，在发展经济的同时对生态环境重视程度不够，尤其是生态补偿投入不足导致了生态补偿效率的逐年下降。2016 ~ 2020 年长江经济带水资源生态补偿效率稳步上升，2020 年水资源生态补偿效率值上升至 0.6。这表明自 2016 年以来，党中央把修复长江生态环境摆在压倒性位置，随着《长江经济带发展规划纲要》等一系列重要保护文件的出台，长江经济带各省份对生态环境重视程度大大提高，流域生态补偿不断推进和发展。但就具体数值来看，长江经济带总体水资源生态补偿效率依然处于非有效的状态，说明生态补偿体制需要进一步

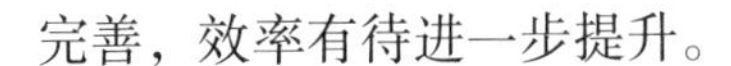

完善，效率有待进一步提升。

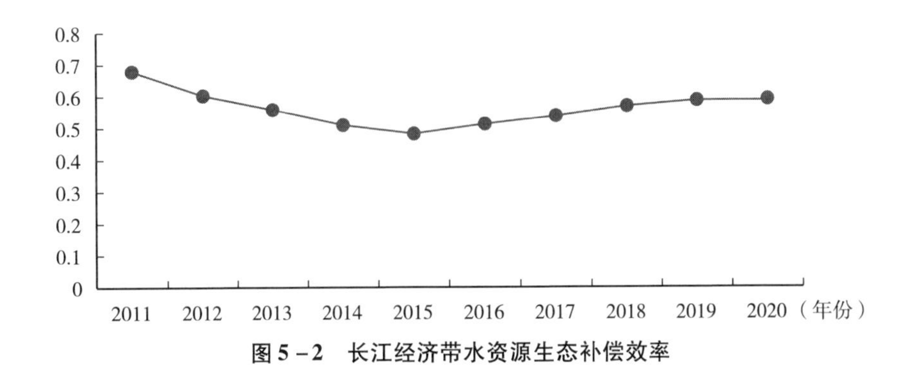

图5-2 长江经济带水资源生态补偿效率

3. 长江经济带水资源生态补偿效率变化及其源泉

以2011年为基期，运用软件Max DEA 8 Ultra测算出2012～2020年长江经济带水资源生态补偿效率的Malmquist-Luenberger指数以及其源泉变化：纯技术效率变化指数（PEC）、规模效率变化指数（SEC）以及技术变化指数（TC）（见表5-4和图5-3）。

表5-4 长江经济带各省份水资源生态补偿效率变化（ML指数）

省份	2012年	2013年	2014年	2015年	2016年	2017年	2018年	2019年	2020年
上海	1.0217	1.0507	1.0371	1.0316	1.3760	1.2443	1.1279	1.0645	1.0912
江苏	0.5258	0.9578	1.0506	1.1372	1.3300	1.1513	1.0734	1.0572	1.0498
浙江	1.0343	1.3621	1.0464	1.2830	1.3885	1.2604	1.4223	1.2583	1.0174
安徽	1.0010	0.9073	0.7829	0.7935	1.0625	1.0782	1.1364	1.0193	1.0589
江西	0.8928	0.9418	0.9546	0.8296	1.0272	1.0580	1.1205	1.0141	0.9187
湖北	0.8283	0.8117	1.0175	0.9898	1.3778	1.0278	1.0631	1.0297	0.9779
湖南	0.8178	0.7577	0.9862	1.0457	1.3661	1.0655	1.0267	1.0492	1.0514
重庆	1.0339	1.0151	1.0607	1.0288	1.3316	1.0292	1.0152	1.1157	1.0292
四川	0.7778	0.8604	0.9529	0.8921	1.1464	1.1235	1.1595	1.0681	1.0295
贵州	1.0246	1.0080	0.9386	1.0962	1.2201	0.9120	1.0999	0.9665	0.9887
云南	1.0271	1.0235	1.0063	1.0180	1.5930	1.0176	0.9946	1.0400	1.0271

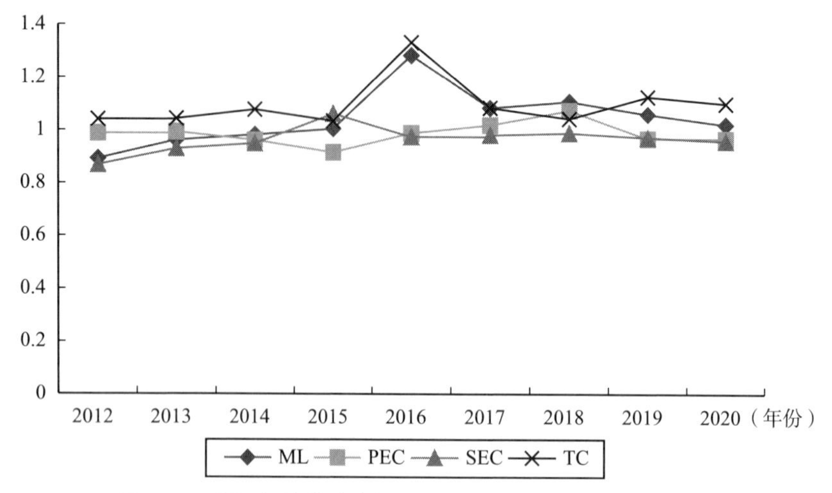

图5-3 长江经济带水资源生态补偿效率变化及其源泉变化

观察表5-4可以发现，上海、浙江以及重庆的生态补偿效率一直处于增长状态，其余地区也在2016年前后相继出现增长。其中，长江经济带下游各省份以及湖北、湖南、重庆在2016年的增长最为明显。

根据图5-3可以得知，总体来看，长江经济带全要素生产率呈现出上升的趋势，尤其是在2015年以后水资源生态补偿效率一直处于增长状态，并在2016年出现了最大增长（1.283）。但2016年之后水资源生态补偿效率虽然正增长但其增长幅度并不明显，这与长江经济带各省份生态补偿体制不完善有关。从增长源泉的变化可以看出，技术变化（TC）对于长江经济带水资源生态补偿效率的增长的贡献程度最大，纯技术变化（PEC）也产生了一定的推动作用，说明长江经济带水资源生态补偿效率的增长更大程度依赖技术进步。

5.4.5 结论及政策建议

1. 研究结论

通过对长江经济带水资源生态补偿效率、效率变化和增长源泉的分析可以得出以下结论：

第一，长江经济带水资源生态补偿效率2016年后逐步上升，但其效率值仍然偏低。长江经济带水资源生态补偿效率是各省水资源生态补偿效率的有序耦合。任何一个省份的生态补偿低效率将会导致整个长江经济带的生态补偿效率的下降。长江经带水资源生态补偿效率虽然近年来呈现上升趋势，各主体对生态补偿的重视程度不断提高，但就其结果来说整个长江经济带普遍存在生态补偿效率不高的问题，该流域水资源生态补偿效率还处在非有效阶段。

第二，长江经济带水资源生态补偿效率的增长主要源自技术进步。通过对生态补偿效率的源泉分解发现技术变化是决定长江经济带水资源补偿效率的关键因素。科学技术的发展对生态环境的影响日趋明显，先进的技术设备能够更加高效地处理废水中的污染物质。与此同时，先进的技术还能够减少工业以及生活废水有害物质的排放，这将带来更高的期望产出与更低的非期望产出，从而提高水资源生态补偿效率。

第三，长江经济带下游地区生态补偿效率增长较为稳定，但中游和上游地区水资源生态补偿效率波动相对更大。地域经济发展水平的不一致，将导致区域生态补偿投入存在较大差异，长江经济带下游省份经济相对较为发达，相对于中西部地区拥有更多的资本与劳动投入，因此能够用于生态补偿的投入也更多。除此之外通过各省份的生态环境局的政策发布数量也发现，由于下游地区的整体生态环境资源条件不如上游地区，为弥补这一不足，其对于生态补偿的重视程度明显高于上游地区。

2. 政策建议

针对实证分析所获得的相关结论，建议从以下三个纬度推进长江经济带生态补偿效率提升。

第一，加快制定流域水资源生态补偿条例。首先要建立起科学、公平的生态服务价值评估体系，在此基础上通过相关规章条例明晰水资源权，明晰生态服务享用者，根据“谁受益、谁补偿”的原则，建立起流域水资源横向生态补偿机制，下游经济发展水平高的受益省份应向付出巨大努力保护水资源的上游省份提供资金、技术、政策等多元化生态补偿。在拥有足够的资金、技术支持的前提下，上游地区的生态补偿意愿和效率将会大大提高，与下游地区的效率差距将缩小。

第二，加快构建流域水资源生态补偿协调对话机制。流域水资源的生态补偿应将长江经济带作为一个整体来考虑，“水桶”的短板会影响到整个长江经济带的生态补偿效率，构建好流域水资源生态补偿协调对话机制可以起到降低交易成本、提高补偿效率的作用。建议构建跨省的流域生态补偿协商机构，设立统一的管理机构统筹规划各省份的生态补偿责任、义务，协定相关标准，确定阶段目标，促进省份协同开展跨区域生态补偿项目。同时要构建共同的长江经济带生态服务交易市场，借助市场激发企业、民众参与生态补偿的积极性，进而提升流域水资源生态补偿效率。

第三，以技术升级助推生态补偿效率提升。技术进步是影响长江经济带水资源补偿效率的关键因素，加大技术创新的投入力度，构建流域整体的生态环保技术交流平台可以有效地提升长江经济带水资源补偿效率。将技术进步融入生态补偿可以通过以下路径实现：以技术创新促进产业升级，改造升级传统行业，大力发展高新、清洁产业，减轻对环境的伤害；以技术创新推进生态产业化、产业生态化，发展高新科技运用于生态农业、生态养殖、生态旅游，兼顾绿水青山与金山银山；以技术创新结合生态补偿模式，在生态服务价值的测度、生态补偿重点区域的定位、生态补偿资金的使用方面采用大数据、互联网、人工智能等技术使生态补偿更加精准且有效率。

第 6 章

长江经济带生态环境协同治理之发展协同

——构建全流域绿色发展机制

6.1　现实背景

长江是我国的母亲河。长江经济带覆盖九省二市，贡献了超过全国40%人口和生产总值。中国要发展、要复兴，离不开长江经济带的发展，更不能忽视对长江的保护。改革开放40多年来，长江经济带经济飞速发展的同时牺牲了一部分生态环境，尤其是水环境。长江流域水生生物中有92种濒危鱼类物种被列入《中国濒危动物红皮书》，接近300种物种被列入《濒危野生动植物国际贸易公约》附录，形势非常严峻[①]。除此之外，还存在长江经济带能源消费总量、工业废水排放总量占全国比重过大、沿江的重化工产业结构对长江环境产生较大威胁等环境问题。

党和国家高度重视长江经济带的绿色发展，早在2014年，国务院就印

---

① 韩超．国新办举行政策吹风会，农业农村副部长于康震在会上表示——全力抓好长江流域水生生物保护工作让母亲河早日实现水清岸绿、鱼翔浅底［EB/OL］．中华人民共和国农业农村部，http：//www. moa. gov. cn/xw/zwdt/201810/t20181017_6160930. htm.

发《关于依托黄金水道推动长江经济带发展的指导意见》，确立生态文明建设先行示范带的目标，即统筹江河湖泊生态要素，推进生态文明建设，以长江干支流为经脉、有机整合山水林田湖，构建江湖和谐、水质优良、流量充足、水土有效、物种多样的生态安全格局，将长江经济带打造为天蓝水清的生态廊道①。习近平同志于 2016 年、2018 年、2020 年在分别于长江经济带上游、中游、下游的重庆、武汉、南京亲自主持召开推进长江经济带发展的座谈会，为长江经济带发展掌舵领航，明确“生态优先、绿色发展”的发展思路。推动长江经济带绿色发展，是党中央作出的重大部署，是事关国家未来发展的重要战略，对实现“两个一百年”奋斗目标以及实现中华民族伟大复兴的中国梦具有重大意义。

在习近平生态文明思想的指导下，经过九省二市的共同努力，长江经济带的生态文明建设有了巨大成效。“十四五”时期，生态环境保护和绿色发展的战略将进一步走深走实。根据国家“十四五”规划要求，要继续坚持山水林田湖草系统治理，推动绿色发展，促进人与自然和谐共生。对于长江经济带，要加强生态保护治理，加强重要生态廊道建设和保护，要强化河湖长制，加强大江大河和重要湖泊湿地生态保护治理，实施好长江十年禁渔，要加快发展方式绿色转型，协同推进经济高质量发展和生态环境高水平保护。深入贯彻绿色发展理念，构建流域绿色发展机制是“长江经济带成为我国生态优先绿色发展主战场、畅通国内国际双循环主动脉、引领经济高质量发展主力军”的重要保障和有效途径。

6.2 相关理论

6.2.1 马克思主义自然观

马克思理论诞生于19世纪中叶，虽然当时社会发展的主要矛盾较直观的表现为资本主义制度下生产力与生产关系间的矛盾，发展并未受到资源不

① 邓玲，李凡．如何从生态文明破题长江经济带——长江生态文明建设示范带的实现路径和方法［J］．人民论坛·学术前沿，2016（1）：52－59.

足的约束，生态环境的问题也没有引起人们的足够重视。但马克思、恩格斯很早就以唯物辩证法分析了人与自然的紧密关系，建立了马克思主义的自然观。

首先，马克思主义自然观的哲学起点是人与自然的一体性，马克思指出自然对于人类来说是生存和发展的前提，“自然界就他本身而言，是人的无机身体，人靠自然界来生活”①。不仅如此，马克思还指出在生产中，人和自然之间通过劳动作为中介，不断地进行物质交换，这是一个“自然被人化”的过程，因此，人与自然可以说是一个休戚与共的关系。随着这种相互联系甚至相互渗透的关系变得越发紧密，人与自然形成的共同体依存度、相互之间影响的能力也会越来越高，因此人类在认识自然、改造自然以提升生活水平时，不仅要服从社会规律，而且要顺应自然规律，促进自然与社会关系的同步进化，也就是绿色发展②。因此，可以说绿色发展的哲学起点就是人与自然的一体性。

其次，马克思、恩格斯在当时就已经对资本主义农业和工业生产中出现的资源浪费、环境破坏等情况进行了充满批判性的描述。马克思在《资本论》中对林业进行分析，他指出由于林业收益周期长，逐利的资本家很少会投资其中，反而“文明和产业的整个发展，对森林的破坏从来就起很大的作用，对比之下，它所起的相反的作用，即对森林的护养和生产所起的作用则微乎其微”。③ 为应对和解决这种现象，马克思提出解决方法是共产主义，只有从团结的整体、社会化的人层面合理调配人们和自然之间的物质交换，才能实现人与自然的共同发展，这也是如今我国绿色发展实施的重要方法。

最后，马克思还指出，社会生产力和自然资源的有效利用之间也存在强关联性。“自由不在于幻想中摆脱自然规律而独立，而在于认识这些规律，从而能够有计划地使自然规律为一定的目的服务”④，在人们为了生存与自然界进行交互的过程中，对自然资源的利用与认识是一个渐进且漫长的过

---

① 马克思恩格斯全集：第42卷［M］. 北京：人民出版社，1979.

② 方世南．论绿色发展理念对马克思主义发展观的继承和发展［J］. 思想理论教育，2016（5）：28－33.

③ 马克思恩格斯文集：第6卷［M］. 北京：人民出版社，2009.

④ 马克思恩格斯文集：第9卷［M］. 北京：人民出版社，2009.

程，只有深刻地理解并遵循自然规律，有效且节约地使用自然资源，才是促进生产力发展的最好方式。马克思自然资源利用和社会劳动生产力发展相统一的观点正是“既要金山银山，又要绿水青山”绿色发展理念的体现。

虽然马克思、恩格斯并未系统化地提出绿色发展理论，但他们在分析资本主义生产方式时关注环境污染问题、提倡资源循环利用、肯定科学技术在生产方式变革中的作用都孕育着绿色发展的萌芽，马克思主义理论中蕴藏着的自然观，对我国绿色发展理论建立与实践探索都有着重要启示作用[①]。

6.2.2 生态马克思主义

20 世纪 90 年代，随着生态环境问题愈发严峻，西方许多学者们开始重新发掘马克思主义对解决全球化背景下生态危机的理论意义，产生了生态危机理论、双重危机理论等具有代表性的生态马克思主义理论。

莱易斯和阿格尔提出生态危机理论，他们用生态危机来替代经济危机，并认为生态危机的原因是科学技术的进步、工业化的推进、人性贪婪导致的消费异化等。所谓消费异化，是指当今无产阶级逐渐演化产生出的对奢侈品的不理性消费，而不再停留在维持生命和生活需要的层次。他们提出的应对策略是号召人们抵制消费奢侈品，建立革命性的需求理论，以此来消除消费异化。

奥康纳的双重危机理论建立在生态危机理论的基础上，认为资本主义的双重矛盾和双重危机是经济危机和生态危机。在资本主义生产方式中，除了生产力与生产关系之间存在矛盾外，还存在另外一种矛盾即两者与生产条件之间的矛盾。同时，他认为资本积累继而造成的全球发展不平衡是双重危机原因，资本积累以及对自然资源和能源的开发，引发了对不发达国家和地区的资源和能源剥削。为了获取发达国家高附加值的工业产品以此提升本国的

① 陈凡，白瑞. 论马克思主义绿色发展观的历史演进［J］. 学术论坛，2013，36（4）：15－18.

经济生活水平，欠发达国家和地区不得不和发达国家进行不平等交易，廉价出售生产资料和能源等。发达国家资本积累的成本因为生产资料和能源的低价而大大下降，加快了资本积累的速度。在资本迅速积累的作用下，生产资料和能源等自然资源的开采速度反过来也大大提升。这种恶性循环，最终导致全球性的生态危机和生态环境灾难。

6.2.3　环境经济理论

20世纪以来，随着经济的飞速发展，经济发展本身愈来愈受自然资源的约束，环境污染和生态破坏的问题也日益严峻。如何平衡好经济发展和自然环境，实现绿色发展成为各个国家共同关注的课题。在绿色发展的定义和内涵上，国内外的研究略有差异。尽管如此，在绿色发展的研究主题上，国内外都是致力于协调经济发展与生态环境的关系，在促进经济发展的同时，最大限度对资源环境提供有效保护。

美国经济学家鲍尔丁在1966年提出著名的“宇宙飞船经济理论”，该理论认为我们的地球实质上只是太空中微小的宇宙飞船，人口和经济的无序增长迟早会耗尽船内有限的资源，为避免悲剧，需要转变经济增长方式，由“消耗型”转为“生态型”；从“开放式”变为“封闭式”，只有循环利用各种物质才能保证长久的生存，这是循环经济思想的起源。随着人们对经济活动和资源环境之间关系认识的不断深入，低碳发展、生态经济和可持续发展等热门话题相继诞生并综合归纳为绿色发展。

“低碳经济”的概念首先是英国提出的，它的本质是针对能源效率和清洁能源结构的问题，为了减缓气候变化，防止出现生态危机，同时促进人类可持续发展。寻求依靠能源技术的创新和制度革新，将经济发展模式转变为可以排放较少温室气体模式[①]。

生态经济学产生于“二战”以后，这一时期世界经济进入蓬勃发展期，随之衍生了众多的环境污染问题。学者们发现，如果仅依靠生态学或仅使用经济学的理论无法有效解决这些环境问题。在这样的背景下产生了生态经济

① 庄贵阳．中国经济低碳发展的途径与潜力分析［J］．太平洋学报，2005（11）：79－87.

学。具有标志性意义的是，美国经济学家鲍尔丁于1966年在论文中首次使用“生态经济学”一词，他尝试运用生态学和经济学的结合来解决环境污染问题。生态经济学开始得到学者们的普遍关注①。

“可持续发展”的概念得到世界广泛认同的具体定义是在1987年，根据世界环境与发展委员会的定义，“可持续发展”是指“既满足当代人的需要，又不对后代人满足其需要的能力构成危害的发展”。至此，全新的理论体系“可持续发展”得到了世界各国学者的广泛关注和研究。为保证资源实现永续利用，可持续发展理论关注生态、经济、社会等各方面的综合效益与协调发展。

绿色发展是生态经济、循环经济和低碳经济三者的结合，是众多将经济与自然相联系的理论的归纳。人和自然的和谐相处是绿色发展最终目的。2002年，由瑞典斯德哥尔摩国际环境研究院（SEI）与联合国开发计划署（UNDP）联合编写并发布了“Making Green Development A Choice：China Human Development Report 2002”。该报告中提到，随着中国人口日益增长，自然资源加速匮乏，环境状况整体趋于恶化，绿色发展是中国人民发展的必然选择，使绿色经济成为经济学界研究和讨论的热点命题。不过直至现在，绿色经济相关的内涵、外延以及特征等方面在学界并没有达成统一的认识②。

自从绿色发展的概念被提出，各专家学者不断地丰富绿色发展的内涵，深化绿色发展的理念，视角不再仅仅局限于生态和经济系统两者之间的协调关系，而是将绿色发展的理念拓展到经济、生态、社会、生活、政治等多个方面。在考虑国家经济增长效率、减少生态环境破坏和保证可持续发展的基础上，同时关注绿色发展给个人、家庭、市场带来的影响，注意社会公平与人民福祉。

由于各国资源禀赋与生态环境差异较大，所处的发展阶段也不尽相同，各国对绿色发展的理解存在较大差异。处于后工业化阶段的发达国家，环境污染随着人均收入提高而呈下降趋势，传统环境污染问题已经基本解决，所

---

①② 薛维忠. 低碳经济、生态经济、循环经济和绿色经济的关系分析［J］. 科技创新与生产力，2011（2）：50－52，60.

以他们更关注的不是自己的问题，而是全球性的问题，比如气候变化、解决环境问题的世界制度框架。中国长期处于工业化阶段，一直采取高投入、高能耗的粗放型经济增长方式，过度消耗自然资源，严重破坏了生态环境，为扭转环境恶化的趋势，破解当前“新常态”下经济与环境矛盾的发展难题，我国必须坚定地走绿色发展之路。

长江经济带作为重大国家战略发展区域，连接中国经济最发达的长三角城市群、长江中游城市群和成渝城市群三大城市群，东向连接“21 世纪海上丝绸之路”，西向牵手“丝绸之路经济带”，具有巨大的战略支撑作用，然而长江经济带集聚的高污染、高能耗产业，造成的环境污染、资源短缺成了长江经济带进行战略发展桎梏。

6.2.4　新发展理念

2015 年 10 月 29 日，党的十八届五中全会第二次全体会议提出了“创新、协调、绿色、开放、共享”的新发展理念。其中，绿色发展作为新发展理念之一，注重解决人与自然和谐共生的问题，具有深刻的理论意义和实践价值。经过数十年的飞速发展，中国经济呈现出新常态，从高速增长转为中高速增长，传统产业如钢铁业产能过剩，同时伴随着高能耗与高污染。为破解这一难题，推动经济发展向绿色转型、激发新动能、保持可持续发展，党中央科学把握历史规律和文明发展趋势，高度重视绿色发展理念，并将其纳入新发展理念，使绿色发展成为我国新时代的发展方向，贯穿“四个全面”的全过程。

绿色发展是以效率、和谐、持续为目标的经济方式和社会发展方式。绿色发展理念在坚持人与自然和谐相处的前提下，视绿色低碳循环为主要原则，以生态文明建设为基本抓手①。绿色发展是生态文明建设的必然要求，其核心理念是坚持“绿水青山就是金山银山”，构建绿色的生产和消费体系，实现人与自然和谐共生的现代化。这种现代化是包含物质财富、

---

① 任理轩．人民日报：坚持绿色发展（深入学习贯彻习近平同志系列重要讲话）［EB/OL］．人民网，Http：//opinion. people. com. cn/n1/2015/1222/c1003 - 27958390. html.

精神财富和生态产品的全面现代化，一方面拥有丰富的物质财富和精神财富，另一方面能够提供丰富的生态产品。对于供给端，构建绿色的生产体系，需要贯彻绿色发展理念推动产业转型升级，促进产业清洁化，减少对环境的伤害。对于消费端，人们的消费方式很大程度上决定了生产，绿色的消费观念和出行方式都能减少环境污染。构建绿色发展理念下的消费体系，实现生产系统和生活系统循环链接是生态文明建设不可缺失的一环。

6.3 长江经济带绿色发展的水平测度*

为了客观反映长江经济带的绿色发展水平，掌握长江经济带绿色发展的变化趋势，为政府宏观调控提供依据，找出发展过程中存在的不足，从而提出改进措施，需要对其进行量化分析来精确描述。专家学者们对绿色发展水平的测度主要采用绿色 GDP 核算、绿色发展多指标测度、绿色发展综合评价指数等三种方法。绿色 GDP 在传统 GDP 核算只在片面考虑经济效益的基础上，加入反映自然资源和生态环境的指标进行核算，但鉴于资源与环境的复杂性，目前绿色 GDP 的准确性存在争议。绿色发展多指标测度计算相对简便，可以从绿色发展的各个角度选取指标但不必对指标赋值，因而也无法从整体上准确衡量绿色发展水平。绿色发展综合评价指数是在绿色发展多指标测度基础上发展起来，它在选取了绿色发展各个方面的指标之后，采用一定方法对各个指标赋权，最后得到加权的综合评价指数。绿色发展综合指数从空间上反映出各区域绿色发展水平，从时间上反映出绿色发展的变动趋势。基于此，本章采用更为准确和全面的绿色发展综合评价指数进行研究。

测算绿色发展综合评价指数的关键环节是构建绿色发展综合评价体系。随着国内外学者对绿色发展的深入研究，建立的绿色发展综合评价体系逐渐

---

* 林黎，王志海，肖波．长江经济带绿色发展水平测度及优化对策研究［J］．技术与市场，2023，30（10）：122－130.

成熟。耶鲁大学和哥伦比亚大学合作开发了环境可持续发展指标体系（ESI）和环境绩效指数（EPI）等。在国内，影响力较大的绿色发展综合评价体系有北京师范大学等单位联合发布的《中国绿色发展指数报告》和国家发改委等单位联合发布的《国发绿色发展指标体系》。此外，学者们根据不同行业构建了分行业的绿色发展评价体系，如吴传清（2018）、黄磊（2019）建立了工业绿色发展的评价指标体系，金赛美（2019）、杨潇（2019）构建了农业发展指标体系等。[①]

6.3.1　评价体系的构建

研究遵循整体与个体相结合、数据可获取性等原则，在借鉴麦思超、陈晓雪和徐楠楠[②]等指标体系的基础上，考虑研究区域的特点将绿色发展评价体系划分为3个一级指标，分别为绿色生态、绿色经济和绿色保障，并在三个一级指标下设置7个二级指标，分别为资源丰裕、环境承载、增长质量、增长效率、结构优化、管理投入、生活方式；再进一步细分为22个三级指标，包括人均水资源、人均公园绿地面积、森林覆盖率、人均SO_2排放量、单位播种面积化肥使用量、人均废水排放量、人均GDP、城乡收入比、城镇居民人均可支配收入、单位GDP能耗、单位GDP水耗、一般工业固体废物综合利用率、技术市场成交额增速、第三产业增加值比重、研究与试验支出占GDP比重、造林情况、环境污染治理投资比重、农林水事务支出占财政支出比例、城市空气质量优良率、万人拥有公共交通车辆数、城市生活垃圾无害化处理率、农村厕所普及率（见表6-1）。

---

① 吴传清，黄磊．长江经济带工业绿色发展绩效评估及其协同效应研究［J］．中国地质大学学报（社会科学版），2018，18（3）：46-55．黄磊，吴传清．长江经济带城市工业绿色发展效率及其空间驱动机制研究［J］．中国人口·资源与环境，2019，29（8）：40-49．金赛美．中国省际农业绿色发展水平及区域差异评价［J］．求索，2019（2）：89-95．杨潇．我国农业绿色发展水平测度与提升路径研究［D］．石家庄：河北经贸大学，2019．

② 麦思超．长江经济带绿色发展水平的时空演变轨迹与影响因素研究［D］．南昌：江西财经大学，2019．陈晓雪，徐楠楠．长江经济带绿色发展水平测度与时空演化研究——基于11省市2007~2017年数据［J］．河海大学学报（哲学社会科学版），2019，21（6）：100-108，112．

表 6-1　绿色发展评价指标体系

一级指标	二级指标	三级指标
绿色生态	资源丰裕	森林覆盖率
		人均公园绿地面积
		人均水资源
	环境承载	人均 SO_2 排放量
		人均废水排放量
		单位播种面积化肥使用量
绿色经济	增长质量	人均 GDP
		城镇居民人均可支配收入
		城乡收入比
	增长效率	单位 GDP 能耗
		单位 GDP 水耗
		一般工业固体废物综合利用率
	结构优化	利用外资占 GDP 比重
		第三产业增加值比重
		研究与试验支出占 GDP 比重
绿色保障	管理投入	造林情况
		环境污染治理投资比重
		农林水事务支出占财政支出比例
	生活方式	城市空气质量优良率
		万人拥有公共交通车辆数
		城市生活垃圾无害化处理率
		农村厕所普及率

资源丰裕用于衡量区域内生态资源的丰富程度，丰富程度高意味着有较高的绿色发展潜力，分别从水资源、土地资源以及森林资源的角度设置了 3 个三级指标。

环境承载用于衡量区域内人类的生产生活对环境造成的压力大小，更小的压力代表着对环境更友好的绿色发展方式，分别从大气承受的污染压力、土壤承受的压力以及水体系承受的压力角度设置了 3 个三级指标。

增长质量用于衡量区域经济增长质量的高低，分别从人均产值、城乡收入差距以及可支配的收入角度设置了3个三级指标。

增长效率用于衡量区域经济增长的效率，效率越高越符合资源节约型发展方式，分别从水的使用效率、能源的使用效率以及固体废物的利用率角度设置了3个三级指标。

结构优化用于衡量产业结构的升级或产业本身的优化，产业结构优化升级是绿色发展的强劲推力，分别从利用外资占GDP比重、第三产业增加值比重、研发费用比重的角度设置了3个三级指标。

管理投入用于衡量政府对绿色发展的投入力度，分别从造林、治污、农林水利的管理角度设置了3个三级指标。

生活方式衡量民众的生活绿色化程度，分别从空气质量、公共交通、垃圾处理和厕所普及的角度设置了4个三级指标。

6.3.2　模型及数据

1. 指数计算与数据来源

本章以长江经济带11个省份作为研究对象，收集各省份对应指标数据进行整理，分析2011～2017年各省份的绿色发展水平的变化趋势，同时将长江经济带与长三角对比分析，研究长江经济带绿色发展水平的空间异质性。数据主要来源于《中国统计年鉴》《中国城市统计年鉴》《中国环境统计年鉴》、EPS数据库等。绿色发展综合评价指数的计算主要借鉴郝辑、张少杰[①]的方法。

2. 标准化处理

为了消除指标数据的量纲影响，首先对指标数据采用极值标准化处理。对综合评价有正向作用的指标处理公式为：

$$Y_i = \frac{X_i - X_{\min}}{X_{\max} - X_{\min}} \tag{6.1}$$

---

① 郝辑，张少杰．基于熵值法的我国省际生态数据评价研究［J］．情报科学，2021（1）：157－162.

其中，Y_i 表示经过标准化所得的数值，X_i 为原始值，X_{max} 为样本最大值，X_{min} 为样本最小值。从式（6.1）可以看出，当正向指标越大，Y_i 越趋向于1，对综合评价的贡献越大。

对综合评价有负向作用的指标处理公式为：

$$Y_i = \frac{X_{max} - X_i}{X_{max} - X_{min}} \tag{6.2}$$

其中，Y_i 表示经过标准化所得的数值，X_i 为原始值，X_{max} 为样本最大值，X_{min} 为样本最小值。从式（6.2）可以看出，当负向指标越小，Y_i 越趋向于1，对综合评价贡献越大。

3. 绿色发展综合评价指数计算

由于绿色发展综合评价指标体系包括多个指标，首先要确定指标权重。赋权方法主要分为主观与客观赋权两类，本章使用熵值法确定指标权重。熵值法属于客观赋权法中的一种，近年来被学者们广泛采用。在信息论当中，熵被用来度量不确定性。当指标的熵较小，意味着拥有较小的不确定性，其包含的信息量就较大；当指标的熵较大，意味着拥有较大的不确定性，其包含的信息量就较小。因此，在考察某个指标的离散程度时可以借助熵的这一特点。指标的离散程度越大，该指标对综合评价的影响越大。绿色发展综合评价指标的计算包括以下步骤：

第一，计算第 j 个指标中每一个观测值的特征比重。公式如下：

$$p_{ij} = \frac{Y_{ij}}{\sum_{i=1}^{n} Y_{ij}} \tag{6.3}$$

其中，Y_{ij} 为无量纲化后的第 j 项指标下的第 i 个观测值。

第二，计算第 j 项指标的信息熵。公式如下：

$$e_j = -\frac{1}{\ln n}\sum_{i=1}^{n} p_{ij}\ln(p_{ij}) \tag{6.4}$$

第三，计算第 j 项指标的差异系数。公式如下：

$$g_j = 1 - e_j \tag{6.5}$$

第四，计算第 j 项指标的权重，公式如下：

$$W_j = \frac{g_j}{\sum_{j=1}^{m} g_j} \tag{6.6}$$

第五，计算出绿色发展综合评价指数，公式如下：

$$V_j = \sum_{i=1}^{n} W_j \times Y_{ij} \tag{6.7}$$

6.3.3 长江经济带绿色发展水平测度

1. 指标权重

应用熵值法计算出长江经济带绿色发展各指标权重如表6－2和表6－3所示。其中，属性表示指标对绿色发展评价的影响方向，“＋”代表具有正向影响，指标原始数值越大代表绿色发展程度越高；“－”代表具有负向影响，指标原始数值越小代表绿色发展程度越高。

表6－2　　　长江经济带绿色发展评价体系权重计算结果

三级指标	属性	权重
人均水资源	+	0.0531
人均公园绿地面积	+	0.0415
森林覆盖率	+	0.0497
人均 SO_2 排放量	-	0.0145
单位播种面积化肥使用量	-	0.0527
人均废水排放量	-	0.0396
人均 GDP	+	0.0677
城乡收入比	-	0.0242
城镇居民人均可支配收入	+	0.0659
单位 GDP 能耗	-	0.0127
单位 GDP 水耗	-	0.0255
一般工业固体废物综合利用率	+	0.0267
利用外资占 GDP 比重	+	0.1082
第三产业增加值比重	+	0.0411
研究与试验支出占 GDP 比重	+	0.0726
造林情况	+	0.0885
环境污染治理投资比重	+	0.0547
农林水事务支出占财政支出比例	+	0.0249

续表

三级指标	属性	权重
城市空气质量优良率	+	0.0258
万人拥有公共交通车辆数	+	0.0484
城市生活垃圾无害化处理率	+	0.0112
农村无害化厕所普及率	+	0.0507

表 6-3　　长江经济带绿色发展评价体系权重计算结果

一级指标	本级权重	二级指标	本级权重
绿色生态	0.2511	资源丰裕	0.1443
		环境承载	0.1068
绿色经济	0.4446	增长质量	0.1578
		增长效率	0.0649
		结构优化	0.2219
绿色保障	0.3043	管理投入	0.1681
		生活方式	0.1362

2. 长江经济带整体绿色发展水平

计算 2011~2017 年长江经济带整体绿色发展综合评价指数并作变化趋势图（见图 6-1），从整体来看，长江经济带的绿色发展水平呈现稳步上升的趋势，每一年的绿色发展水平较前一年都有小幅提升。

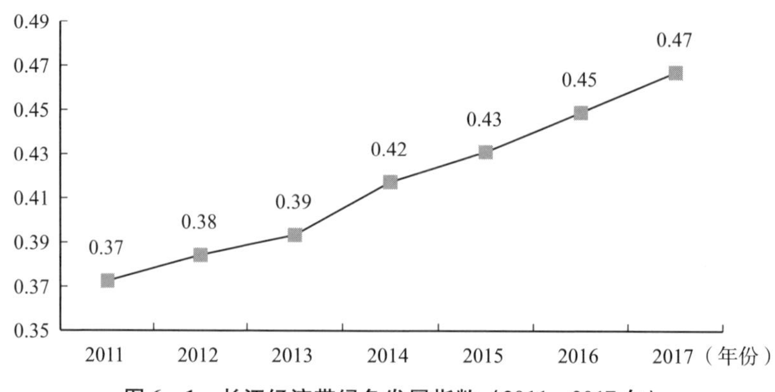

图 6-1　长江经济带绿色发展指数（2011~2017 年）

由表6－4可以看出，对一级指标进行分析，绿色生态对长江经济带的绿色发展贡献最大，这与长江经济带本身就具有强大的生态系统有关。此外，绿色保障对长江经济带整体绿色发展水平也有较大的支撑作用。相对来说，绿色经济对绿色发展的贡献较低，是亟须进一步加强的方向。

表6－4　　　　长江经济带各级指标绿色发展指数

	指标名称	2011年	2012年	2013年	2014年	2015年	2016年	2017年
一级指标	绿色生态	0.4540	0.4884	0.4869	0.5064	0.5123	0.5412	0.5302
	绿色经济	0.3091	0.3116	0.3336	0.3715	0.3632	0.3769	0.4054
	绿色保障	0.3979	0.4044	0.4037	0.4109	0.4631	0.4784	0.5055
二级指标	资源丰裕	0.4012	0.4638	0.4604	0.4954	0.5070	0.5396	0.5163
	环境承载	0.5253	0.5216	0.5227	0.5213	0.5195	0.5434	0.5490
	增长质量	0.2157	0.2566	0.3000	0.3543	0.3922	0.4382	0.4868
	增长效率	0.5407	0.5841	0.6336	0.6708	0.6533	0.6875	0.7115
	结构优化	0.3078	0.2710	0.2697	0.2962	0.2577	0.2425	0.2580
	管理投入	0.3603	0.3430	0.3788	0.3509	0.4209	0.4034	0.4108
	生活方式	0.4444	0.4803	0.4343	0.4851	0.5152	0.5711	0.6223

从二级指标来看（见图6－2），2011～2017年，长江经济带资源丰裕指数虽有所波动，但总体有较大的上升，增长了0.1151；环境承载指数基本持平，略微增加0.0237；得益于经济发展、人民收入的提升，增长质量指数有了大幅上升，增长了0.2711；由于生产时对资源利用的效率提升，增长效率指数也有大幅上升，增长了0.171；唯一下降的是结构优化指数，政府、企业研发投入增长缓慢，使得指数反而下降了0.049，结构优化方面还有很大的提升潜力；管理投入有了小幅上升，增长了0.505，不过横向比较其他二级指标还有提升空间；随着空气质量、卫生习惯和卫生设施的改善，生活方式指数有较大提升，增长了0.178。

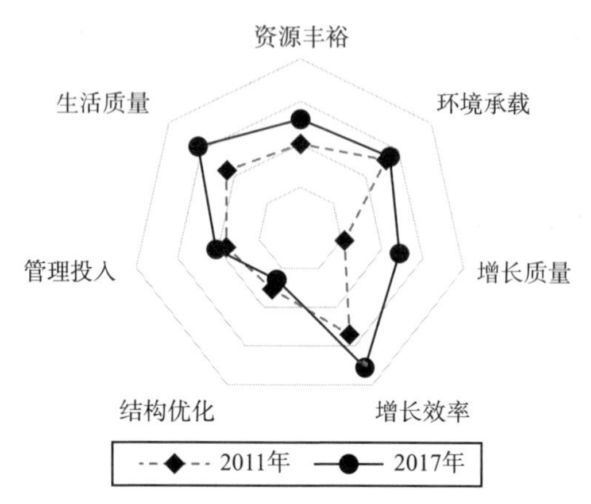

图 6-2 2011 年与 2017 年绿色发展二级指标对比

3. 长江经济带区域绿色发展水平

长江经济带横跨我国东、中、西三大板块，区域间的绿色发展有联系更有差异。按照东、中、西部地区划分长江经济带得到各区域的绿色发展指数。

如表 6-5 和图 6-3 所示，从整体的水平看，长江经济带东、中、西部地区的绿色发展指数整体水平在 2011～2017 年都呈现上升趋势。对比来看，由于东部地区经济发展水平相对西、中部地区高出许多，虽然资源方面不够丰裕，但整体绿色发展水平始终高于上、中游。不过差距在逐渐缩小，2011 年东部地区比中部地区高出 0.017，2017 年缩小至 0.005。中部地区和西部地区之间的绿色发展指数非常接近，有的年份中部地区指数高，有的年份西部地区指数高。

表 6-5　　2011～2017 年长江经济带分区域绿色发展指数

	项目	2011 年	2012 年	2013 年	2014 年	2015 年	2016 年	2017 年
西部地区	整体水平	0.3593	0.3552	0.3821	0.4159	0.4201	0.4377	0.4630
	绿色生态	0.5755	0.6071	0.6155	0.6337	0.6238	0.6440	0.6481
	绿色经济	0.1830	0.1824	0.2163	0.2818	0.2678	0.2732	0.2960
	绿色保障	0.4384	0.3997	0.4318	0.4319	0.4747	0.5079	0.5543

续表

	项目	2011年	2012年	2013年	2014年	2015年	2016年	2017年
中部地区	整体水平	0.3705	0.3849	0.3617	0.3827	0.4150	0.4405	0.4666
	绿色生态	0.5006	0.5615	0.5470	0.5685	0.5836	0.6297	0.6107
	绿色经济	0.2713	0.2514	0.2531	0.2725	0.2774	0.2981	0.3423
	绿色保障	0.4079	0.4340	0.3676	0.3905	0.4768	0.4924	0.5293
东部地区	整体水平	0.3873	0.4129	0.4285	0.4448	0.4540	0.4668	0.4718
	绿色生态	0.2976	0.3149	0.3134	0.3325	0.3474	0.3720	0.3519
	绿色经济	0.4635	0.4860	0.5112	0.5354	0.5229	0.5397	0.5621
	绿色保障	0.3499	0.3869	0.4026	0.4052	0.4413	0.4385	0.4388

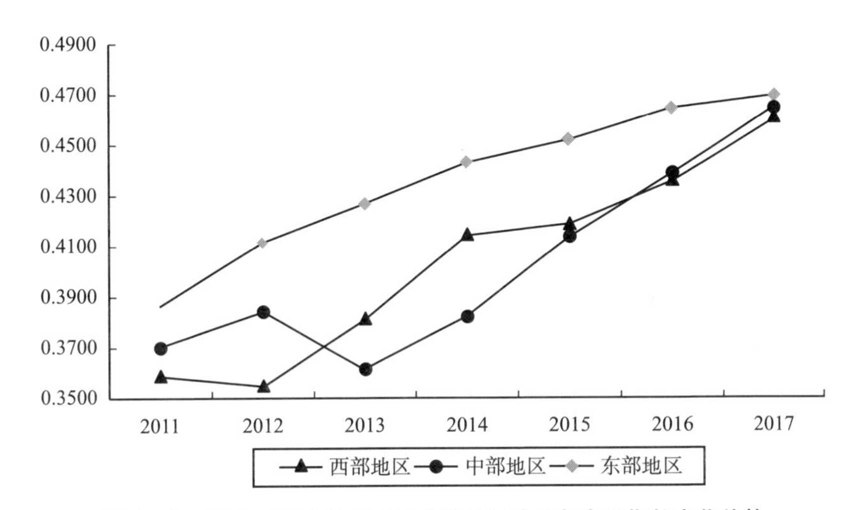

图6-3　2011~2017年长江经济带分区域绿色发展指数变化趋势

从一级指标分析，西部地区具有丰富的生态资源，因此绿色生态指数最高，中部地区次之，东部地区人口稠密，城市化程度高，人均资源占有量偏低，因此绿色生态指数相对较低。但是从时间迁移角度，各地区的绿色生态指数都呈现整体上升趋势。

绿色经济指数符合现实中长江东、中、西部地区的经济发展情况，长江东部的经济发达，居民收入、生产效率、创新优化程度都较高，因此绿色经济指数最高。中部地区虽然收入比西部地区优势不大，且因为重工业等占比高导致绿色生产效率低、产业结构低，但研发投入、创新效率比西部地区高出很多，因此居于次席。西部地区近年来逐步提高研发投入，加强科技创新，绿色经济指数已经缩小了与中部地区的差距，从0.088缩小至0.048。从时间迁移角度，东、中、西部地区的绿色经济指数都呈上升趋势。

就绿色保障指数来看，东部地区因为经济发达，城市化程度高，水利设施、湿地、森林保护区等区域占比较小，因此投入较小，绿色保障指数最低。中部地区耕地偏多，水利设施的投入要求较高，湿地较多，用于保障生态的投入相对东部地区要高，因此绿色保障指数居于次席。西部地区，水资源发达，水利设施众多，造林投入也最多，因此绿色保障指数最高。由此也能看出，建立起完善的生态补偿机制让经济发达但绿色保障投入力度较小的东部地区协助经济欠发达但绿色保障投入更高的西部地区是很有必要的。

4. 长江经济带省际绿色发展水平比较

长江经济带上各省份的绿色发展水平也有所差异且处于动态变化中。从表6－6可以看出，2011～2017年各省份绿色发展水平都有所提升，其中贵州省的增长最为显著，由2011年的0.2626增长到2017年的0.4843，增长幅度达83.4%。重庆的增长幅度相对较小，2017年的绿色发展指数为0.4553，仅比2011年增长0.011，主要是由于结构优化和管理投入的指标提升相对缓慢。

表6－6　2011～2017年各省份绿色发展指数

省份	2011年	2012年	2013年	2014年	2015年	2016年	2017年
上海	0.3940	0.4259	0.4385	0.4698	0.4682	0.4671	0.4938
江苏	0.4346	0.4443	0.4585	0.4714	0.4514	0.4645	0.4662
浙江	0.4266	0.4594	0.4576	0.4815	0.5099	0.5316	0.5069
安徽	0.2940	0.3218	0.3593	0.3566	0.3864	0.4038	0.4203
江西	0.4221	0.4391	0.3946	0.4078	0.4242	0.4618	0.4918
湖北	0.3303	0.3306	0.3271	0.3532	0.3624	0.4076	0.4351
湖南	0.3589	0.3849	0.3635	0.3872	0.4583	0.4522	0.4731
重庆	0.4439	0.4096	0.4300	0.4891	0.4472	0.4313	0.4553

续表

省份	2011 年	2012 年	2013 年	2014 年	2015 年	2016 年	2017 年
四川	0.3648	0.3518	0.3631	0.3834	0.4171	0.4475	0.4827
贵州	0.2626	0.2838	0.3307	0.3937	0.4020	0.4366	0.4843
云南	0.3658	0.3755	0.4045	0.3973	0.4143	0.4354	0.4300

从各个省份的绿色发展水平排序看（见表6－7），中游区的湖北、安徽由于重工业产业偏多，绿色发展指数排序常年居于末尾，江西、湖南受益于生态资源丰富，且政府绿色保障投入较高，在中间位次。下游区的上海、浙江常年处于前列，浙江更是从2015～2017年稳居第一，江苏略低于浙江和上海，但仍处于较高水平。下游区的重庆波动比较大，早年绿色发展水平位于前列，但随着其他省份产业结构创新优化的进行，绿色保障投入的提高，位次有所下降。四川、云南则在中间偏后位次。值得一提的是贵州省，由于管理投入增加、生产效率提高等原因，位次持续提升。

表6－7　　2011～2017年长江经济带分省份绿色发展排序

省份	2011 年	2012 年	2013 年	2014 年	2015 年	2016 年	2017 年
上海	5	4	3	4	2	2	2
江苏	2	2	1	3	4	3	7
浙江	3	1	2	2	1	1	1
安徽	10	10	9	10	10	11	11
江西	4	3	6	5	6	4	3
湖北	9	9	11	11	11	10	9
湖南	8	6	7	8	3	5	6
重庆	1	5	4	1	5	9	8
四川	7	8	8	9	7	6	5
贵州	11	11	10	7	9	7	4
云南	6	7	5	6	8	8	10

6.3.4 长三角绿色发展水平

长三角即长江三角洲地区，位于长江下游，繁密的水运体系、发达的公路铁路、紧密的政府协作、频繁的人员流动使得三省一市的一体化程度非常高，在长江经济带中，长三角地区是经济最发达、对外开放水平最高、创新能力最突出的。长三角地区也是长江经济带经济发展最活跃、开放程度最高、创新能力最强的区域。将长江经济带绿色发展水平与长三角地区绿色发展水平进行对比有重要的参考价值。

尽管安徽省相对拉低了长三角地区的绿色发展水平，但就整体而言，在2011～2017年，长三角的绿色发展水平都比长江经济带整体要高（见表6－8）。从一级指标分析，长三角地区人口稠密，生态资源丰裕程度不如中上游地区，绿色保障管理投入较少，因此长三角的绿色生态指数与绿色保障指数都比长江经济带整体要低。尽管在资源禀赋和环境承载力上，长三角优势不明显，但是长三角经济发展、开放程度、创新能力相对中上游地区要高不少，因此在整体上，长三角地区的绿色发展水平反而更高。

表6－8　2011～2017年长三角与长江经济带对比

区域	指标	2011年	2012年	2013年	2014年	2015年	2016年	2017年
长三角	整体	0.3873	0.4129	0.4285	0.4448	0.4540	0.4668	0.4718
	绿色生态	0.2976	0.3149	0.3134	0.3325	0.3474	0.3720	0.3519
	绿色经济	0.4635	0.4860	0.5112	0.5354	0.5229	0.5397	0.5621
	绿色保障	0.3499	0.3869	0.4026	0.4052	0.4413	0.4385	0.4388
长江经济带	整体	0.3725	0.3843	0.3934	0.4174	0.4310	0.4491	0.4672
	绿色生态	0.4540	0.4884	0.4869	0.5064	0.5123	0.5412	0.5302
	绿色经济	0.3091	0.3116	0.3336	0.3715	0.3632	0.3769	0.4054
	绿色保障	0.3979	0.4044	0.4037	0.4109	0.4631	0.4784	0.5055

6.4　构建全流域绿色发展机制

流域是一种特殊的区域类型，流域内各小块区域关系因河流变得密不可分，相互之间有较大影响。从经济学的角度，流域内包含广大的经济与自然资源，对流域进行综合的开发利用对流域整体的经济发展与生态环境保护都有着直接影响。

从国内实践来看，通过对流域进行整体开发保护来推进流域经济社会发展与环境资源保护已成为共同趋势。探索构建以经济增长为驱动力，以生态保护为核心的流域绿色发展机制，更好地指导流域经济社会生态协调发展是当前流域发展的重点问题[①]。

长江经济带是呈条带状的经济空间结构，有上游、中游、下游三个集聚区，包括长三角、长江中游、成渝三大城市群，涉及我国东中西部三个板块。推动长江全流域协同发展，共建绿色发展机制，应该将西部大开发、中部崛起、东部可持续发展有机融合，形成东部沿海省份与中西部地区的互动支撑。

6.4.1　制定流域统一的产业准入负面清单

产业负面清单制度是准入管理制度的一种，常在企业投资的领域使用，即政府通过明确列出清单的方式禁止和限制企业投资经营某些对经济结构发展或生态环境不利的产业。2016 年 10 月 21 日，国家发展改革委以通知形式印发了《重点生态功能区产业准入负面清单编制实施办法》，这是我国区域环境管理的一次尝试，是环保管理重要的制度创新和有益实践。借助该实施办法的建立在制定相关的政策体系、技术规范和清单编制等方面都积累了经验[②]。

① 邹辉，段学军．长江经济带研究文献分析［J］．长江流域资源与环境，2015，24（10）：1672－1682.

② 邱倩，江河．论重点生态功能区产业准入负面清单制度的建立［J］．环境保护，2016，44（14）：41－44.

但是，对于长江经济带而言，仅仅依靠《重点生态功能区产业准入负面清单编制实施办法》（以下简称《办法》）显然不能保证绿色发展的纵深推进，还需进一步完善准入负面清单制度。原因在于：第一，涉及的范围有限。《办法》主要针对的是重点生态功能区，长江经济带仅有小部分区域纳入其中，除此以外的绝大部区域并不适用该《办法》。第二，只针对省级及以下行政区域。《办法》规定的原则是“县市制定、省级统筹、国家衔接、对外公布”，编制主体主要是各县市，统筹的主要是省级政府，长江经济带具有跨行政区域的特点，仅仅依靠省级政府统筹，形成各省份差异化的产业准入规则，不利于整个长江经济带协同保护。因此，要加强长江经济带生态环境协同治理，实现全流域绿色发展，需要针对长江经济带建立统一的产业准入负面清单。

一方面，要科学编制产业准入负面清单。从环境影响、资源消耗、经济贡献等方面综合考虑构建评估体系，有效识别产业是否应该准入。对资源环境影响较大、居民反对强烈、经济贡献较小的行业，列入禁止准入清单。同时要建立动态监管机制，限制未达到准入标准的产业进入。

另一方面，要建立健全相关制度政策体系。以法律法规制度对产业准入负面清单加以规定，保障权威性和执行力。在考核评价体系重点关注产业准入负面清单的执行情况，执行常态化监督。由于部分区域面临经济发展与生态保护双重压力，无法良好适应产业准入负面清单，因此要建立健全流域生态补偿机制，确保上游地区可以获得来自中下游受益地区的产业生态补偿，必要时中央政府可以提供相关财政支持。最后，还要建立动态调整机制。根据实际情况，考虑技术发展和时代变化，定期动态修订产业准入负面清单，使得负面清单的管理更精准有效。

6.4.2 推进全流域产业生态化发展

习近平总书记强调，要加快建立健全以产业生态化和生态产业化为主体的生态经济体系。产业生态化的内涵是指将产业绿色化、生态化的过程。与产业生态化相关的实践早在20世纪90年代就已相继展开。产业生态化的实现路径主要是围绕减少资源浪费、减轻环境污染、保护生态系统三个方面探索实践，以保证在产业发展的同时对自然产生最小的损害[1]。产业生态化的具体实施有两种分析视角。一种是聚焦于产业，通过制定科学的衡量标准考察各个行业，进而在政府的支持下帮助企业实现节能、低碳、环保的要求，淘汰污染严重的落后产业，改造资源效率低的传统产业，培育新能源、新技术、新材料的环保新兴产业。另一种是聚焦系统，指让产业发展模拟自然生态有机循环的机理，耦合优化区域内的产业系统、自然系统与社会系统，使资源得到有效利用，减少环境破坏，实现可持续发展。在特定地域空间内将产业系统、自然系统与社会系统耦合优化，充分利用资源，消除环境破坏，达到协调自然与经济的可持续发展。不考虑单一部门的物质循环与资源率，而是规划好产业分布，建立产业联系，完善碳排放权交易等市场，系统构建绿色发展模式。长江经济带跨度大，内部各省份间资源禀赋、生态环境不一致，经济发展水平差距较大，长江经济带的整体产业生态化要着眼于全流域。

第一，构建基于全流域布局的产业链。立足长江经济带各省份自身地理环境、比较优势合理发展相应产业，避免重复投资、过度竞争导致资源浪费。在布局时考虑长江的流向，把产业链的上游放在长江的上游，产业链的下游对应在长江的下游区域，可利用水运节约运输成本。

第二，建立基于全流域的生态产品市场。碳交易和排污权交易是解决产业外部性难题、协调产业发展和环境保护的重要途径，在全国范围内建立统一的生态产品市场仍然存在许多困难。而在各省份内部建立的生态产品市场，由于市场规模和范围较小，市场的资源配置作用有限。而在长江经济带内部建立统一的生态产品市场作为先行先试区，既具有可操作性，又对全国统一市场的建立具有重要的推广意义。

第三，推进基于全流域的协同创新。产业生态化离不开科技创新，不论是设备升级、技术迭代还是能源清洁化都需要科技创新的支撑。而科技创新需要海量的资金支持，长江经济带上游省份在地区财政与企业实力方面相比长江中下游省份都有不小的差距，在研发创新投入力度上更是存在较大差

---

① 谷树忠．产业生态化和生态产业化的理论思考［J］．中国农业资源与区划，2020（10）：8－14.

距。同时，出于政绩和竞争优势的考虑，某一省份取得掌握先进的生态技术时，很少会主动与其他省份分享。因此，在中央政府主导下，建立跨流域的联合管理组织来推进长江经济带流域的技术共享非常必要。

6.4.3 推动全流域生态产业化发展

对生态产业化的研究晚于产业生态化，到21世纪初才渐渐兴起。生态产业化是指生态产品或服务的价值实现过程，依据生态学与经济学等学科理论，将绿水青山、田林湖草等生态资源作为资本，通过生态环境的修复过程，经过市场化经营管理，为人民提供生态产品与服务，如农家乐、城市公园、旅游等，创造的经济价值反过来促进生态环境的修复，以实现生态资源的增值和保值。

产业生态化是绿色发展的第一个阶段，是将发展转变为绿色的，而生态产业化才是绿色发展的第二个阶段，是将绿色转变为经济发展。追溯生态产业化的发展历程可以发现，随着经济发展，生态产业化模式也在逐渐成熟：最初生态只是物质生产过程中的“添加剂”，如生态农业、生态畜牧业；经济发展到一定阶段，与生态环境的矛盾逐渐凸显，促使人们开始修复建设生态环境；当经济进一步发展，民众生活水平改善，开始追求优质生态产品。由此可以看出，一方面经济发展对生态环境提出了更高要求，生态产业化加速；另一方面，生态环境在回应这种要求时，生态产业化的发展也进一步推动经济发展。长江流域生态资源分布呈现上游丰富、下游贫乏的特征，与经济发展水平正好相反。要实现上游省市的生态产品价值，需要下游省份提供有购买力的消费市场。因此，长江经济带的生态产业化也需要着眼全流域。

第一，注重全流域生态产业化发展的顶层设计。各省份采取何种生态产业化模式要注重顶层设计、因地制宜、统筹发展。最常见的生态产业化实践是生态农业、生态旅游、生态康养、生态修复。要考虑当地实际情况，突出自身特色，避免同质化和低水平恶性竞争。要做好调研工作，有序发展，避免盲目扩张带来的资源浪费。在具体的实施中，明确四种生态产业化模式全流域都应推动的前提下，可以有所侧重，如在上游生态资源丰富、风景美丽的区域，以生态旅游和生态康养为重点发展方向。在中游地势平缓区域，雨水充沛的地区，生态农业是重点发展方向。在下游生态承载负担大、污染严重区域，生态修复是重点发展方向。

第二，完善全流域生态产业化的制度保障。要实现生态资源作为资产促进经济发展，需要建立统一完善的生态价值评估体系。一方面，合理的价格有利于生态产品交易的开展；另一方面，公平的补偿依据有利于生态产业化的可持续发展。此外，还要建立协调统一的行政审批制度、产权制度、管理规范、标准体系，以此来协调跨区域的生态产业化项目。

第三，加大全流域生态产业化发展的要素支持。引导流域内发达省份向欠发达省份提供金融帮扶开展生态产业化建设，也可以采取股权、经营权换取投资等方式为生态产业化发展提供资金支持。在各省份政府协同合作下建立全流域、全门类的生态产品交易平台，同时以互联网企业为载体，加速生态产品的价值实现。

6.5　实证分析：发展生态农业——农户绿色生产技术采纳意愿研究*

新发展理念是指导中国经济发展的重要纲领。党的十九大以来，中共中央、国务院一直将绿色生产技术作为农业高质量发展的重要突破口，并持续发布纲领性文件指导农业的绿色发展。2018 年，农业农村部发布《农业绿色发展技术导则（2018～2030 年）》，指出构建农业绿色发展技术体系对推进我国农业供给侧结构性改革、实施可持续发展战略和实施乡村振兴战略具有重大意义。2021 年中央一号文件再次强调，“持续推进化肥农药减量增效，推广农作物病虫害绿色防控产品和技术”。《中共中央关于制定国民经济和社会发展第十四个五年规划和二〇三五年远景目标的建议》指出，要“提高农业质量效益和竞争力”“强化绿色导向、标准引领和质量安全监

* 林黎，李敬，肖波．农户绿色生产技术采纳意愿决定：市场驱动还是政府推动？［J］．经济问题，2021（12）：67－74.

管”。但是，就当前情况来看，农业资源利用率不高、土壤污染严重、农产品安全等问题依然是制约农业高质量发展的主要瓶颈。2020 年，我国水稻、玉米、小麦三大粮食作物化肥利用率为40.2%，农药利用率为40.6%[①]。与之相比，发达国家粮食作物的农药利用率在 50% ~60%，比我国高 10 ~20 个百分点[②]。根据《全国土壤污染状况调查公报》，耕地土壤环境质量堪忧，耕地土壤点位超标率为 19.4%。2020 年 2 月，中国蔬菜协会开展的调查，在被调查的125 家农产品流通企业中，对蔬菜中农药残留超标表示担心的受访从业者高达96%，担忧农产品违规使用添加剂问题的高达69%。基于此，研究农户采用绿色生产技术意愿的影响因素，进而推进农业绿色生产技术的发展和应用，是提高农业质量效益和竞争力、实现绿色发展的重要课题。

6.5.1 文献综述

现有文献对农户采纳绿色生产技术意愿的影响因素进行了理论和实证两方面的论证，主要包括以下两种观点。第一，政府政策是影响绿色生产技术意愿的重要因素。政府补贴增强农户采纳绿色生产技术的社会效应，将外部信息内部化[③]。政府补贴对农户采用绿色生产技术具有正向推动作用[④]，因此，政府制定者可以通过提高补偿款来推动农户参与农业环境计划[⑤]。除此之外，政策宣传、约束政策、农技培训均能促进绿色生产技术在农户中的推

① 于文静．利用率超过40%：化肥农药使用量零增长行动实现目标［EB/OL］．（2021－01－17）［2021－01－17］新华网，http：//www. xinhuanet. com/2021－01/17/c_1126992016. htm.

② 央广网．农业部首次公布化肥、农药利用率数据 让人欢喜让我忧［EB/OL］．（2019－12－18）［2019－12－18］中国之声，http：//china. cnr. cn/NewsFeeds/20191218/t20191218_524903694. shtml.

③ 曲超，刘桂环，吴文俊，王金南．长江经济带国家重点生态功能区生态补偿环境效率评价［J］．环境科学研究，2020，33（2）：471－477.

④ 黄炜虹，齐振宏，邬兰娅，胡剑．农户从事生态循环农业意愿与行为的决定：市场收益还是政策激励［J］．中国人口·资源与环境，2017（8）：69－77. 黄炎忠，罗小锋，李容容，张俊飚．农户认知、外部环境与绿色农业生产意愿——基于湖北省632 个农户调研数据［J］．长江流域资源与环境，2018（3）：680－687. 李想，陈宏伟．农户技术选择的激励政策研究——基于选择实验的方法［J］．经济问题，2018（3）：52－65.

⑤ Espinosa-Goded M.，Barreiro-Hurle J.，Ruto E. What do farmers want from agi-environmental scheme design? a choice experiment approach［J］. *Journal of Agricultural Economics*，2010，61（2）：259－273.

广[①]。第二，市场因素直接影响农户对绿色生产技术的采纳意愿。市场对某种产品的需求规模以及资源的相对稀缺程度决定着技术创新和推广[②]。绿色生产技术对农产品的产量影响、价格影响；绿色农产品的预期销售价格、预期销售收入等关系市场收益的因素是影响农户绿色生产技术采纳意愿的首要因素[③]。除此之外，学习技术的成本也会影响农户对绿色生产技术的接受度[④]。

综上所述，已有文献对农户绿色生产技术采纳意愿的影响因素进行了较为全面详尽的论述，为研究的开展提供了宝贵的素材和理论依据。但是，仍然存在以下两方面的不足：第一，现有成果主要聚焦于市场—政府两个维度，对市场和政府内部的细分因素研究较少。第二，由于市场和政府对绿色生产技术采纳意愿的激励作用更为显著，现有文献即使涉及细分因素，也更偏重激励因素，忽视约束因素。鉴于此，本章利用广西、陕西、河南、安徽等省份346份农户的微观调查数据，在区分市场成本与市场收益、政府激励与政府约束的基础上，综合考虑激励和约束两个维度，探讨市场和政府对农户绿色生产技术采纳的影响效应，并对政府因素的影响进行稳健性检验。

6.5.2 理论分析与研究假说

技术创新是农业实现高质量发展的重要因素，在技术实现飞跃的前提下，农业才可能转型升级。新结构经济学认为，按照要素禀赋结构所决定的比较优势发展技术，以及禀赋结构和比较优势的变化来选择新技术是最佳的

---

① 余威震，罗小锋，唐林，黄炎忠．农户绿色生产技术采纳行为决策：政策激励还是价值认同［J］．生态与农村环境学报，2020（3）：318－324．刘迪，孙剑，黄梦思，胡雯雯．市场与政府对农户绿色防控技术采纳的协同作用分析［J］．长江流域资源与环境，2019（5）：1154－1163．陈欢，周宏，孙顶强．信息传递对农户施药行为及水稻产量的影响——江西省水稻种植户的实证分析［J］．农业技术经济，2017（12）：23－31．

② 黄季焜，Rozelle S.，技术进步和农业生产发展的原动力——水稻生产力增长的分析［J］．农业技术经济，1993（6）：21－29．

③ 王常伟，顾海英．市场VS政府，什么力量影响了我国菜农农药用量的选择［J］．管理世界，2013（11）：50－66，187，188．贺梅英．市场需求对农户技术采用行为的诱导：来自荔枝主产区的证据［J］．中国农村经济，2014（2）：33－41．

④ 林毅夫，沈明高．我国农业科技投入选择的探析［J］．农业经济问题，1991（7）：9－13．

发展路径，实现这个目标需要有“有效的市场”和“有为的政府”的共同作用①。经验证据表明，在家庭责任制下，营利性是解释农民技术采用意愿的主要因素②。经济学理论认为，农户作为“理性经济人”，其技术选择行为是作出成本——收益分析之后，结合自身要素禀赋条件，在利润最大化目标下选择适当技术的经济行为③。政府行为刺激在农户新技术采用中也发挥重要作用。除此之外，政府技术推广增加了农户了解、学习技术的机会，提高农户接受新技术的意愿④。就农户而言，绿色生产技术⑤的采用是包括市场收益与风险、政策激励与约束以及禀赋条件、自身偏好等多种因素考量下的理性经济行为。在以上理论分析的基础上，本章梳理出市场和政府对农户绿色生产技术采纳意愿的作用机制（见图6－4）。

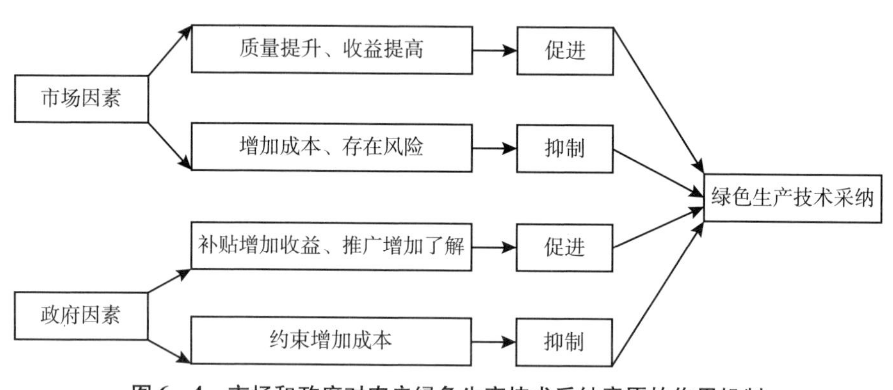

图6－4　市场和政府对农户绿色生产技术采纳意愿的作用机制

第一，根据诱导创新理论，农户的技术创新是从收益最大化行为的假设前提出发的⑥。技术创新是一种经济活动，目的是追求经济收益。产品的需

① 林毅夫，付才辉．新结构经济学导论（上册）［M］．北京：高等教育出版社，2019：636.

② 林毅夫．制度、技术与中国农业发展［M］．上海：格致出版社，上海三联书店，上海人民出版社，2014：111.

③ 王志丹，刘宇航，周振亚，孙占祥，潘荣光．辽宁省粮食生产发展问题研究［M］．沈阳：辽宁科学技术出版社，2016：6.

④ 朱希刚，赵旭福．贫困山区农业技术采用的决定因素分析［J］．农业技术经济，1995（5）：18－26.

⑤ 本章的绿色生产技术主要针对绿色农药。

⑥ 王新前．从农业而发展扩散模式到诱导创新模式——话说新古典学派农业发展理论的发展［J］．世界农业，1989（2）：8－11.

求会直接影响预期销售，进而影响预期收益[①]。因此，在市场经济条件下，绿色产品的相对稀缺和绿色产品的市场需求是提高农户采用绿色生产技术意愿的主要因素。基于此，提出假说6.1。

假说6.1：绿色生产技术是技术创新，它将提升农产品质量，激发新的需求，增加农户市场预期收益，促进农户采用绿色生产技术意愿。

第二，新技术采纳将增加农户生产成本，市场可能不接受或晚接受绿色产品。由于绿色产品的上市时间晚于有效需求产生的时间，滞后太长就会引起农户投入绿色生产技术的资金短时间难以收回。除此之外，市场竞争激烈程度也存在不确定性。如果绿色产品市场竞争过于激烈，价格可能达不到预期水平，农户很难达到预期利润[②]。基于此，提出假说6.2。

假说6.2：绿色生产技术将增加生产成本、存在市场风险，抑制了农户使用绿色生产技术意愿。

第三，根据迈克尔·波特的理论，在创新过程中，政府应该做一些间接活动，比如刺激或创造更多更高级的生产要素、改善国内需求质量、鼓励新商业出现等[③]。政府补贴可以为高风险的创新活动解决融资问题，在提升技术创新成功率的同时，将经营风险减至最低。创新技术推广人员帮助农民学习新的农业技术知识，帮助农户了解有关市场、价格、信贷、法律等方面的知识与信息，为农户提供了采用创新的技术服务环境[④]。基于此，提出假说6.3。

假说6.3：政府的绿色生产技术补贴增加了农户收益，政府的技术推广使农民对绿色的信息掌握更充分，促进农户采用绿色生产技术意愿。

第四，政策约束带有强制性，一般是事发后采取的政策工具，当发现与政策法规相反的行为之后，采取相应管制。在监管约束和惩罚机制下，农户采取非绿色生产技术的成本增加，增强农户采取绿色生产技术的意愿[⑤]。基

① 张扬．诱导创新理论与我国农业技术创新方向［J］．郑州航空工业管理学院学报，2006（2）：25－28.

② 周寄中，薛刚．技术创新风险管理的分类与识别［J］．科学学研究，2002（2）：221－224.

③ 迈克尔·波特．国家竞争优势［M］．北京：华夏出版社，1990：543.

④ 高启杰．农业技术推广中的农民行为研究［J］．农业科技管理，2000（1）：28－30.

⑤ 童洪志，刘伟．政策工具对农户秸秆还田技术采纳行为的影响效果分析［J］．科技管理研究，2018（4）：46－53.

于此，提出假说6.4。

假说6.4：政策约束增加了农户不采用绿色生产技术的成本，也会促进农户使用绿色生产技术意愿。

6.5.3 数据来源和研究方法

1. 数据来源

本章数据来自课题组于2019年7~8月对广西、陕西、河南、安徽四个省份农户开展的随机抽样调查。调查区域的确定主要基于四个省份，分布在中部和西部，主要代表了经济发展水平的不同地区，保证了客观性。课题组在四省份以随机抽样的方式选取农户，农户问卷调查采用一对一入户的方式，调查围绕农户的个人特征、经济特征、环境特征以及农户采用绿色生产技术的市场因素、政策因素等展开。其中回收调查问卷346份，有效问卷346份。

2. 样本特征

根据调查数据，农户有关个人、经济和环境的特征如表6-9所示。受访的农户男性比例高于女性，男性占比66.18%，女性占比33.82%。从年龄分布来看，受访农户主要为中青年，35岁以下占28.03%，35~45岁占31.79%，45~55岁占20.52%，55~65岁占12.72%。65岁以上占6.94%。文化程度来看，本科及以上占0.58%，大专占10.98%，高中或中专占23.41%，初中占31.79%，小学及以下占33.24%。从经营方式来看，散户占比最大，高达88.44%，农民合作社占3.47%，专业大户占3.76%，家庭农场占4.34%。从农业收入占比来看，50%及以下的居多，占86.99%，50%以上的占13.01%。从农作物种植面积来看，1~10亩的居多，占84.98%，1亩以下的占8.38%，10~50亩的占6.65%。从村里农业污染情况来看，大部分农户认为“不太严重”或“一般”，占比为77.45%；认为“完全不严重”的占14.45%，认为“比较严重”的占6.94%，认为“非常严重”的占1.16%。

表 6－9　样本基本特征

特征	分类	频数	占比（%）	特征	分类	频数	占比（%）
性别	女性	117	33.82	农业收入占比	10%以下	108	31.21
	男性	229	66.18		10%～30%	106	30.64
年龄	35岁以下	97	28.03		31%～50%	87	25.14
	35～45岁	110	31.79		51%～89%	33	9.54
	45～55岁	71	20.52		90%～100%	12	3.47
	55～65岁	44	12.72	农作物种植面积	1亩以下	29	8.38
	65岁以上	24	6.94		1～3亩	113	32.66
文化程度	小学及以下	115	33.24		3～5亩	146	42.2
	初中	110	31.79		5～10亩	35	10.12
	高中或中专	81	23.41		10～50亩	23	6.65
	大专	38	10.98	村里农业污染情况	完全不严重	50	14.45
	本科及以上	2	0.58		不太严重	150	43.35
经营方式	散户	306	88.44		一般	118	34.10
	农民合作社	12	3.47		比较严重	24	6.94
	专业大户	13	3.76		非常严重	4	1.16
	家庭农场	15	4.34				
	农业龙头企业	0	0				

3. 研究方法

（1）基准模型。

农户对绿色农业技术的采纳意愿只有选择或不选择两个选项，是典型的二值选择，因此本章在借鉴已有文献的模型基础上[①]，构建二元离散选择Probit模型，Probit模型可用公式表示：

$$\text{Probit}(\text{采用技术}) = F(I) \tag{6.8}$$

在式（6.8）中，公式左边为因变量，表示事件发生的概率大小，取值为“0”或“1”。公式右边 $F(I)$ 是累计正态分布，即为具有零均值、方差为1的正态随机变量的分布函数。

---

① 朱希刚，赵旭福．贫困山区农业技术采用的决定因素分析［J］．农业技术经济，1995（5）：18－26.

张慧利，李星光，夏显力．市场VS政府：什么力量影响了水土流失治理区农户水土保持措施的采纳？［J］．干旱区资源与环境，2019（12）：41－47.

其中，市场因素影响下的绿色农业技术采纳意愿模型为：

$$I = \alpha_0 + \alpha_1 M_1 + \alpha_2 M_2 + \alpha_3 M_3 + \alpha_4 M_4 + \sum_{i=1}^{n} \beta_i X_i + \varepsilon \qquad (6.9)$$

在式（6.9）中，I 为市场因素影响下农户采纳绿色农业技术的意愿；M_1 为农户的绿色生产技术支付能力；M_2 为采用绿色生产技术的预期风险；M_3 为绿色生产技术提高农产品质量的预期；M_4 为绿色生产技术增加农户收入的预期；X_i 为控制变量，α 和 β 为回归方程系数，ε 为随机扰动项。

政府因素影响下的绿色农业技术采纳意愿模型为：

$$I = \beta_0 + \beta_1 G_1 + \beta_2 G_2 + \beta_3 G_3 + \beta_4 G_4 + \sum_{i=1}^{n} \alpha_i X_i + \varepsilon \qquad (6.10)$$

在式（6.10）中，I 为政府因素影响下农户采纳绿色农业技术的意愿；G_1 为绿色生产技术服务组织；G_2 为绿色生产技术指导服务；G_3 为绿色农业补贴；G_4 为政府要求绿色农业生产；X_i 为控制变量，β 和 α 为回归方程系数，ε 为随机扰动项。

（2）倾向得分匹配法（PSM）。

农户是否采纳绿色生产技术会受到政府因素的影响，从而影响农户对绿色生产技术的采纳意愿。为保证结果的稳健性，本章将采用倾向得分匹配法对干预效应进行分析，采用 Probit 回归估计出样本成为政府规制对象的概率（倾向匹配得分），对处理组（有政府规制的农户）和控制组（无政府规制对象的农户）进行匹配。如果匹配较好，则实验组和控制组有较大的重叠区域。匹配完成后，再根据匹配后样本计算处理效应，衡量政府规制对农户采纳绿色生产技术意愿的影响程度。

6.5.4 变量说明

1. 被解释变量

在借鉴现有文献[①]的基础上，绿色农业技术主要包括绿色农药。农户采纳绿色农业技术意愿作为因变量，由于只有采纳和未采纳两种情况，是典型

① 张扬．诱导创新理论与我国农业技术创新方向［J］．郑州航空工业管理学院学报，2006（2）：25－28.

的二元变量，则采纳技术赋值为1，不采纳技术赋值为0。

2. 核心解释变量

研究的核心解释变量分为两类——政府力量和市场力量。政府力量包括绿色生产技术服务组织、绿色生产技术指导、绿色生产技术补贴和绿色生产技术要求；其中，前三项为激励因素，最后一项为约束因素。市场力量包括绿色生产技术支付能力、绿色生产技术采用风险、绿色生产技术提高农产品质量、绿色生产技术增加收入；其中，前两项为成本因素，后两项为收益因素。

3. 控制变量

由于农户的个人特征、经济特征和环境特征可能影响农户对绿色农业技术的采纳，因此从这三个方面选择控制变量。个人特征包括年龄和受教育水平2个变量。一般而言，年龄越大，接受新技术的能力和意愿越弱，采纳绿色农业技术的积极性越低。受教育水平越低，理解和接受新技术的能力越弱，对绿色农业技术的积极性越低。经济特征包括经营方式、农业收入在家庭总收入中占比、农作物种植面积3个变量。相比散户，农民合作社、专业大户等对绿色农业技术的支付能力更强，绿色生产技术带来的提质增收效应更明显，对绿色生产技术的接受度更高。农业收入在家庭中占比越高的农户，绿色农业技术对其长期可持续发展带来的积极作用越大，农户采纳绿色生产技术的意愿越高。农作物种植面积大的农户，使用绿色生产技术的总成本较高，对绿色生产技术的接受度可能降低；此外，由于绿色生产技术采用为农业大户带来的长期收益更大，这也会提高农业大户对绿色生产技术的接受度。环境特征包括其他农户对绿色生产技术的使用、本村的农业生产污染情况。其他农户对绿色生产技术的使用是一种示范效应，一定程度上影响农户采纳绿色生产技术意愿。本村农业生产污染情况是现实环境，如果污染严重，农户有改善环境、采纳绿色生产技术的意愿。变量定义和描述性统计见表6-10。

表6-10 变量定义和描述性统计

变量	定义	平均值	标准差
因变量			
绿色生产技术意愿	您愿意采用绿色农业技术进行生产吗？1=愿意；0=不愿意	0.838	0.369

续表

变量	定义	平均值	标准差
核心变量			
（1）政策激励			
技术服务组织	村里是否有绿色农业技术服务组织？1＝有，0＝无	0.295	0.457
绿色生产技术指导	您对村里的绿色农业技术指导满意吗？1～5：1＝非常不满意，5＝非常满意	2.257	0.975
绿色农业补贴	政府是否对绿色农业提供补贴？0＝没有，1＝有	0.139	0.346
（2）政策约束			
政策规定	政府要求绿色农业生产吗？0＝不要求，1＝要求	0.850	0.358
（3）市场成本			
成本支付	您具备绿色生产技术支付能力？1～5：1＝完全不具备，2＝不太具备，3＝一般，4＝具备，5＝完全具备	2.960	0.929
技术风险	您周围已经采用绿色生产技术的农户，所面临的风险？1～5：1＝非常低，5＝非常高，	3.095	0.868
（4）市场收益			
提高质量	绿色生产技术提高了您所在地区农产品质量？1～5：1＝完全不同意，5＝完全同意	3.535	0.838
增加收入	绿色农业增加了您所在地区农户收入？1～5：1＝完全不同意，5＝完全同意	3.251	0.867
控制变量			
（1）个人特征			
年龄	您的年龄？1～5：1＝35岁以下，2＝35～45岁，3＝45～55岁，4＝55～65岁，5＝65岁以上	2.387	1.214
文化程度	您的文化程度？1～5：1＝小学及以下，2＝初中，3＝高中或中专，4＝大专，5＝本科及以上	2.139	1.021
（2）经济特征			
经营方式	您目前的经营方式？1～5：1＝散户，2＝农民合作社，3＝专业大户，4＝家庭农场，5＝农业龙头企业	1.240	0.720
农业收入占比	在家庭总收入中的占比？1～5：1＝10%以下，2＝10%～30%，3＝31%～50%，4＝51%～89%，5＝90%～100%	2.234	1.098
农作物种植面积	您家的农作物种植面积？1～5：1＝1亩以下，2＝1～3亩，3＝3～5亩，4＝5～10亩，5＝10～50亩	2.740	0.982
（3）环境特征			
示范效应	其他农户在生产中采取了绿色农业技术？1～5：1＝完全不同意，5＝完全同意	2.280	1.044
污染状况	村里的农业生产污染状况如何？1～5：1＝不严重，5＝非常严重	2.370	0.856

6.5.5 实证结果与分析

为了测度市场因素和政府因素对农户绿色生产技术采纳意愿的影响，本章利用二元 Probit 模型进行相关回归。为了保证结果的准确性，同时采用 Probit 模型和 Logit 模型进行回归分析。模型 1 和模型 2 使用的是 Probit 模型，后者考虑控制变量，前者不考虑控制变量，模型 3 和模型 4 使用的是 Logit 模型，模型 3 不考虑控制变量，模型 4 考虑控制变量。由于采用 Probit 模型和 Logit 模型的结果基本一致，以下仅以 Probit 模型结果为例进行说明。

1. 市场因素下农户绿色生产技术的采纳意愿

表6－11 的（1）~（3）列利用模型1，直接将农户绿色生产技术采纳意愿与市场因素进行回归，实证结果体现在两个方面：第一，市场成本对农户绿色生产技术采纳意愿产生显著影响。表征市场成本的支付能力变量的系数为正，且在1%的水平上显著，说明农户自身对绿色生产技术的支付能力越强，采纳绿色生产技术的意愿就越强烈。可能的原因是农户一方面认识到绿色生产技术比传统技术更具优势，另一方面又对使用绿色生产技术的新增成本比较在意，进而对绿色生产技术采用持谨慎态度。当自身条件能够支付绿色生产技术的成本，大部分农户都愿意采纳绿色生产技术。可见，市场成本是农户绿色生产技术采纳意愿的重要约束条件，在技术选择中发挥重要作用。第二，市场收益对农户绿色生产技术采纳意愿产生显著影响。表征市场收益的提高质量和增加收入的系数都为正，前者在1%的水平上显著，后者在5%的水平上显著，说明绿色生产技术提高农产品质量的效应越大，绿色生产技术增加农民收入的效果越明显，农户越倾向于采纳绿色生产技术。可能的原因是农户比较认可绿色生产技术能够提高农产品质量、进而增加销售收入。可见，市场收益是农户采纳绿色生产技术的重要推动条件，农户选择绿色生产技术的主要动机是质量改善和收入增加。表6－11 的（4）~（6）列是对模型2 进行回归的结果，结论基本和模型1 相同。表征市场成本的支付能力变量与农户采纳绿色生产技术意愿显著正相关，表征市场收益的提高质量、增加收入均与农户采纳绿色生产技术意愿显著正相关，假说6.1 和假说6.2 得到验证。

表 6－11　市场因素对农户绿色生产技术采纳的影响

变量		模型 1			模型 2			模型 3			模型 4		
		（1）	（2）	（3）	（4）	（5）	（6）	（7）	（8）	（9）	（10）	（11）	（12）
		系数	标准误	Z 统计量	系数	标准误	Z 统计量	系数	标准误	Z 统计量	系数	标准误	Z 统计量
市场成本	成本支付	0.266***	0.100	2.66	0.319***	0.109	2.92	0.504***	0.181	2.79	0.640***	0.207	3.10
	技术风险	－0.176	0.114	－1.55	－0.183	0.129	－1.42	－0.272	0.210	－1.30	－0.311	0.241	－1.29
市场收益	提高质量	0.329***	0.110	2.99	0.294***	0.115	2.57	0.596***	0.198	3.01	0.566***	0.208	2.71
	增加收入	0.248**	0.114	2.18	0.273**	0.122	2.24	0.511***	0.212	2.40	0.524**	0.229	2.29
观测值		346			346			346			346		
Pseudo R^2		0.167			0.232			0.1721			0.238		

注：***、**、*分别表示在 1%、5%、10% 的水平上显著。

2. 政府因素下农户绿色生产技术的采纳

模型5和模型6使用的是Probit模型。模型6考虑控制变量，模型5不考虑控制变量。模型7和模型8使用的是Logit模型。后者考虑控制变量，前者不考虑控制变量。其结果如表6－12所示，由于采用Probit模型和Logit模型的结果基本一致，以下仅以Probit模型结果为例进行说明。

表6－12的（1）~（3）列利用模型5，直接将农户绿色生产技术采纳意愿与政府因素进行回归，实证结果体现在两个方面：第一，政策激励的部分变量对农户绿色生产技术采纳意愿产生影响。表征政策激励的技术组织和技术指导均未通过显著性检验；绿色补贴的系数为负，在5%的水平上显著，表明绿色补贴数额越高，农户越不愿意使用绿色生产技术。这与假说6.3不一致，但与左喆瑜等基于世行贷款农业面源污染治理项目的研究结果一致。可能的原因是绿色补贴同时产生替代效应和收入效应，使该政策的环境效应具有不确定性。替代效应使配方肥替代传统肥，带来正的环境效应。收入效应放松了农户购买肥料的资金约束，使农户可以用“多出的收入”购买更多传统肥进行“补施”，产生负的环境效应①。除此之外，也表明农户的绿色生产技术选择更多地受到市场因素和政策约束的影响。第二，政策约束显著影响农户绿色生产技术采纳意愿。政策规定的系数都为正，在1%的基础上显著，说明政策规定的约束力越强，农户越倾向于采纳绿色生产技术。可能的原因是政策规定一般包含惩罚性措施，意味着农户不采用绿色生产技术将产生额外成本，为了不被惩罚农户愿意使用绿色生产技术。可见，政策约束能够推动农户采纳绿色生产技术意愿，农户为规避政策惩罚而选择绿色生产技术。表6－12的（4）~（6）列是利用模型6进行回归的结果，除绿色补贴变量系数不显著外，其他结论基本与模型5相同。表征政策激励的三个变量技术组织、技术指导、绿色补贴的系数未通过显著性检验，即政策激励对农户采纳绿色生产技术意愿没有显著影响，可能的原因是与其他变量相比，政策激励的力度不够，不足以对农户技术选择意愿产生影响；表征政策约束的变量政策规定与农户采纳绿色生产技术意愿显著正相关，假说6.4得到验证。

---

① 左喆瑜，付志虎．绿色农业补贴政策的环境效应和经济效应——基于世行贷款农业面源污染治理项目的断点回归设计［J］．中国农村经济，2021（2）：106－121.

表 6-12　政府因素对农户绿色生产技术采纳的影响

变量		模型 5			模型 6			模型 7			模型 8		
		（1）	（2）	（3）	（4）	（5）	（6）	（7）	（8）	（9）	（10）	（11）	（12）
		系数	标准误	Z 统计量	系数	标准误	Z 统计量	系数	标准误	Z 统计量	系数	标准误	Z 统计量
政策激励	技术组织	0. 157	0. 210	0. 75	-0. 019	0. 249	-0. 08	0. 290	0. 382	0. 76	-0. 021	0. 460	-0. 05
	技术指导	-0. 020	0. 093	-0. 22	-0. 084	0. 119	-0. 71	-0. 024	0. 171	-0. 14	-0. 134	0. 224	-0. 60
	绿色补贴	-0. 551**	0. 254	-2. 17	-0. 351	0. 318	-1. 11	-0. 989	0. 454	-2. 18	-0. 592	0. 581	-1. 02
政策约束	政策规定	1. 235***	0. 203	6. 09	1. 253***	0. 217	5. 77	2. 13***	0. 347	6. 13	2. 161***	0. 376	5. 74
观测值		346			346			346			346		
Pseudo R^2		0. 136			0. 196			0. 1348			0. 191		

注：***、**、* 分别表示在 1%、5%、10% 的水平上显著。

3. 政策约束对农户绿色生产技术采纳意愿的稳健性检验

为进一步验证政策约束影响的稳健性，有必要采用倾向得分匹配方法（PSM）估计政策约束对农户绿色生产技术采纳意愿的处理效应。通过控制倾向值，我们可以“近似地”满足统计学反事实框架，从而做出因果推论[①]。根据检验结果可知，匹配后多数变量的标准化偏差都小于10%，只有年龄变量的标准化偏差略高；且大多数t检验的结果不拒绝处理组与控制组无系统差异的原假设；对比匹配之前的结果，大多数变量的标准化偏差均大幅缩小；因此，通过平衡性检验。这表明倾向得分匹配使农户之间的组间差异性大大降低。表6－13报告了政策约束对农户绿色生产技术采纳意愿的倾向得分匹配的估计结果，包括一对一匹配、近邻匹配（$k=4$）、卡尺匹配和核匹配。结果显示，四种方法的平均干预效应ATT具有一致性，且均在1%的水平上显著，政策约束仍对农户绿色生产技术采纳意愿产生显著的正向影响。因此，政策约束对农户采纳绿色生产技术意愿的影响是稳健的。

表6－13　政策约束对农户绿色生产技术采纳意愿的倾向得分匹配回归估计结果

匹配方法	一对一匹配	近邻匹配（k=4）	卡尺匹配	核匹配	平均
ATT	0.339	0.384	0.405	0.385	0.378
t值	3.55	4.81	5.02	5.09	—

6.5.6　研究结论与政策建议

1. 研究结论

大量文献探讨了农户绿色生产技术采纳意愿的影响因素，部分研究者考察了市场和政府对农户绿色生产技术采纳意愿的作用，鲜有学者从市场和政府的细分因素研究两者对农户绿色生产技术采纳意愿的作用。研究基于346户农户的微观调研数据，采用Probit模型、Logit模型和倾向得分匹配实证分析了市场和政府对农户绿色生产技术采纳意愿的影响，重点从成本与收

① 胡安宁．倾向值匹配与因果推论：方法论述评［J］．社会学研究，2012（1）：221－246.

益、激励与规制的角度开展深入分析，得到以下研究结论。

第一，从市场成本角度来看，农户支付能力的增强能够显著提高农户绿色生产技术的采纳意愿。这表明，对农户而言，是否采纳绿色生产技术的重要考量是自身对成本的接受度。如果自身具备支付能力，则愿意采用绿色生产技术；反之则不采用。第二，从市场收益角度来看，农产品质量提高和收入增加都是农户采纳绿色生产技术的重要推力。这表明，绿色生产技术的收入增加效应强烈影响着农户的采纳意愿。第三，从政府激励的角度来看，技术组织和技术指导作用并不显著，绿色补贴和农户绿色生产技术采纳意愿呈反向变动关系。这主要源于绿色补贴的替代效应和收入效应共同作用带来的环境效应不确定性，并不代表绿色补贴不重要。第四，从政府约束的角度来看，政策规制使农户显著提高绿色生产技术的采纳意愿。倾向得分匹配的稳健性检验，证明政府规制对农户绿色生产技术选择的正向影响是稳健的。

2. 政策建议

党的十九届五中全会强调要加快农业农村现代化，提高农业质量效益和竞争力，强化绿色导向。绿色发展已经成为深化农业供给侧结构性改革的重要途径。结合实证分析中农户绿色生产技术采纳意愿的主要影响因素：农户支付能力、农户市场收益、政府激励、政府约束，针对现实中存在的农业绿色政策“重出台、轻落实”、农业绿色补贴改革不快[①]等问题，提出以下政策建议：

第一，探索绿色农业保险，增强农户采纳绿色生产技术的支付能力。中共中央办公厅、国务院办公厅早在 2017 年印发的《关于创新体制机制推进农业绿色发展的意见》中就提到，“有效利用绿色金融激励机制”，“创新绿色生态农业保险产品”。根据前文的实证结果可知，农户绿色生产技术采纳的重要影响因素是成本。因此，降低风险、增强支付能力，探索绿色农业保险，将是提升农户采纳绿色生产技术决心的一大突破口。积极探索绿色农业保险模式，降低绿色农业的保险门槛，增加绿色农业保险的产品种类，扩大绿色农业保险的覆盖范围，提升绿色农业的赔付标准，提高绿色农业保险的

① 金书秦，牛坤玉，韩冬梅．农业绿色发展路径及其“十四五”取向［J］．改革，2020（2）：30－39.

参保率。建立绿色农业巨灾风险分散体系，化解绿色农业巨灾损失给保险公司带来的“隐患”[①]，保证绿色农业保险发展的稳定性。

第二，激发绿色农产品需求，增加农民采用绿色生产技术的收入。实证结果显示，绿色农产品质量和收入是农户考虑绿色农业生产技术的重要因素。从市场角度分析，农户选择绿色生产技术的关键在于该技术能够带来比传统技术更多的预期收益。预期收益取决于预期销售额和产品需求状况。因此，要引导绿色农产品消费需求，完善具有溢价功能的绿色农产品市场。一方面，让消费者形成正确的绿色消费观。另一方面，培育绿色农产品需求。完善绿色农产品采购清单，推进政府绿色采购制度；鼓励市场扩大绿色农产品交易，鼓励单位采购绿色农产品。通过激发绿色需求—培育绿色市场—实现绿色溢价，实实在在体现绿色产品价值，增加农民绿色收入。

第三，深化农业绿色补贴改革、加大绿色生产技术支持，强化政策激励。目前，我国实行的农业支持保护补贴制度和农业生产发展基金制度都有耕地地力保护、绿色高效技术推广等推进绿色发展的政策意图。但由于发放的方式、对象、标准未同步调整，其发挥作用有限。未来的改革中，应体现农业补贴的绿色引领，将资源节约型、环境友好型生产行为作为农业补贴的重要依据，将绿色生产的农户作为重要补贴对象，使农业绿色补贴名副其实，实现农业高质量发展。另外，前文实证结果中技术组织和技术指导的作用不显著，这并不表示技术支持对农户绿色生产技术采纳不发生作用。恰恰相反，这反映的可能是在农业绿色生产技术的推广过程中，政府提供的技术支持不够，导致农户缺乏技术基础或者技术获取成本过高。因此，一方面要建立农业绿色生产技术推广组织，定时定期为农户提供绿色生产技术免费培训，让农户了解、掌握、运用绿色生产技术。另一方面，加大对农户的绿色生产帮扶力度，引导农户科学用肥、自觉选择绿色生产技术[②]。对于愿意采用绿色生产技术生产的农户，提供全流程免费技术支持，降低农户的绿色生产的技术成本。

---

① 张春梅. 绿色农业发展机制研究［D］. 长春：吉林大学，2017.

② 杨红娟，徐梦菲. 少数民族农户低碳生产行为影响因素分析［J］. 经济问题，2015（6）：90-94.

第 7 章

重点区域的主体协同：以全周期视角下的成渝地区双城经济圈环境污染协同治理为例

7.1 引　言

2020 年 1 月 3 日，中央财经委员会第六次会议提出大力推动成渝地区双城经济圈建设，标志着成渝地区双城经济圈建设已经上升为国家战略。习近平总书记在这次会议上指出，使成渝地区成为具有全国影响力的重要经济中心、科技创新中心、改革开放新高地、高品质生活宜居地，助推高质量发展。2020 年 3 月，习近平总书记赴湖北省武汉市考察时表示，要着力完善城市治理体系和城乡基层治理体系，树立“全周期管理”意识，努力探索超大城市现代化治理新路子。“高品质生活宜居地”即绿色生态之地，体现统筹生产、生活和生态三者关系的新发展理念。从现实来看，成渝地区双城经济圈在协同推进高品质生活宜居地的建设中面临较大挑战，包括传统产业和重化工业所占比重较高，产业升级换代任务艰巨；经济圈内部交往较多，产业、人口、生产要素等流动频繁；重庆、四川两地水系联系紧密，跨界河流众多，跨界流域横向生态补偿机制不健全等问题。

因此，要打造高品质生活宜居地，必须要加强川渝两地之间的生态合作，建立一体化的环境污染治理机制；要建立成渝地区双城经济圈一体化环境污染治理机制，更需要强调全过程、全流程、全领域的“全周期”意识，建立全周期视角下的成渝地区双城经济圈环境污染协同治理机制。

7.2　全周期视角下的跨区域环境污染协同治理理论

7.2.1　全周期管理的研究现状

全周期管理的思想最初产生于“二战”后的工业化发展阶段。“管理”的对象最开始聚焦于微观层面的企业，其核心思想是危机周期管理。史蒂文·芬克（Steven Fink，1986）将危机周期管理定义为预测、分析、化解、防范危机因素的一系列行动，并划分为四个阶段：潜伏期、爆发期、善后期、解决期①。米特罗夫（Mitroff，1993）认为企业危机周期管理要重点关注战略环境的变化以及利益相关者②。王蕾（2011）提出危机管理是一个动静结合的连续过程，具有系统性，既要注重解决眼前面临的问题，也要分析危机的演变过程，把握内外环境的变化，防患于未然③。胡百精等学者主张建立组织整体发展战略的危机管理体系，包括三个核心阶段：危机管理的战略规划、危机预控和危机应急管理④。

近年来，全周期管理的“适用”范围逐渐拓展至宏观层面的城市治理、社会治理。林坚认为，树立“全周期管理”意识，要确立问题导向、目标导向、结果导向，依次实现全主体全员、全过程全时段、全覆盖全方位的管

---

① Fink S. *Crisis Management: Planning for the Invisible* [M]. New York: American Management Association, 1986.

② Mitroff I. I., Pearson C. M. *Crisis Management: A Diagnostic Guide for Improving Your Organization's Crisis-preparedness* [M]. San Francisco: Jossey - Bass Publishers, 1993.

③ 王蕾，邢慧斌，王玉成. 国外企业危机管理研究评述［J］. 云南财经大学学报（社会科学版），2011，26（6）：49 - 53.

④ 胡百精. 危机传播管理对话范式（上）——模型建构［J］. 当代传播，2018（1）：26 - 31.

理[①]。黄建（2020）认为在新冠疫情防控中城市治理体系暴露了许多短板，“全周期管理”具有全流程管控、跨区域协同、精准化治理、差异化治理的特点，完美契合城市治理现代化的理论需求[②]。郑长忠（2020）认为将“全周期管理”意识引入城市治理，就是以人民为中心系统地看待城市治理，需要从深化党建加强基层治理、以精细化理念与“全周期管理”相结合、形成“治未病”思维、充分利用科学技术手段、加强教育培训等方面落实[③]。刘锋（2020）指出对于社会基层治理，存在着协同治理不协调、系统治理不衔接、源头治理无序化、服务供给与群众需求有差距等问题，以“全周期管理”思维引领，推进党建、系统治理、源头治理、服务至上是破解困局的路径[④]。蓝煜昕等（2020）认为要提升社区韧性，需要将“全周期管理”理念引入基层治理，在日常管理中建立闭环治理体系，从预警到决策、行动，再到恢复、总结、学习形成完整的治理链条[⑤]。李德（2021）认为完善中国的社会治理要将马克思主义群众史观与“全周期管理”相结合，打造群众在事前、事中、事后全流程参与的闭环，即事前从群众中来发现问题，事中到群众中去解决问题，事后一切为了群众总结分析[⑥]。何继新等（2020）细化到社区公共卫生重大风险的防控，运用“全周期管理”思维提出应对策略：从精准辨识风险、科学设计路径、评估承载能力等做好防控事前准备；从选择防控方式、提升宣传动员、网络精细管控、搭建组织架构来防控组织筹备；从建构专业队伍、提供防控保障、开展绩效评估、加强技术运用来实施风险防控[⑦]。陶相婉等（2021）将“全周期管理”思维运用至城市水系统管理，从全要素、全过程、全场景统筹治理，同时提出五大政策工具形成全周期管理的闭环政策体系：战略面政策制定长期规划，供给面政策

---

① 林坚．加强城乡治理，进行“全周期管理”[J]．理论导报，2020（3）：63－64.

② 黄建．引领与承载：全周期管理视域下的城市治理现代化[J]．学术界，2020（9）：37－49.

③ 郑长忠．“全周期管理”释放城市治理新信号[J]．人民论坛，2020（18）：72－73.

④ 刘锋．以“全周期管理”思维破解基层治理困局[J]．领导科学，2020（16）：30－33.

⑤ 蓝煜昕，张雪．社区韧性及其实现路径：基于治理体系现代化的视角[J]．行政管理改革，2020（7）：73－82.

⑥ 李德．论构建完善党的领导、推动群众“全周期”参与的社会治理体制——基于马克思主义群众观[J]．毛泽东邓小平理论研究，2021（5）：30－36，107.

⑦ 何继新，暴禹．社区防控公共卫生重大风险辨识与全周期管理策略研究[J]．学习与实践，2020（5）：90－101.

提供监测、管理平台，需求面政策激活市场，环境面政策完善法规、建立标准，评估面政策评估实施效果①。

7.2.2　传统跨域治理理论的缺陷

环境污染问题具有跨区域的特点，突破了人为划定的行政区划，因此需要进行构建跨区域的协同治理。近年来，跨区域环境污染协同治理中比较主流的理论是横向府际合作理论和多中心治理主体理论。

1. 横向府际合作理论

府际治理是指各级政府与组织机构为达成共同目的进行的一系列活动以及它们之间的相互关系。政府间的关系通常分为合作与竞争两种形态，过度竞争会导致重复建设、资源浪费以及地方保护主义等问题。在竞争冲突中强调“相互依存”关系的府际治理理论不断成熟②。府际关系的核心关系是利益关系，府际合作就是通过充分的沟通与合作，使政府间、部门间相互协调保障整体的利益。府际合作理论内涵包括：政策要有传递性，要保证各个政府节点信息的高效传递；部门间要完善整合，构建合作平台节省各层传递的耗损③。府际关系包括纵向府际关系与横向府际关系，横向府际关系指的是同级政府及部门之间的关系，随着区域经济一体化的发展，各地区之间相互影响、相互联系的关系越发紧密。进行横向府际合作治理，要协调各地方政府通过共同目标形成不可分割的整体，采取的形式主要有信息交换、共同学习、相互审查与评论、联合规划、共同筹措财源、联合行动、联合开发、合并经营等，府际合作治理具有政策工具性，依靠制度设计，可以达成跨区域的外部收益④。

2. 多中心治理理论

多中心治理主体理论由埃莉诺·奥斯特罗姆（Elinor Ostrom）提出，主

① 陶相婉，莫罹，龚道孝，王洪臣．政策工具视角下城市水系统全周期管理策略研究［J］．给水排水，2021，57（1）：67－71.

② 徐超．我国大气污染治理的府际合作机制［D］．武汉：华中师范大学，2019.

③ 栾俊毓．多源流框架下雾霾治理府际合作的生成逻辑研究［D］．青岛：中国石油大学（华东），2017.

④ 楼宗元．京津冀雾霾治理的府际合作研究［D］．武汉：华中科技大学，2015.

张多元主体共同参与公共事务的管理，以期保障各方的利益。因为存在“公地悲剧”的可能，“看不见的手”无法优化资源配置，存在市场失灵，政府在治理过程中可能存在政策制定失误或寻租行为也导致有失灵的情况。在主张的“交叠管辖与权力分散”的多中心治理主体理论中，没有哪个中心可以掌握所有资源，做出统一决策，多中心治理主体通过协商实现资源的优化配置，达成“多赢”的目标①。多中心治理要注重治理主体的多元化发挥各方力量，治理方式的多样化解决各种问题以及治理目标的明确化确立衡量标准②。多中心治理要明确各主体权责、界定资源界限、建立监督惩罚机制、建立协调机制③。

在治理跨区域环境污染时，依靠横向府际合作理论与多中心治理主体理论可以协调政府间或者各主体间利益关系，调动各方力量，优化资源配置。但仅仅是将各治理主体简单的汇集，治理过程缺乏动态思维，在环境污染治理时往往处于“兵来将挡，水来土掩”的被动局面，无法做到防患于未然，在污染爆发之前没有做好规划与预警工作，不能阻止或延缓污染的爆发。在污染爆发后，不能有效地总结学习，导致环境污染循环往复，提高了环境污染的治理成本。

7.2.3 全周期管理思想

“全周期管理”思想融合系统学、协同学的理论，摒弃了将管理对象刻板化、静态化的观念，而是将其视为动态、完整的生命过程④，对管理对象实现全过程、全要素、全方位的闭环管理，其理论内涵具有以下三个特点：一是系统性，“全周期管理”注重系统治理，对某一问题的治理是一个复杂的系统，要求治理主体要对事物发展从全过程、全要素进行规划决策；二是协同性，从整体布局，强化多元参与，加强协同管理，对除政府外的其他社会力量赋权，协调各主体的力量；三是有序性，强调在不同领域、行业以及

---

① 郁俊莉，姚清晨．多中心治理研究进展与理论启示：基于 2002 ~ 2018 年国内文献［J］．重庆社会科学，2018（11）：36 – 46.

② 苏泽雄．洱海流域多中心协同治理水环境对策研究［D］．昆明：云南大学，2020.

③ 马丹．河北省农村污水多中心治理体系的构建路径研究［D］．石家庄：河北师范大学，2022.

④ 闫铭．“全周期管理”视域下城市治理路径探析［J］．改革与开放，2021（14）：33 – 38.

不同阶段采取差异化措施，精准施策①。强化“全周期管理”意识，要重视治理的过程思维和阶段思维，在治理过程中注意动态性，不能只着眼于解决眼前的问题，摒弃“头痛医头、脚痛医脚”的治理。同时把握阶段性，在不同的阶段采用不同的解决方法，在前期注重预警，中期注重应对，末期注重总结。在整体周期注意全要素的统筹，加强科学技术的应用，借助互联网、大数据等信息技术，优化在各阶段各领域的配置。

随着时代发展，社会信息化、关联化提高，风险趋于多元化，全周期管理理念高度契合时代要求，可以运用在产品、项目、企业、城市管理、基层治理、环境治理等多领域，通过整体统筹主体、内容、层级等要素，将规划建设，风险评估预警，应对执行，总结学习等链条环环相扣，在过程中时刻关注管理对象的演变过程，把握内外环境的变化。在横向跨区域的全周期管理中，还要强调合作共治以解决分割化、碎片化的传统缺点②。

7.2.4 全周期管理视角下的环境污染协同治理框架

环境是一个动态的生命体、有机体，对环境污染的治理也是一个动态的闭环过程。“全周期管理”的核心思想是要采取动态思维，对管理对象实现全过程、全要素、全方位的闭环管理。将“全周期管理”思想融入环境污染治理的全过程，将环境污染协同治理划分为潜伏期、爆发期、善后期三个阶段，构建出全周期管理视角下的环境污染协同治理框架。

1. 潜伏期

在环境污染的潜伏期，污染的隐蔽性高，污染爆发的征兆往往会被忽视，埋下了污染爆发的祸根。因此，在潜伏期环境污染把握环境污染的系统性，从全过程考虑环境污染的动态性，当征兆信息达到临界值，就意味着污染可能会暴发，以此为根据建立预警机制对信息进行捕获、分析。同时培养系统意识，时刻做好准备，在制度设计、机制构建时做好整体规划，把区域环境污染治理当作完整的链条。

---

① 刘锋．以“全周期管理”思维破解基层治理困局［J］．领导科学，2020（16）：30－33.

② 黄建．引领与承载：全周期管理视域下的城市治理现代化［J］．学术界，2020（9）：37－49.

2. 爆发期

环境污染的爆发期是最困难、最紧迫的时期，需要各地区、各治理主体协调统一地应对，以协同性促进多元主体参与治理，实现多方治理主体共建、共治、共享。要调整治理权力关系，赋予企业、公民更多的权责，发挥非政府主体的积极性与主动性。要注重治理的互动性，促进各治理主体协商治理。

3. 善后期

环境污染善后期的重点是总结学习，找到导致环境污染的关键因素与源头，以防重蹈覆辙，使区域环境污染治理能力在经过一个闭环后得到提升。此外要建立完善的考评指标，对效果不佳的政策进行调整，对缺乏的制度机制加以补充，做到精准施策。

7.3 成渝地区双城经济圈环境污染协同治理的现状

2020 年，中央财经委员会第六次会议研究要推动成渝地区双城经济圈建设，在西部形成高质量发展的重要增长极。作为“一带一路”与长江经济带的交汇点，西部陆海新通道的起点，西部大开发中的重要引擎，成渝地区双城经济圈在国家发展大局中有着重要的战略地位。2021 年，四川省和重庆市的地区生产总值达 81 744. 8 亿元，占全国的 7. 21%，占西部地区的 34. 1%；四川省和重庆市的常住人口达 11 584 万人，占全国的 8. 2%，占西部地区的 30. 26%[①]。从环境污染治理情况来看，成渝地区双城经济圈呈现以下特点。

7.3.1 区域绿色发展的基础良好

产业结构不断优化升级，化解和淘汰落后产能。在“十三五”期间，重庆全面完成 30 万千瓦以上煤电机组超低排放改造，化解船舶过剩产能

① 国家统计局网站国家数据［EB/OL］. 国家统计局，https：//data. stats. gov. cn/.

2万载重吨[①]。两地对钢铁、电解铝、平板玻璃等行业的落后产能进行淘汰的同时，严控过剩新增产能。从三次产业结构来看，重庆从2016年的6.9：43.1：50调整为2020年的7.2：40：52.8（见图7－1）；四川从2016年的11.8：40.6：47.6调整为2020年的11.4：36.2：52.4（见图7－2）[②]。重庆高技术产业和战略新兴产业占规模以上工业增加值比重分别提高至19.1%和25%。积极推进绿色制造体系和节能环保产业发展。重庆建成绿色工厂115家、绿色园区10个[③]。四川将节能环保、清洁能源产业纳入"5＋1"现代工业体系16个重点领域，出台支持节能环保产业发展40条政策措施[④]。促进资源集约利用，清洁能源消费占比稳步提升。如图7－3所示，重庆市单位地区生产总值能耗五年累计下降19.4%，单位地区生产总值二氧化碳排放量五年累计下降21.88%，非化石能源消费占比达到19.3%[⑤]。四川省清洁能源装机和发电量占比分别达到85.9%、88.5%，其中水电装机和发电量均位居全国第一。四川省非化石能源消费占比高达38%，高于全国22.1个百分点；单位地区生产总值能耗强度五年累计下降14.5%[⑥]。

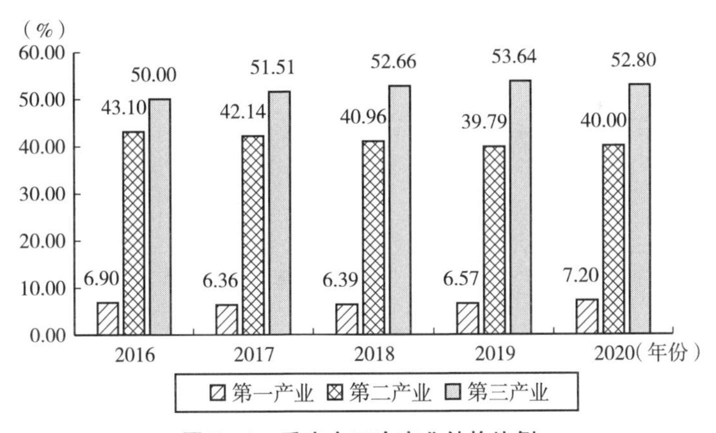

图7－1 重庆市三次产业结构比例

①③⑤ 重庆市生态环境保护"十四五"规划（2021～2025年）[EB/OL]. http://sthjj.cq.gov.cn/zwgk_249/zfxxgkzl/fdzdgknr/ghjh/202202/t20220216_10400261.html.

② 重庆市统计局，国家统计局重庆调查总队. 重庆统计年鉴2021 [M]. 北京：中国统计出版社，2021. 四川省统计局，国家统计局四川调查总队. 四川统计年鉴2021 [M]. 北京：中国统计出版社，2021.

④⑥ 四川：推进绿色发展 建设美丽天府 [EB/OL]. https://www.ndrc.gov.cn/xwdt/ztzl/2021qgjnxcz/dfjnsj/202108/t20210825_1294601.html? code=&state=123.

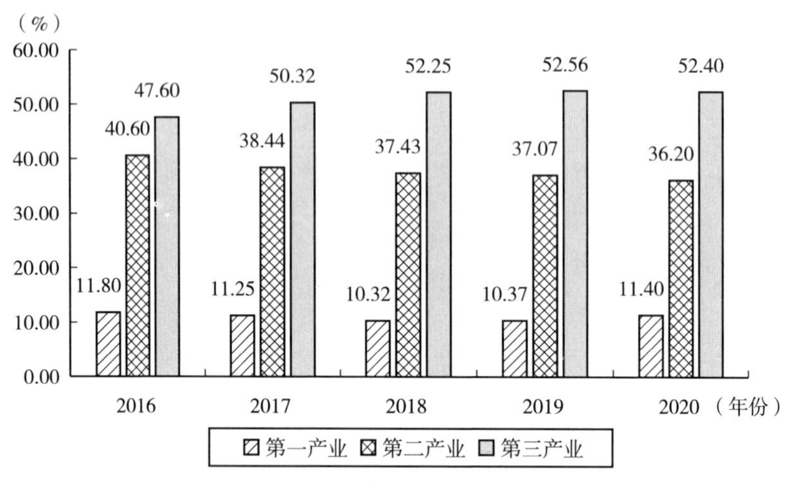

图 7-2 四川省三次产业结构比例

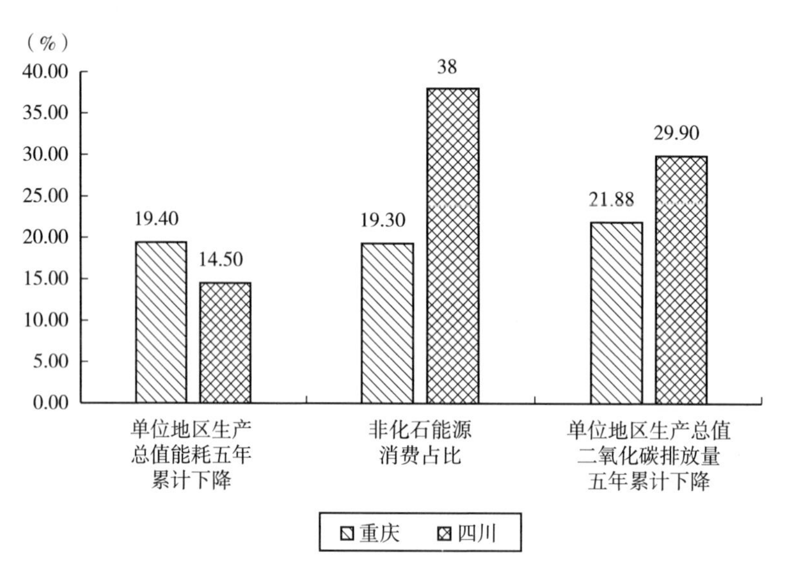

图 7-3 “十三五”期间川渝能源消耗改善情况

7.3.2 区域生态质量改善明显

2021 年，长江干流重庆段总体水质为优，20 个监测断面水质均为Ⅱ类；重庆空气质量优良天数为 326 天，无重度及以上污染天数；全市“生态环境状况指数”（EI）70.2，评价结果为“良”；全市林地面积 7 033

万亩，森林面积6 742万亩，森林覆盖率54.5%，活立木储积2.5亿立方米。十三五末，重庆单位地区生产总值二氧化碳排放（碳强度）为0.7吨/万元，较2015年累计下降21.9%，超额完成国家下达的目标任务[①]。2021年，四川省地表水水质总体为优，343个地表水监测断面中，Ⅰ～Ⅲ类水质断面占94.8%；空气质量平均优良天数率为89.5%，重污染天数平均为0.7天；全省生态环境状况指数（EI值）为71.7，森林覆盖率达40.2%（见图7－4）[②]。十三五末，四川省单位GDP二氧化碳排放强度比2015年下降29.9%，超额完成国家下达降低19.5%的目标，目标完成率达153.3%。总体来看，无论是空气质量、地表水质、生态质量、森林覆盖率等指标，成渝地区双城经济圈均远远超过全国平均值，整体生态质量改善明显。

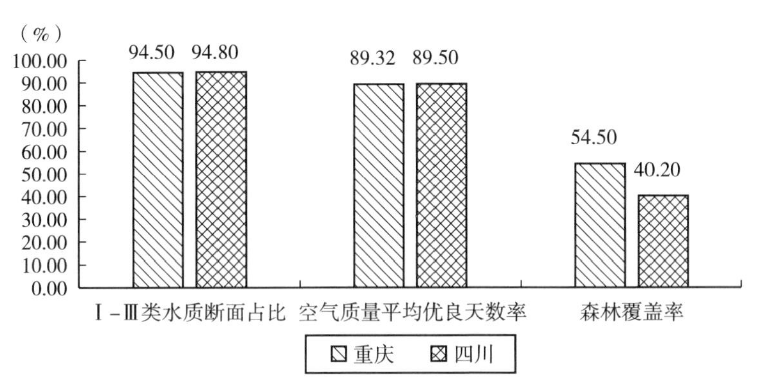

图7－4 2021年川渝生态质量主要情况

7.3.3 不断推进生态环境协同治理

自2020年成渝地区双城经济圈建设上升为国家战略，重庆与四川生态环境协同治理的步伐不断加大加快，各级有关部门累计签订落实生态环境保

① 重庆市生态环境局．2021年重庆市生态环境状况公报［EB/OL］．http：//sthjj.cq.gov.cn/hjzl_249/hjzkgb/202205/t20220530_10763282.html.

② 四川省生态环境厅．2021年四川省生态环境状况公报［EB/OL］．http：//sthjt.sc.gov.cn/sthjt/c104157/2022/6/5/c0b70beeaf7c4562b47f6ee436 45eede.shtml.

护合作协议80余项[1]。其中包括，联合编制《长江、嘉陵江、乌江、岷江、涪江、沱江生态廊道建设规划（2021~2025年）》，共同推行林长制、共同建立成渝地区双城经济圈及周边地区“三线一单”生态环境分区管控制度、联合开展巡河，共同推进跨界流域水污染联合防治试点，制定成渝地区双城经济圈“无碳城市”共建指导意见、推进玻璃工业大气污染物排放标准等10余个地方标准相统一[2]。2022年，生态环境部、国家发展改革委、重庆市人民政府、四川省人民政府共同编制发布《成渝地区双城经济圈生态环境保护规划》，从推进绿色低碳转型发展、筑牢长江上游生态屏障、深化环境污染同防共治、严密防控区域环境风险、协同推进环境治理体系现代化等方面进行了详细规定。

7.4 成渝地区双城经济圈环境污染协同治理存在的问题

近年来，川渝两省市积极推进生态环境协同治理，相继签订了《深化川渝合作深入推动长江经济带发展行动计划（2018~2022年）》《共同推进长江上游经济生态环境保护合作协议》等多项合作文件。截至2021年底，重庆与四川各级各相关部门累计签订生态环境保护合作协议80余项[3]。随着2022年《成渝地区双城经济圈生态环境保护规划》的出台，对成渝地区双城经济圈生态环境的重视更是达到前所未有的高度。但在实践中仍然存在以下问题。

7.4.1 生态环境治理系统规划需进一步细化落实

生态环境治理是一项系统工程，时间上需要覆盖全周期、空间上需要覆盖全区域。从表7-1可以看到，从2018~2020年成渝地区双城经济圈就生态环境合作签订的已有文件来看，仅有2017年的《长江经济带生态环境保

---

①②③ 重庆市生态环境局.2021年重庆市生态环境状况公报[EB/OL]. http://sthjj.cq.gov.cn/hjzl_249/hjzkgb/202205/t20220530_10763282.html.

护规划》和2022年的《成渝地区双城经济圈生态环境保护规划》属于整体规划，其他的成渝生态环境合作文件主要集中于合作协议、年度重点工作方案、合作机制等分阶段或分项目的合作文件。《长江经济带生态环境保护规划》特别强调分区保护重点，作为上游区的重庆、四川要推进成渝城市群环境质量持续改善为主要任务，但对成渝地区双城经济圈内没有较为明确的生态环境保护整体规划，导致两地生态环境治理受制于行政区划，整体推进环境质量改善的速度放缓。《成渝地区双城经济圈生态环境保护规划》虽然有单独的章节规定环境污染同防共治，并对水生态环境治理、大气污染治理、土壤污染风险管控与治理修复、固体废物综合利用等的重大工程进行了部署，但是对跨界水质的目标、标准、监测，对空气质量改善的目标、路线图和时间表等重要内容并未进行明确规定，下一步需要细化和落实。

表7-1　　川渝2018~2022年签署的生态环境合作主要文件

年份	文件名称
2018	《深化川渝合作深入推动长江经济带发展行动规划（2018~2022年）》
2018	《共同推进长江上游经济生态环境保护合作协议》
2018	《川渝两省市跨界河流联防联控合作协议》
2019	《深化川渝合作推进成渝城市群一体化发展重点工作方案》
2019	《推进成渝城市群生态环境联防联治2019年重点工作方案》
2020	《深化四川重庆合作推动成渝地区双城经济圈建设工作方案》 《推动成渝地区双城经济圈建设工作机制》 《深化四川重庆合作推动成渝地区双城经济圈建设2020年重点任务》
2020	《深化川渝两地大气污染联合防治协议》 《危险废物跨省市转移“白名单”合作机制》
2020	《川渝跨界河流管理保护联合宣言》
2021	《长江、嘉陵江、乌江、岷江、涪江、沱江生态廊道建设规划（2021~2025年）》
2022	成渝地区双城经济圈生态环境保护规划
2022	关于推进成渝地区双城经济圈“无废城市”共建的指导意见

与成渝地区双城经济圈相比，京津冀早在2015年就形成《京津冀协同发展生态环境保护规划》，对区域内的生态保护红线、环境质量底线、资源消耗上限、生态环境重点工程进行了统一规划。这也保证了2019年永定河

上游自官厅水库以上河段实现通水，北京 PM2.5 年平均浓度创有监测以来历史新低等生态环境协同治理成果的取得。从长远来看，成渝地区生态环境治理在摸清家底、严格标准、补偿有效的基础上共同编制《成渝地区双城经济圈生态环境保护规划》的条件下，在明确整理目标的前提下，应该进一步将目标分解落实，一是要具体明确各区（县）或各市的重点任务和重点目标，二是制定具体的路线图和时间表，厘清不同阶段、不同时期的协同要点，将目前的条线管理、截面管理上升为系统管理。

7.4.2 环境标准不统一

根据《成渝地区双城经济圈生态环境保护规划》的颁布，经济圈内环境污染的统一负面清单正在形成，如对进水生化需氧量浓度低于 100 毫克/升的城市污水处理厂服务片区开展官网系统化整治。2025 年，基本淘汰 10 蒸吨/小时以下的燃煤锅炉等内容。但是，就现行生态环境标准而言，川渝两地仍然存在较大差异，这主要体现在成渝地区双城经济圈的大气、水、土壤等领域没有统一的环境污染物排放标准，也没有统一的生态红线，导致区域内各城市环保执法标准不统一。

从水污染排放标准来看，以《农村生活污水集中处理设施水污染物排放标准》为例，在《排放标准分级表》中，重庆和四川的标准基本一致，但是就设计规模小于 $20m^3/d$ 的排放标准，四川省明确为三级标准，重庆市则强调达到相应的回用标准。如表 7－2 所示，就水污染物最高允许排放限值，重庆和四川在化学需氧量、氨氮、总磷等方面都存在一定差异。以工业园区集中式工业废水处理厂排污标准限值为例，两者的尺度相差较大。化学需氧量排放限值，重庆是 80 毫克/升，四川是 40 毫克/升，重庆是四川的 2 倍；五日生化需氧量排放限值，重庆是 20 毫克/升，四川是 10 毫克/升，重庆是四川的 2 倍；氨氮排放限值，重庆是 10 毫克/升，四川是 3 毫克/升，重庆是四川的三倍多（见图 7－5）。污染企业将利用这一漏洞，转移到环境标准“洼地”，节省治污成本，获取更多经济利益。长此以往，低标准地区将聚集大量高污染企业，高标准地区和低标准地区环境质量差距不断加大，成为区域整体环境质量提升的制约因素。

表7-2　　水污染物最高允许排放浓度　　单位：mg/L（注明的除外）

序号	污染物或项目名称	一级标准		二级标准		三级标准	
		四川	重庆	四川	重庆	四川	重庆
1	PH值	6~9					
2	化学需氧量（COD_{Cr}）	60	60	80	100	100	120
3	悬浮物（SS）	20	20	30	30	40	40
4	氨氮（以N计）	8（15）[a]	8（15）[a]	15	20（15）[c]	25	25（15）[c]
5	总氮（以N计）	20	20	—	—	—	—
6	总磷（以P计）	1.5	2.0（1.0）[d]	3	3.0（2.0）[d]	4	4.0（3.0）[d]
7	动植物油[b]	3	3	5	5	10	10

注：a括号外的数值为水温>12℃的控制指标，括号内的数值为水温≤12℃的控制指标。

b动植物油指标仅针对含提供餐饮服务的农村旅游项目生活污水的处理设施执行。

c设施出水排入氨氮不达标水体或黑臭水体时执行括号内限值。

d设施出水排入湖泊、水库等封闭水体或磷不达标水体时执行括号内限值。

资料来源：四川省生态环境厅、四川省市场监督管理局《农村生活污水处理设施水污染物排放标准》（DB51 2626—2019）；重庆市生态环境局、重庆市市场监督管理局《农村生活污水集中处理设施水污染物排放标准》（DB50/848—2021）。

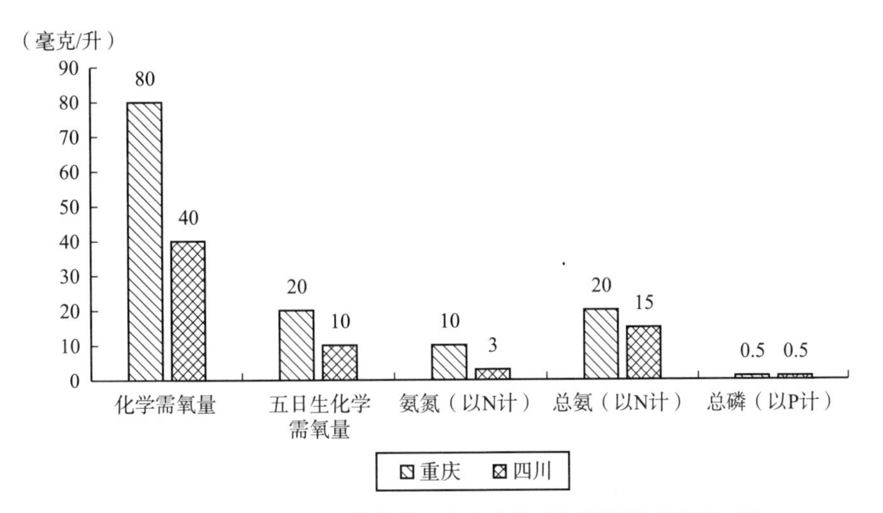

图7-5　成渝工业园区集中式工业废水处理厂排污标准限值对比

资料来源：重庆市环境保护局、重庆市质量技术监督局《化工园区主要水污染物排放标准》（DB50/457—2012）；四川省环境保护厅、四川省质量技术监督局《四川省岷江、沱江流域水污染物排放标准》（DB51/2311—2016）。

从大气污染排放标准来看，以《锅炉大气污染排放标准》为例，如表7－3和表7－4所示，重庆市使用的是2016年发布的标准，四川省使用的是2020年发布的标准，四川省新建锅炉的各项大气污染物排放浓度限值均小于重庆市的相应指标，即四川省的排污标准高于重庆市，两者的差距还比较大。以颗粒物为例，四川省的高污染燃料禁燃区内为10毫克/立方米；高污染燃料禁燃区外，燃煤锅炉禁排，燃油锅炉为20毫克/立方米，燃气锅炉为10毫克/立方米，生物质燃料锅炉为20毫克/立方米。同样是对颗粒物排放的规定，重庆分为主城区、影响区和其他区域。主城区燃煤锅炉为30毫克/立方米，燃油锅炉为30毫克/立方米，燃气锅炉为20毫克/立方米；影响区燃煤锅炉为30毫克/立方米，其他区域燃煤锅炉为50毫克/立方米，影响区和其他区域的燃油锅炉为30毫克/立方米，影响区和其他区域的燃气锅炉为20毫克/立方米。

表7－3　　重庆市新建锅炉大气污染物排放浓度限值　　单位：毫克/立方米

<table>
<tr><th rowspan="2">污染物项目</th><th rowspan="2">适用区域</th><th colspan="3">限值污染物排放</th><th rowspan="2">监控位置</th></tr>
<tr><th>燃煤锅炉</th><th>燃油锅炉</th><th>燃气锅炉</th></tr>
<tr><td rowspan="3">颗粒物</td><td>主城区</td><td>30</td><td>30</td><td>20</td><td rowspan="10">烟囱或烟道</td></tr>
<tr><td>影响区</td><td>30</td><td rowspan="2">30</td><td rowspan="2">20</td></tr>
<tr><td>其他区域</td><td>50</td></tr>
<tr><td rowspan="3">二氧化硫</td><td>主城区</td><td>50</td><td>100</td><td>50</td></tr>
<tr><td>影响区</td><td>200</td><td rowspan="2">200</td><td rowspan="2">50</td></tr>
<tr><td>其他区域</td><td>300</td></tr>
<tr><td rowspan="3">氮氧化物</td><td>主城区</td><td>200</td><td>200</td><td>200</td></tr>
<tr><td>影响区</td><td>200</td><td rowspan="2">250</td><td rowspan="2">200</td></tr>
<tr><td>其他区域</td><td>300</td></tr>
<tr><td colspan="2">汞及其化合物</td><td>0.05</td><td>—</td><td>—</td></tr>
<tr><td colspan="2">烟气黑度（林格曼黑度，级）</td><td colspan="3">≤1</td><td>烟囱排放口</td></tr>
</table>

资料来源：重庆市环境保护局、重庆市质量技术监督局：《锅炉大气污染物排放标准（发布稿）》（DB 50/658－2016）。

表 7-4　　四川省新建锅炉大气污染物排放浓度限值　　单位：毫克/立方米

<table>
<tr><th rowspan="2">污染物项目</th><th rowspan="2">高污染燃料禁燃区内</th><th colspan="4">高污染燃料禁燃区外</th><th rowspan="2">污染物排放监控位置</th></tr>
<tr><th>燃煤锅炉</th><th>燃油锅炉</th><th>燃气锅炉</th><th>生物质燃料锅炉</th></tr>
<tr><td>颗粒物</td><td>10</td><td>禁排</td><td>20</td><td>10</td><td>20</td><td rowspan="4">烟囱或烟道</td></tr>
<tr><td>二氧化硫</td><td>10</td><td>禁排</td><td>20</td><td>10</td><td>30</td></tr>
<tr><td>氮氧化物</td><td>30</td><td>禁排</td><td>100</td><td>60</td><td>150</td></tr>
<tr><td>一氧化碳</td><td>100</td><td>禁排</td><td>100</td><td>100</td><td>100</td></tr>
<tr><td>烟气黑度（格林曼黑度，级）</td><td>≤1</td><td colspan="4">≤1</td><td>烟囱排放口</td></tr>
</table>

注：高污染燃料禁燃区内禁止销售、使用包括原（散）煤、洗选煤、蜂窝煤等在内的国家规定的高污染燃料。

7.4.3　生态补偿机制亟待完善

重庆和四川主要的生态补偿文件有《重庆市建立流域横向生态保护补偿机制实施方案（试行）》《沱江流域横向生态保护补偿协议》《四川省流域横向生态保护补偿奖励政策实施方案》。从现行文件来看，两地生态补偿机制存在以下问题：第一，补偿方式单一，未充分利用市场化补偿。由于技术支撑不足，生态补偿各方在出资比例、资金分配等方面较难达成共识，生态补偿的方式更多依靠行政手段推动，市场化补偿方式推广的范围有限。同时，用于生态补偿的资金主要来源于流域上下游区县的政府资金，社会参与度不够，补偿手段未实现多元化。第二，补偿的实施范围难以达成共识。考虑到流域的特点，生态补偿一般是发生在上下游之间。下游地区为了获得一江清水，或是对水质进行持续保护，或是牺牲了发展机会；而上游地区享受到这一江清水，就必须对下游地区进行相应补偿。但现实情况是，除非有上级机关的力推，上下游对生态补偿往往难以达成一致。在成渝地区双城经济圈内，由于涉及重庆市和四川省跨界流域的水系众多、互为上下游，情况非常复杂，对于生态补偿的范围界定更加困难。第三，补偿标准不一且与东部地区有较大差距。重庆对各次级河流的生态补偿金标准仅为每月 100 万元，按照市域内流域面积 500 平方公里以上且流经 2 个及以上区县的 19 条次级河流测算，年支付生态补偿金仅2.28亿元，而成都、自贡、泸州、内江等7个城市在2018年签署协议决定每年共同出资5亿元设立沱江流域横向生态补偿资金。如果与全国首个跨省流域生态补偿机制试点的新安江相比，差距就更大。2012~2017年，中央财政及皖浙两省共计拨付补偿资金39.5亿元，平均每年拨付7.9亿元（见图7-6）。因此，成渝地区双城经济圈的生态补偿机制不够完善，这势必影响环境污染的治理效果，导致污染物排放屡禁不止，对长江生态环境造成较大压力。

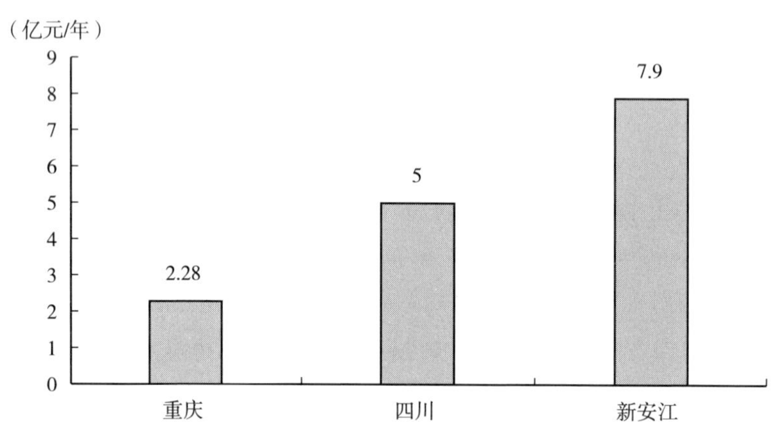

图7-6　重庆四川新安江生态补偿资金对比

7.4.4　环境信息不共享

当前，重庆、四川两省市加强协同合作，生态环保联防联控取得明显进步。联合编制“六江”（长江、嘉陵江、乌江、岷江、沱江、涪江）生态廊道建设规划，协商规定两省市生态保护红线，建立全国首个跨省市联合河长办，在全国率先签订跨省市生态环境联动督察协议，协同推进嘉陵江流域生态环境保护立法。同时，川渝签署了大数据智能化合作协议多项，两地的政务数据已经实现了跨省共享。但是，就生态环境治理而言，成渝地区双城经济圈未形成统一的环境污染数据库、未设立统一的环境污染监测系统，未搭建统一的生态环境应急管理平台。成渝地区生态环境信息无法实现共享，协同治理还停留在出现问题、解决问题的被动层面，难以形成覆盖事前、事中、事后的全周期治理。而对比京津冀地区，早在2016年就已经启动京津冀大数据综合试验区建设，成为全国唯一跨区域建设的国家大数据综合试验区。该试验区的一项重要任务就是以环保、交通、健康等领域为重点，形成三地“后台统一管理、前台分别展示”的政务数据开放模式。其生态环保大数据动态监测应用场景更是入选39个京津冀大数据综合试验区优秀案例之一。

7.5　成渝地区双城经济圈环境污染治理的协同状况测度

7.5.1　指标选取

成渝地区双城经济圈涉及四川15个市，涵盖重庆27个区（县）；地处长江上游、总面积达18.5万平方公里。本章旨在通过构建环境污染协同治理系统，来测度成渝地区双城经济圈环境污染治理的协同程度。在考虑数据的时效性与科学性基础上，选取2011～2020年的相关数据进行分析。本章在借鉴芮晓霞[①]的水污染协同治理模型以及陈华脉[②]环境污染协同治理模型指标体系的基础上，将成渝地区双城经济圈环境污染协同治理系统划分为四川、重庆两个子系统；其中，每个子系统由潜伏期、爆发期以及善后期三个序参量构成，兼顾数据的可得性，设计出序参量对应的序参量分量（见表7-5）。

1. 潜伏期

闫铭指出合理的事前规划能够迅速有效应对突发风险，避免“延误”情况的发生[③]。环境污染治理无论是事前规划部署还是跨区域协同治理都离不开相关法律政策的支持，法律年度值能够有效地反映事前区域之间的规划协同能力。在全周期管理思想中，事前管理重在防范，因此潜伏期内环境污

① 芮晓霞，周小亮．水污染协同治理系统构成与协同度分析——以闽江流域为例［J］．中国行政管理，2020（11）：76-82.

② 陈华脉，刘满凤，张承．中国环境协同治理指标体系构建与协同度测度［J］．统计与决策，2022，38（7）：35-39.

③ 闫铭．“全周期管理”视域下城市治理路径探析［J］．改革与开放，2021（14）：33-38.

染协同治理的重点在于基础投入，市容环卫专用车辆设备、城镇环境基础建设投资占 GDP 比重以及环境污染治理投资占 GDP 比重是反映环境治理投入状况的重要指标，同时也是反映各主体环境污染治理应急能力的主要标准。故本章中的潜伏期主要包含法律年度值、市容环卫专用车辆设备、城镇环境基础建设投资占 GDP 比重、环境污染治理投资占 GDP 比重等指标，以此来衡量成渝地区双城经济圈在环境污染治理的事前规划协同能力。

2. 爆发期

事中应对不及时、不同步是造成环境污染治理成效甚微的重要原因之一，环境污染爆发期治理难度高、应对时间紧，需要各主体协同应对，卢青指出区域环境协同治理不仅是不同区域间的协作，也是不同治理主体间的合作①。生活垃圾、工业废物、污水排放作为环境污染的重要污染源，其处理是爆发期内政府与企业协同治理的主要任务。因此爆发期主要通过生活垃圾无害化处理率、污水处理率、工业固体综合利用率来反映，这三个指标分别从居民生活污染治理、水污染治理、工业污染治理三个方面说明环境污染治理的应对能力。

3. 善后期

刘锋指出“全周期管理”思维注重协同性的同时也注重运行结果的反思与调整等②。环境污染协同治理的善后期更加注重结果反馈，以检验前期污染治理的成效并加以完善，实现全过程的闭环治理模式。在善后期主要选用Ⅰ～Ⅲ类水质断面比例、“12369 环境保护投诉”数量、森林覆盖率、空气质量优良天数占全年比例来进行治理效能整体评估。水的流动特性决定了相邻区域之间水质的强关联性，Ⅰ～Ⅲ类水质断面比例良好地反映了相邻区域内水污染协同治理的成效。“12369 环境保护投诉”数量是民众对于治理成效反映的重要监测指标，一定程度上反映了环境污染治理的成果。森林覆盖率、空气质量优良天数占全年比例均是环境污染治理落实情况的重要反馈，是检验环境污染治理功效的重要评估指标（见表 7－5）。

① 卢青．区域环境协同治理内涵及实现路径研究［J］．理论视野，2020（2）：59－64.
② 刘锋．以“全周期管理”思维破解基层治理困局［J］．领导科学，2020（16）：30－33.

表7-5　　成渝双城地区经济圈环境污染协同治理指标体系

总系统	子系统	序参量	序参量分量
成渝地区双城经济圈环境污染协同治理水平	某区域水污染协同治理水平（重庆、四川）	潜伏期	市容环卫专用车辆设备数量
			法律年度值
			城镇环境基础建设投资占GDP比重
			环境污染治理投资占GDP比重
		爆发期	生活垃圾无害化处理率
			污水处理率
			工业固体综合利用率
		善后期	"12369环境保护投诉"数量
			Ⅰ～Ⅲ类水质断面比例
			森林覆盖率
			空气质量优良天数占全年比例

7.5.2　全周期视角下成渝双城地区经济圈环境污染治理协同度模型

为测量成渝双城经济圈环境污染协同治理的协同程度，本章在参考陶长琪等[①]构建的复合系统协调模型的基础上结合全周期理论，建立了成渝双城经济圈环境污染治理协同模型。

1. 有序度

首先确定成渝地区双城经济圈环境污染协同治理子系统的序参量变量 $v_{ij}=(v_{1j}, v_{2j}, \dots, v_{nj})$，其中 $i\in[1, n]$，$j\in[1, 3]$。序参量分量的有序度 $U(v_{ij})$ 计算公式（7.1）如下：

$$U(v_{ij})=\begin{cases}\dfrac{v_{ij}-a_{ij}}{b_{ij}-a_{ij}}, & i\in[1, t]\\[2ex] \dfrac{v_{ij}-a_{ij}}{b_{ij}-a_{ij}}, & i\in[t+1, n]\end{cases}\tag{7.1}$$

① 陶长琪，陈文华，林龙辉．我国产业组织演变协同度的实证分析——以企业融合背景下的我国IT产业为例［J］．管理世界，2007（12）：67-72.

其中，$a_{ij} \leqslant v_{ij} \leqslant b_{ij}$，$U$ 的取值区间为［0，1］。当序参量变量为快驰变量时其系统有序度计算方式为$\frac{e_{ij}-\theta_{ij}}{\varphi_{ij}-\theta_{ij}}$，；当 e_{ij} 为慢驰变量时，其系统有序度计算方式为$\frac{\varphi_{ij}-e_{ij}}{\varphi_{ij}-\theta_{ij}}$。子系统有序度大小与其序参量分量有序度的大小呈正比例关系。

子系统有序度是通过其对应的序参量有序度的集成来计算的，计算方式如下：

$$D(U_j) = \sum_{i=1}^{n} w_i U(v_{ij}) \tag{7.2}$$

其中，w_i 为权重值，$w_i > 0$，$\sum_{i=1}^{n} w_i = 1$。$D(U_j)$ 表示子系统有序度，其数值大小与序参量有序度呈正比例关系，U_{ij} 对子系统的贡献程度不仅取决于其自身数值大小，还取决于其在该系统的权重比例。

2. 协同度

假设子系统在 t_0 时的有序度为 $U_j^0(v_j)$，而在 t_1 时子系统有序度为 $U_j^1(v_j)$，那么成渝地区双城经济圈环境污染协同治理系统的复合系统度协同度（SYR）如下：

$$SYR = \gamma \times \sqrt[n]{\prod_{j=1}^{n} [\,|U_j^1(v_j) - U_j^0(v_j)|\,]} \tag{7.3}$$

$$\gamma = \begin{cases} 1, & \prod (U_j^1(e_j) - U_j^0(e_j)) \geqslant 0 \\ -1, & \prod (U_j^1(e_j) - U_j^0(e_j)) < 0 \end{cases}$$

其中，参数 γ 用于判断各子系统之间的协调方向。SYR 的取值区间为［-1，1］，SYR 的数值大小反映了成渝地区双城经济圈环境污染治理协同程度的高低。γ 等于 1 表示成渝双城经济圈环境污染协同治理处于协同状态，γ 等于 -1 则说明处于非协同状态。SYR 则表示协同的程度。

7.5.3 实证分析

本章的数据来源包括中国统计年鉴、中国环境统计年鉴、四川省和重庆市统计年鉴、四川省和重庆市生态环境保护状况公报以及生态环境部网站上的相关信息。数据均为原始数据，较为合理，其中12369环境保护投诉数据存在部分年限缺失，采取多重插补的办法将数据补全。

1. 政策量化处理

本章参考芮晓霞[①]的流域协同治理法律量化标准来计算成渝地区双城经济圈各省市的法律年度值。将收集整理的与环境污染治理相关的法律法规和政策运用式（7.4）进行计算，从而得到2011～2020年各省的法律年度值（APV_i）。

$$APV_i = \sum_{j=1}^{n} PG_j \times P_j \quad i \in [2011, 2020] \tag{7.4}$$

其中，APV_i 表示第 i 年相关各项法律法规政策的年度值。PG_j 是第 j 项法律政策得分，P_j 表示第 j 条法律政策力度。i 指年份，j 是第 i 年公布的第 j 条法律政策。

2. 子系统有序度

由于获取的数据差异较大，首先对其进行标准化处理，以消除量纲和单位影响，使得各种指标能够综合起来反映成渝地区双城经济圈环境污染治理协同程度以及增加数据分析过程的稳定性。将标准化处理后的数据代入式（7.1），计算得出序参量分量的有序度，再运用熵权法对成渝地区双城经济圈的序参量分量进行赋权，得出各指标的熵值与熵权，计算结果如表7-6所示。可以看出，除了“12369环境保护投诉”指标外，其余指标熵值均大于0.85，表明本章建立的成渝地区双城经济圈环境污染治理协同系统的指标有较强的解释力。

表7-6　成渝地区双城经济圈环境污染协同治理系统指标体系

序参量	序参量分量	信息熵值	权重系数（%）
潜伏期	市容环卫专用车辆设备	0.8933	9.86
	法律年度值	0.8571	13.21
	城镇环境基础建设投资占GDP比重	0.9021	9.05
	环境污染治理投资占GDP比重	0.9335	6.14

① 芮晓霞，周小亮．水污染协同治理系统构成与协同度分析——以闽江流域为例［J］．中国行政管理，2020（11）：76-82.

续表

序参量	序参量分量	信息熵值	权重系数（%）
爆发期	生活垃圾无害化处理率	0.9473	4.87
	污水处理率	0.9658	3.16
	工业固体综合利用率	0.8875	10.40
善后期	“12369 环境保护投诉”数量	0.7469	23.40
	Ⅰ~Ⅲ类水质断面比例	0.9276	6.69
	森林覆盖率	0.8824	10.87
	全省优良天数比例	0.9746	2.35

将标准化处理过后的数据与表7-6的权重结果代入式（7.2），计算得出四川省和重庆市历年潜伏期、爆发期以及善后期的有序度，再通过几何平均法计算出成渝地区双城经济圈环境污染协同治理的系统有序度，结果如表7-7所示。

表7-7　成渝地区双城经济圈环境污染协同治理系统有序度

有序度	2011年	2012年	2013年	2014年	2015年	2016年	2017年	2018年	2019年	2020年	均值
潜伏期	0.0000	0.0011	0.0016	0.0029	0.0029	0.0087	0.0162	0.0167	0.0225	0.0454	0.0118
爆发期	0.0060	0.0062	0.0068	0.0089	0.0107	0.0043	0.0028	0.0042	0.0017	0.0072	0.0059
善后期	0.0006	0.0014	0.0005	0.0010	0.0012	0.0226	0.0510	0.0569	0.0540	0.0590	0.0248

从表7-7可以看出，总体而言，成渝地区双城经济圈环境污染协同治理系统整体有序度不高，其中爆发期的系统有序度最低。在2011~2015年期间，三个阶段的有序度缓慢上升，且爆发期系统有序度高于其他时期，说明在此期间各治理主体更加注重在污染爆发中的处理，对于环境污染治理的预防与善后工作有所忽略。2016~2020年期间，潜伏期与善后期的系统有序度明显上升，而爆发期则呈现上下波动的趋势，且其有序度数值明显小于另外两个阶段的有序度，说明在此期间治理主体的环境污染治理的防范意识有所提升，也更加注重治理的成效反馈，但其有序度数值总体

较小反映出治理主体对这两方面的重视程度还存在不足，监管反馈机制不完善。爆发期系统有序度的不稳定性则反映出治理主体在应对环境污染事件的不及时与污染治理的不彻底，主体在环境污染治理事中协同应对缺乏持续性。

通过几何平均的办法计算出成渝地区双城经济圈两个省份的有序度，结果如图 7－7 所示。总体来看，2011～2020 年期间两省份有序度均大体呈现上升趋势，2011～2017 年期间四川与重庆的有序度大小基本一致，2018 年与 2019 年四川有序度高于重庆市，但 2020 年重庆市有序度大幅上升超过四川省，就整体发展趋势而言四川相对于重庆更加稳定。通过与前面三大机制的有序度值对比可以发现，各省有序度的大小是三大时期有序度的有序耦合，任何时期的有序度变化都会引起各省系统有序度的波动。

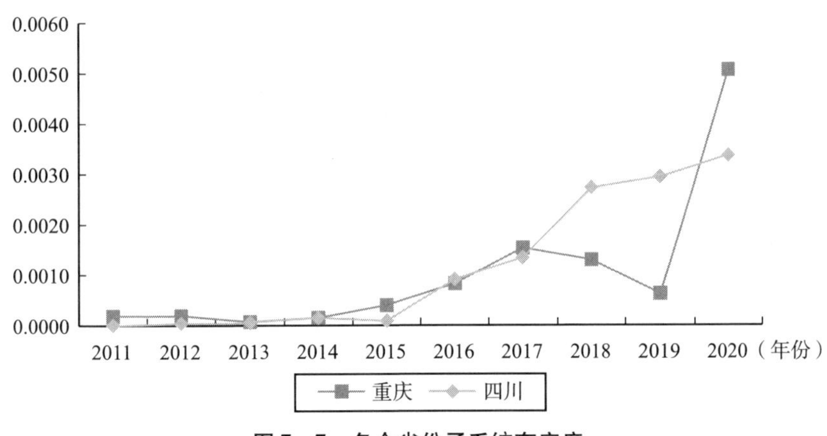

图 7－7　各个省份子系统有序度

3. 协同度

将成渝地区双城经济圈三个阶段的有序度代入式（7.3），得出成渝地区双城经济圈环境污染协同治理系统的协同度，结果如图 7－8 所示。

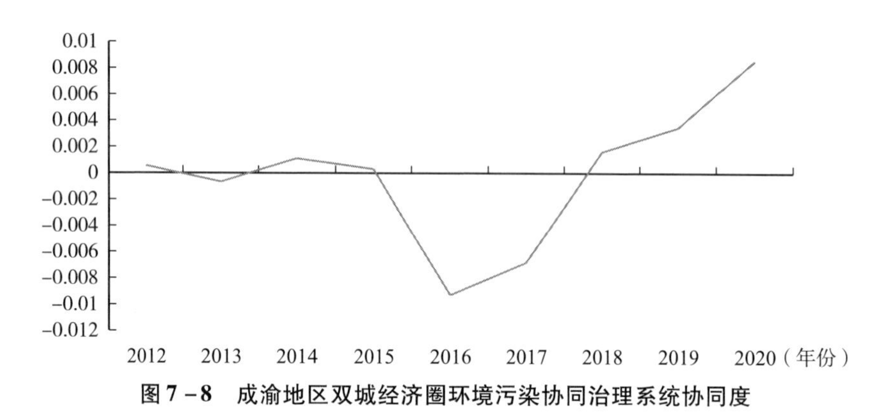

图7－8　成渝地区双城经济圈环境污染协同治理系统协同度

观察图7－8可以发现，成渝地区双城经济圈环境污染治理系统的协同度在2011～2015年期间呈现微弱的上下波动，且其协同度数值较小，2016年下降幅度较大，2017年起整体协同度逐渐上升，且上升趋势明显。这与陈华脉等关于中国环境协同治理协同度的研究结果大致相同①。成渝地区双城经济圈环境污染协调治理系统的总体协同度波动较大，数值较小，表明整个成渝地区双城经济圈环境污染治理协同治理存在不稳定性，并且协同程度较低，还面临许多协同治理问题需要解决。从图7－8还可以看到，2013年、2016年、2017年系统协同度数值为负，表明这些年份系统处于非协同的状态，由前面的分析可知较低的系统有序度，以及相对不稳定的爆发期有序度对总体协同状态产生了很大的影响，导致各子系统未能有效协同。但自2017年起，成渝地区双城经济圈环境污染协同治理的总体协同度呈现出上升的趋势，到2018年区域整体协同度为正且持续上升，协同呈现出稳定性。这与自川渝地区日益常态化的生态环境协同治理工作有密切关联。这进一步说明，在生态优先、绿色发展理念的指引下，成渝地区双城经济圈环境污染跨域治理取得了明显改善。但系统协同度数值仍然较低，意味着成渝地区双城经济圈环境污染协同治理工作还有待加强，这与成渝地区双城经济圈环境污染治理协同治理的现状基本相符。

---

① 陈华脉，刘满凤，张承．中国环境协同治理指标体系构建与协同度测度［J］．统计与决策，2022，38（7）：35－39.

4. 研究结论

本章以四川重庆两省份的指标数据为基础，以全周期理论为切入点，通过协同度模型的建立与最终数据结果的对比分析发现，2016 年以来，成渝地区双城经济圈环境污染治理的协同度稳步提高，但整体水平仍然不高。具体而言可以得出以下结论。

第一，事前预防机制重视程度不足。由前文分析可知，在事前防范方面成渝地区双城经济圈的协同规划意识虽逐渐增强，但整体重视程度还有待加强，潜伏期对于环境污染治理的基础投入跟不上，必然导致环境污染事件爆发时应对的不及时与不彻底。这与地方治理主体的联动不够有较大关联。跨域环境污染治理不是局部区域问题，任何治理主体都不能仅凭一己之力解决环境污染问题，各治理主体在应对重大公共问题时应着力打破部门分割和行业利益之藩篱，在地域联动上下功夫[①]。成渝地区双城经济圈拥有天然的地理联动发展优势，作为带动内陆经济发展的重要增长极，该区域在环境污染治理的协同规划方面存在较大增长空间。充分的事前防范能够未雨绸缪，有效地降低环境突发事件对人类以及大自然带来的损害。若事前协同规划不到位，防范不充分，一旦环境污染事件爆发，治理效果将事倍功半，因此成渝地区双城经济圈要重视环境污染治理的跨区域协同规划，加强事前的预防机制建设。

第二，事中协同应对机制缺乏持续性。成渝地区双城经济圈环境污染协同治理系统是一个复杂的系统，最终的协同度是子系统的有序耦合，任何一个子系统的波动都会导致整个系统的不稳定。从上面的数据分析中可以得知事中协同应对机制波动较大，说明各主体之间的协同合作缺乏持续性。在环境污染事件爆发时，基于自身利益的导向以及协同成本的阻碍，治理主体独自行动多余协同应对，对于事前的规划协同实施不到位，导致最终整体治理效果欠佳。不一致的生态环境标准，导致治理主体实施环境污染治理的行动标准难以统一，加大了环境污染治理协同应对的难度。信息不共享也会造成治理主体实施行动不及时、不统一。虽然成渝地区双城经济圈近年来协同应

---

① 黄建．引领与承载：全周期管理视域下的城市治理现代化［J］．学术界，2020（9）：37－49.

对有所增强，但整体水平仍有待提高。

第三，事后监管反馈机制有待完善。全周期理论强调的是全过程闭环管理思维，需要目标导向，更注重结果反馈，以此对全过程进行优化。从上述分析可知，成渝地区双城经济圈环境污染协同治理事后监管反馈结果不够理想，这与各治理主体目标导向不一致、监管体系不完善、评价体系不全面等息息相关。完善的监管反馈机制关系到整个周期管理系统的优化升级，因此成渝地区双城经济圈环境污染协同治理要更加注重监管反馈机制的完善。

7.6 全周期视角下的成渝地区双城经济圈协同治理机制

从近年来的现实情况来看，成渝地区双城经济圈的环境污染在协同共治中取得了明显成果，但同时也存在问题，如生态环境治理系统规划需进一步细化落实、环境标准不统一、生态补偿机制亟待完善、环境信息不共享，事前预防机制重视程度不足、事中协同应对缺乏持续性、事后监管反馈有待完善等。

从全周期管理思想来看，其核心是全过程、全要素、全方位的闭环管理，强调潜伏期、爆发期、善后期的系统性管理。考虑到生态环境污染治理的阶段性，全周期视角下的成渝地区双城经济圈协同治理机制必须覆盖环境污染潜伏期、环境污染爆发期、环境污染善后期。因此，要解决长期以来川渝两地生态环境协同治理中存在的问题，必须用好“全周期管理”这一指挥棒，做到事前规划协同、事中实施同步、事后整体评估的全周期闭环管理，实现两地生态环境治理全过程、全方位、全要素的深度融合。

7.6.1 环境污染潜伏期的协同重点：协同防范

依据全周期管理思想，事前管理的重点是防范。据此，环境污染潜伏期的重点是协同规划，即建立专项协同工作组、构建多层次协同工作机制。

第一，建立专项协同工作组。针对成渝地区双城经济圈的生态环境系统治理规划跨区域协调机制约束力不强的问题，首先要设立国家层面的成渝地区双城经济圈生态环境治理领导小组，统筹指导两地生态共建环境共保。根据治理类型的不同，下设生态共建工作组、大气污染联防联治工作组、跨界流域联防联控工作组、固体废弃物联防联治工作组等机构。生态环境治理领导小组是主要的协调机构，由重庆和四川两地的主要党政领导担任组长；各个工作组是主要的执行机构，由两地的生态环境局牵头，规划和自然资源部门、水利部门、林业部门、科技部门等多部门参与。

第二，构筑多层次协同工作机制。对于整体区域，定期召开成渝地区双城经济圈生态环境治理工作联席会议，交流各城市生态建设和环境治理的进展情况，确定不同时期的共同任务。细化生态环境保护主管领导、生态环境保护部门、专项工作组、秘书处、成员等各个层面在联席会议中的主要任务。对于部分区域，尤其是经济圈内的相邻城市建立生态环境保护定期会商机制。推动建立成渝地区双城经济圈生态环境的双边、多边协作机制。

第三，共建环境基础设施。坚持问题导向、目标导向，全面调查，系统分析，找准成渝地区双城经济圈环境基础设施建设中存在的短板。共同推进生产、生活、生态“三生融合”，尤其是要按照中央第四生态环境保护督察组反馈的督察情况，加快推进污水处理基础设施建设，包括生活污水无害化处理、工业园区废水处理；开展生活垃圾、危险废物利用处置设施建设；工业园区清洁能源供应能力建设；工业园区监测监控能力建设等项目，确保经济高质量发展。

7.6.2　环境污染爆发期的协同重点：协同应对

全周期理论表明，事中管理的主要任务是应对执行。因此，环境污染爆发期的重点是跨区域协同应对、实施同步，实现川渝两地环境污染联防联控，落实成渝地区双城经济圈生态环境保护规划、统一污染物排放标准、共抓流域大保护、共治区域环境污染、共筑生态补偿长效机制、共建环境基础设施、共搭统一信息平台、共研节能环保技术。

第一，落实成渝地区双城经济圈生态环境保护规划。2022 年，生态环境部牵头编制了《成渝地区双城经济圈生态环境保护规划》，作为整体性和纲领性文件，规划对总体目标和主要任务进行了清晰界定。在规划的指导下，突破行政区划界限，综合考虑川渝两地产业结构、自然条件、公共服务等差异的前提下，应进一步落实生态修复重点工程项目、环境污染重点治理项目、环境改善示范区、绿色发展重点示范项目，致力于共同改善成渝地区双城经济圈生态环境质量。

第二，统一污染物排放标准。从当前的情况来看，成渝地区双城经济圈的环境污染物排放标准不统一，从而使得川渝两地环保执法标准不统一。为保证两地环境污染联合执法开展，防治高排放企业向区域内环境标准“洼地”转移。成渝地区双城经济圈应统一生态红线划定标准，共同开展划定生态红线相关工作，推进生态环境建设。

第三，共抓流域大保护。充分发挥河长制作用，充分利用川渝河长制联合推进办公室的平台优势，定期召开河长联席会议，确定年度重点协同任务，将共建共治向纵深推进。建立水污染应急联动机制，制定《水污染突发事件联防联控方案》，同时开展突发水污染事件联合演练。加强跨流域污染联防联控，明确责任主体和责任分工，强化协作机制约束力，综合运用行政手段和市场手段。定期开展两地河长联合“巡河”，定期开展企业环境隐患联合排查，及时督促企业整改。

第四，共治区域环境污染。探索形成成渝地区双城经济圈生态环境保护联合立法机制，推进区域内生态环境司法合作。深化川渝两地大气污染和固体废弃物污染联防联治，加强大气污染区域联防联控，贯彻实施《川渝危险废物跨省市转移“白名单”合作机制》。制定成渝地区双城经济圈整体区域环境污染防治条例，建立一体化的环境准入和退出机制。

第五，共筑生态补偿长效机制。探索实行跨区域的自然资源综合管理利用，形成统一的生态补偿长效机制。统一认识、共同执法，对成渝地区双城经济圈内的生态补偿实施范围达成共识。厘清补偿主体责任，科学确定生态补偿标准，促进补偿形式多元化，充分发挥市场机制作用，充分体现生态资源价值，健全资源开发补偿、污染物减排补偿、水资源节约补偿、碳排放权抵消补偿等生态保护补偿机制，逐步实现区域减排从行政主导向市场化转型。同时，川渝两地政府共同出资设立生态补偿基金，对污染源改造进行一定补偿。

第六，共搭统一信息平台。目前，成渝地区双城经济圈尚未形成统一的环境污染数据库、未设立统一的环境污染监测系统、未搭建统一的生态环境应急管理平台。在协同应对中，要加快推进成渝地区双城经济圈环境污染数据库建设，实现统一采集、统一标准、统一数据、统一公开。推进两地环境污染数据库建设，加强成渝两地环境大数据口径、系统和协作机制的对接，建设成渝地区双城经济圈生态环境保护大数据平台。

第七，共研节能环保技术。充分利用重庆四川共建中国西部科技城的机遇，加强双方在节能环保技术的联合攻关，满足传统产业节能减排和生态环保需求；共同推广大气污染防治、水处理、固体废弃物处置、新能源等领域的新技术应用，推动区域内产业绿色发展。

7.6.3 环境污染善后期的协同重点：协同完善

依据全周期理论，后期管理的着力点是总结学习。即环境污染善后期的重点是协同完善，进一步完善区域间的污染防治机制。一方面强化利益协调机制，另一方面完善相关的法律法规保障制度。

第一，建立生态文明建设总目标年度考核制度。深入贯彻《关于构建现代环境治理体系的指导意见》《省（自治区、直辖市）污染防治攻坚战长效考核措施》，建立成渝地区双城经济圈生态文明建设总目标年度考核制度，对区域内的生态环境质量改善、生态环境风险管控、污染物排放总量控制、污染防治攻坚战工作目标任务完成情况进行全面考核。

第二，设立统一的生态文明建设评价指标体系。在充分考虑川渝两地自然资源和产业结构差异的前提下，合理设定约束性目标和预期性目标，制定统一的生态文明建设评价指标体系，全面跟踪分析成渝地区双城经济圈的生态文明总体建设水平，为进一步调控和提高区域生态文明建设发展提供方向。

第三，协作审计治理政策落实情况。采用平行审计方式，客观评价两地协同治理，确保两地审计部门共同制定项目方案，设立协调小组，建立区域协查机制，畅通信息交流机制，共享生态环境数据，定期开展研讨。联合开展生态环境保护督导检查，成立成渝地区双城经济圈生态环境联合督察小组，按照排查、交办、核查、约谈、专项督察“五步法”工作模式展开跨区域联合督察，实现督察问责追责一体化。

第 8 章

重点区域的利益协同：以成渝地区双城经济圈为例*

8.1 引 言

2020 年 1 月 3 日，习近平总书记在中央财经委员会第六次会议强调，推动成渝地区双城经济圈建设，在西部形成高质量发展的重要增长极。会议指出，要使成渝地区成为高品质生活宜居地，助推高质量发展。要实现高品质生活宜居地这一战略目标，成渝双城经济圈必须全面落实习近平生态文明思想，协同推进“生态优先、绿色发展”。5 月 17 日，中共中央、国务院出台《关于新时代推进西部大开发形成新格局的指导意见》，强调成渝地区重点加强区域大气污染联防联控，提高重污染天气应对能力。因此，加强成渝地区双城经济圈污染的协同治理，改善区域内环境空气质量，既是实现“两中心两地”目标的基本生态条件，又是美丽西部建设的核心内容。

但是，一方面，由于成渝地区地处盆地，地理条件独特，大气污染成因

---

* 林黎，李敬．区域大气污染空间相关性的社会网络分析及治理对策——以成渝地区双城经济圈为例［J］．重庆理工大学学报（社会科学版），2020（11）：19－30.

复杂，呈现明显的季节性，治理的难度较大。2015～2019年，成都空气质量达标天数比例分别为58.6%、58.5%、64.9%、70.3%、78.6%①；虽然空气质量明显改善，但进一步提升的任务还比较重。与成都相比，重庆的空气质量相对较好，2015～2019年，主城区达标天数比例分别为80%、82.2%、83%、86.6%、86.6%②，但仍需进一步改善。根据生态环境部环境规划院生态环境经济核算研究中心的评估数据，成渝地区PM2.5每降低1微克需花费8.2亿元。③ 另一方面，成渝地区双城经济圈涉及的城市众多，目前的大气污染治理呈现分散化、碎片化的特征。因此，要做好协同治理工作，必须明确区域内城市间的整体关联，清楚各城市在关联中的地位和作用，才能为成渝地区双城经济圈的大气污染协同治理提供精准有效的对策。

8.2 大气污染空间相关的理论基础及文献综述

环境学理论认为，大气的迁移转化会造成大气污染物在时间、空间上的再分布，即大气污染扩散。大气污染物扩散有利于减轻局部地区大气污染，但同时也使影响范围扩大，且转化为二次污染的可能性增大④。空间计量经济学大师安瑟林（Anselin）指出，空间依赖是一种在社会科学中广泛存在的现象，它取决于相对空间或相对位置的概念，强调距离的影响，可以被认为是区域科学和地理科学的核心⑤。安瑟林还进一步地将空间效应运用到环境资源经济学的计量分析中⑥。麦迪森（Maddison）利用

---

① 成都市生态环境局.2015－2019年成都市环境质量报告［EB/OL］. 成都市人民政府，http：//sthj. chengdu. gov. cn/.

② 重庆市生态环境局.2015－2019年重庆市环境质量简报［EB/OL］. 重庆市生态环境局，http：//sthjj. cq. gov. cn/.

③ 环保在线.8亿元下降1微克PM2.5［EB/OL］. 环保网，http：//www. hbzhan. com/news/detail/133134. html.

④ 魏惠荣，王吉霞. 环境学概论［M］. 兰州：甘肃文化出版社，2013：135.

⑤ Anselin L. *Spatial Economics*：*Methods and Models*［M］. Dordrecht：Kluwer Academic Publishers，1988.

⑥ Anselin L. Spatial *effects in econometric practice in environmental and resource economics*［J］. *American Journal of Agricultural Economics*，2001，83（3）：705－710.

二氧化碳、氮氧化物、挥发性有机化合物和一氧化氮的排放量数据，在传统的环境库兹涅茨曲线中引入空间加权值，发现各国的二氧化硫和氮氧化物的人均排放量受到邻国人均排放量的严重影响①。马丽梅等利用大气污染的主要污染物PM10测算Moran's I指数，孙晓雨等使用城市每日大气污染指数测算Moran指数均证明中国城市之间的大气污染存在空间相关性②。刘华军等用PM2.5浓度值采用收敛交叉映射方法证明了中美两国的大气污染是存在空间交互影响的。③

社会网络分析是社会学的量化研究方法，它的分析单位主要不是行动者（如个体、群体、组织等），而是行动者之间的关系④。由于该方法的独特之处，目前该方法已被广泛运用于社会学之外的区域经济、国际贸易、旅游等研究领域。如李敬等利用社会网络分析法解构了1978～2012年中国区域经济增长的空间关联特征及其影响因素⑤。詹淼华基于UNComtrade数据库的农产品贸易数据，运用社会网络分析法分析发现"一带一路"沿线国家的出口关系、竞争关系和互补关系的网络密度日趋增加⑥。王磊等基于2016年中国银联的刷卡消费数据，运用社会网络分析对长江中游城市群旅游消费的空间相关性进行了分析⑦。值得注意的是，近年来环境经济学等交叉学科日益重视社会网络分析的运用。刘华军等采用SO_2指标利用修正的引力模型和社会网络分析法证明了我国各省之间环境污染水平的空间相关性并给出了原因⑧。其

---

① Maddison D. J. Environmental Kuznets Curves：A Spatial Economic Approach［J］. *Journal of Environmental Economics and Management*，2006，51：218－230.

② 马丽梅，张晓．区域大气污染空间效应及产业结构影响［J］．中国人口·资源与环境，2014（7）：157－164. 孙晓雨，刘金平，杨贺．中国城市大气污染区域影响空间溢出效应研究［J］．统计与信息论坛，2015（5）：87－92.

③ 刘华军，王耀辉，雷名雨，杨骞．中美大气污染的空间交互影响——来自国家和城市层面PM2.5的经验证据［J］．中国人口．资源与环境，2020（3）：100－105.

④ 刘军．社会网络分析导论［M］．北京：社会科学文献出版社，2004.

⑤ 李敬，陈澍，万广华，付陈梅．中国区域经济增长的空间关联及其解释——基于网络分析方法［J］．经济研究，2014（11）：4－16.

⑥ 詹淼华．"一带一路"沿线国家农产品贸易的竞争性与互补性——基于社会网络分析方法［J］．农业经济问题，2018（2）：103－114.

⑦ 王磊，高苗苗．长江中游城市群旅游经济空间特征分析——基于社会网络分析视角［J］．学术研究，2019（4）：43－48，84.

⑧ 刘华军，刘传明，杨骞．环境污染的空间溢出及其来源——基于网络分析视角的实证研究［J］．经济学家，2015（10）：28－35.

他的学者运用社会网络分析法分别对我国雾霾污染①、长三角地区大气污染②、长江经济带环境污染③等环境问题进行了实证分析。

现有文献对成渝地区双城经济圈生态环境问题的研究不多，对大气污染研究的更少。肖义等建立了区域生态承载力评价指标，对成渝城市群生态承载力的空间差异演变进行研究④。马国霞等对成渝地区“大气十条”实施的大气污染治理成本、健康效益和社会经济影响进行了全面评估⑤。彭嘉颖认为，要实现成渝城市群大气污染协同治理，需要改进制度性激励机制、降低交易性合作成本⑥。张厚美指出，成渝两地应建立污染联防联控工作机制；加强生态环境共性关键技术联合攻关；建立完善生态环境监管大数据平台和智能环保服务支撑体系⑦。

综上所述，国内外学者在大气污染空间相关性和社会网络分析方面已经取得较为丰富的成果，为本研究的进行提供了可借鉴的科研成果和理论基础。但是，对于成渝地区双城经济圈大气污染问题的研究还存在以下不足：第一，成渝地区双城经济圈大气污染空间相关性的研究文献较少，利用社会网络分析法研究的几乎空白，这可能是源于成渝地区双城经济圈 2020 年 1 月才上升为国家战略；第二，对成渝地区双城经济圈大气污染协同治理进行专门研究的文献不多，基于事前、事中、事后这一全周期协同治理视角的比较缺乏。基于此，本章采用社会网络分析法对成渝地区双城经济圈大气污染的空间相关性进行研究，并以此为基础提出体现利益协同的环境治理对策。

---

① 逯苗苗，孙涛．我国雾霾污染空间关联性及其驱动因素分析——基于社会网络分析方法［J］．宏观质量研究，2017（12）：66－75.

② 孙亚男，肖彩霞，刘华军．长三角地区大气污染的空间关联及动态交互影响——基于 2015 年城市 AQI 数据的实证分析［J］．区域经济研究，2017（2）：121－131.

③ 林黎，李敬．长江经济带环境污染空间关联的网络分析——基于水污染和大气污染综合指标［J］．经济问题，2019（9）：86－92，111.

④ 肖义，黄寰，邓欣昊．生态文明建设视角下的生态承载力评价——以成渝城市群为例［J］．生态经济，2018（10）：179－183，208.

⑤ 马国霞，周颖，吴春生，彭菲．成渝地区《大气污染防治行动计划》实施的成本效益评估［J］．中国环境管理，2019（6）：38－43.

⑥ 彭嘉颖．跨域大气污染协同治理政策量化研究——以成渝城市群为例［D］．成都：电子科技大学，2019.

⑦ 张厚美．成渝两地如何唱好生态环境“双城记”［J］．资源与人居环境，2020（2）：46－47.

8.3　大气污染空间相关的网络构建和特征刻画

8.3.1　样本数据

从官方发布的数据来看，衡量城市空气质量最全面最权威的是环境空气质量综合指数。该指数是描述城市环境空气质量综合状况的无量纲指数，综合考虑了 SO_2、NO_2、PM10、PM2.5、CO、$O_3$6 项污染物的污染程度，该指数越大表明空气综合污染程度越重。因此，本章以环境空气质量综合指数为依据，对成渝地区双城经济圈的大气污染空间相关性进行分析。从数据的可得性来看，中国环境监测总站自 2013 年开始，每月实时发布《城市空气质量状况报告》。该报告在 2013 年 1 月至 2018 年 5 月期间只覆盖 74 个主要城市，仅包括重庆和成都。但从 2018 年 6 月开始，该报告对京津冀及周边、长三角地区、汾渭平原、成渝地区、长江中游城市群、珠三角地区等 169 个城市的环境空气综合质量指数进行公布；其中，成渝地区包括重庆、成都、自贡、泸州、德阳等川渝主要城市。基于此，本章的实证数据主要来源于 2018 年 6 月至 2020 年 2 月的月度环境空气质量综合指数，共 21 个月。

8.3.2　研究方法

1. 大气污染的空间网络构建

由于大气污染扩散的作用，处于成渝地区双城经济圈的城市间必然存在大气污染的空间相关性，且这种相关体现为双向影响。作为因果检验的主流分析方法，近年来，格兰杰因果检验在大气污染的空间相关性研究中开始得到应用①，本章在方法使用上将借鉴这些成果。需要指出的是，对大气污染空间相关性的判定是基于环境学的大气污染扩散理论，格兰杰检验只是在环

① 刘华军、杜广杰．中国雾霾污染的空间关联研究［J］．统计研究，2018（4）：3－15．刘华军，孙亚男，陈明华．雾霾污染的城市间动态关联及其成因研究［J］．中国人口·资源与环境，2017（3）：74－81．潘慧峰，王鑫，张书宇．雾霾污染的溢出效应研究——基于京津冀地区的证据［J］．科学决策，2015（2）：1－15．

境学理论基础上所采用的因果检验方法。

由于格兰杰因果检验仅适用于平稳序列，或者有协整关系的单位根过程[①]，本章将首先进行PP单位根检验，以保证所有序列的平稳性。在此基础上，利用格兰杰因果检验，以5%的显著性水平为标准来确定城市之间大气污染是否存在空间相关，并构建成渝地区双城经济圈的大气污染空间网络。

2. 社会网络分析的特征刻画

社会网络分析是在人类学、社会学、数学及统计学等领域中发展起来的一种新的研究范式，其分析单位主要是行动者之间的关系。在网络分析中，关系被认为是表达了行动者之间的关联。该分析方法的核心在于从“关系”的角度出发研究社会现象和社会结构。[②] 基于社会网络分析法对关系数据分析的优势，本章将运用此方法对成渝地区双城经济圈的大气污染空间相关性进行分析。社会网络分析法主要围绕整体网络密度、关联性、中心性、块模型四个维度对网络进行特征刻画。整体网是由一个群体内部所有成员之间关系构成的网络，它最重要的特征指标之一是网络密度。一个集体的成员之间的关系把该集体团结在一起，这个集体网络就具有关联性。社会网络的关联性通常从网络关联度、网络等级度和网络效率来分析。中心性研究是对社会网络权力的量化研究。社会网络分析认为，一个人之所以拥有权力，是因为他与他人存在关系，可以影响他人。中心性的量化指标主要包括度数中心度、中间中心度、接近中心度。在社会网络分析中，可以根据“结构对等性”对行动者进行分类，对此进行研究的方法就是块模型分析方法[③]。

8.4 成渝地区双城经济圈大气污染的空间网络分析

如上所述，对成渝地区双城经济圈大气污染的空间网络分析包括两个主要步骤：第一，利用格兰杰因果检验构建成渝地区大气污染的空间网络；第

① 陈强．高级计量经济学及Stata应用［M］．北京：高等教育出版社，2014：381.
② 刘军．社会网络分析导论［M］．北京：社会科学文献出版社，2004.
③ 刘军．整体网分析讲义：UCINET软件实用指南［M］．上海：格致出版社，2009.

二，利用社会网络分析法对成渝地区双城经济圈大气污染的空间网络进行特征分析。

8.4.1 单位根检验

依据中国环境监测总站发布的《城市空气质量状况报告》，采用 PP 单位根检验方法对样本城市 2018 年 6 月至 2020 年 2 月的月度环境空气质量综合指数的平稳性进行检验，检验结果如表 8－1 所示。从表 8－1 中可知，所有城市的环境空气质量综合指数均通过了 10% 的显著性水平检验，拒绝“存在单位根”的原假设，所有序列是平稳序列，能够进行格兰杰因果检验来确定城市大气污染之间的相关关系。

表 8－1　成渝地区双城经济圈环境空气质量综合指数的单位根检验

城市	统计值	p 值	城市	统计值	p 值
重庆	－3.966	0.0016	乐山	－3.471	0.0088
成都	－2.863	0.0498	眉山	－3.056	0.0300
自贡	－2.944	0.0405	宜宾	－2.791	0.0595
泸州	－3.734	0.0037	资阳	－2.970	0.0378
德阳	－2.611	0.0907	南充	－3.061	0.0295
绵阳	－2.628	0.0873	广安	－3.040	0.0313
遂宁	－3.570	0.0064	达州	－3.426	0.0101
内江	－2.642	0.0846			

8.4.2 格兰杰因果检验

利用 2018 年 6 月至 2020 年 2 月的月度环境空气质量综合指数对两两城市分别进行格兰杰因果检验，以 5% 的显著性水平为标准来确定城市之间大气污染是否存在空间相关，通过 5% 显著性水平的记为 1，未通过的记为 0，依次建立成渝地区双城经济圈大气污染的 0～1 关系矩阵。依据前述的环境学大气污染物扩散理论可知，大气污染的相关是双向性，A 地的大气污染对

B 地产生影响，B 地的大气污染对 A 地也可能产生影响，故此处的关系矩阵亦为有向矩阵，即如果 A 地和 B 地互为格兰杰因果，记为 A→B，B→A，呈现对称特征；若 A 地和 B 地只是单向格兰杰因果，则呈现非对称特征。利用 UCINET 软件对成渝地区双城经济圈大气污染的关系矩阵进行可视化处理，得到图 8－1。

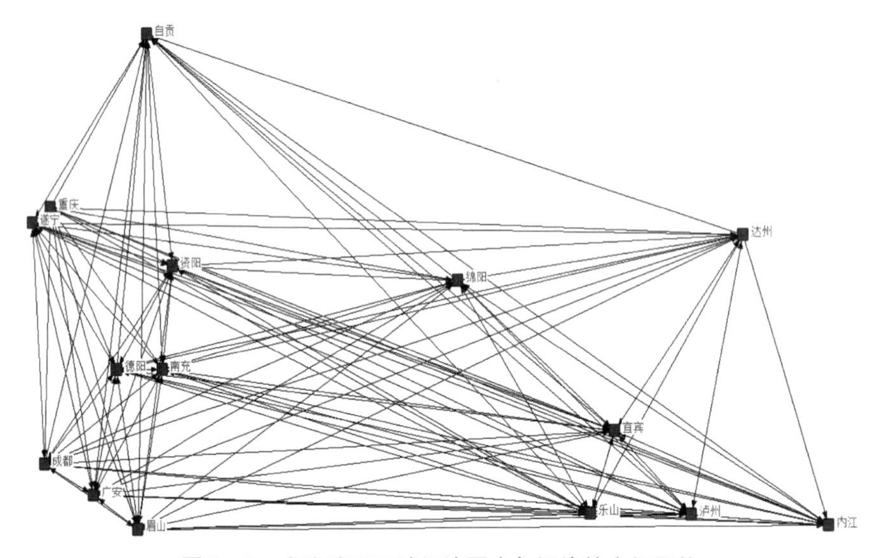

图 8－1　成渝地区双城经济圈大气污染的空间网络

8.4.3　大气污染空间网络的密度和关联性分析

利用 UCINET 软件对成渝地区双城经济圈大气污染空间网络的密度和关联性进行分析，可以得到如下结果（见表 8－2）。首先，该网络的密度为 0.919，其中理论关系数为 210，实际关系数为 193。整体网络密度是用于刻画网络中各点之间联络紧密程度的指标，0.919 的数值表明成渝地区双城经济圈大气污染的空间网络的密度相当高，各城市之间的大气污染联动关系已占全部联动关系的 90% 以上。这同时表明，大气污染的空间网络对成渝地区双城经济圈中的城市空气质量产生的影响相当大。在如此紧密的空间网络中，成渝地区双城经济圈中的各城市如果要治理大气污染，必须有全局视角，处理好整体和局部的关系。其次，从关联性来看，网络关联度为 1，网络等级为0，网络效率为0。网络关联度主要衡量网络的可达性，即其中任何点之间是否可以建立联系；如果网络中某些点相互之间不可达，网络的关联性就小，反之则关联性大。成渝地区双城经济圈的大气污染的空间网络关联度为1，表明所有15个城市相互之间都是可达的，即都存在关联性。没有任何一个城市是孤立的，每个城市都具有以下三种情形之一：受其他城市影响、影响其他城市、既影响其他城市又受其他城市影响。如果网络密度0.919是表明成渝地区双城经济圈大气污染关联的整体网络对个体城市的影响，那么网络关联度1则再次印证网络中个体城市之间的相互影响，且无一例外。网络等级是衡量各点在多大程度上非对称可达的指标。网络等级度越高，表明网络越具有等级结构。网络等级为0，表明网络不具有等级结构，各点之间对称可达，即城市之间的空间污染主要体现为对称影响，成渝地区双城经济圈大气污染的关联网络呈现对称结构特征。网络效率是指在网络中所包含的成分数确定的情况下，网络在多大程度上存在多余的线。网络效率越低，网络中存在的冗余连线就越多。网络效率为0，说明网络没有效率，即成渝地区双城经济圈的城市不仅在大气污染上存在空间相关，而且这种相关还表现为明显的多重叠加现象。①

表8－2　　成渝地区双城经济圈大气污染空间网络的密度和关联性

城市数	实际关系数	理论关系数	网络密度	网络关联度	网络等级	网络效率
15	193	210	0.919	1	0	0

8.4.4　大气污染空间网络的中心性分析

对成渝地区双城经济圈空气关联网络的中心性分析，结果如表8－3所示。关系数直观地展示了大气污染空间网络中的城市联系的密切程度。从与其他城市的关系数量来看，从高到低有以下几个层次：第一，眉山、宜宾、资阳。三个城市的关系数量最高，均为28。其中，影响的关系和被影响的

① 孙亚男，肖彩霞，刘华军．长三角地区大气污染的空间关联及动态交互影响——基于2015年城市AQI数据的实证分析［J］．区域经济研究，2017（2）：121－131.

关系数都为 14。这意味着三个城市在大气污染空间网络中既影响其他城市，又被其他城市所影响。第二，成都、泸州、德阳、遂宁。它们的关系数均为 27。它们分别对大气污染空间网络中的其他 14 个城市产生影响，同时又被其他 13 个城市所影响。第三，广安、乐山、南充、内江。它们的关系数均为 26。前两个城市对网络中的 13 个城市产生影响，同时也被 13 个城市所影响。南充影响了 14 个城市，被 12 个城市影响。内江对 12 个城市产生影响，但被 14 个城市所影响。第四，绵阳的关系数为 25，它影响了 12 个城市的关系，被 13 个城市所影响。第五，重庆、达州。它们的关系数为 22。重庆影响了 10 个城市，被 12 个城市所影响。达州影响了 14 个城市，被 8 个城市所影响。第六，自贡的关系数为最低，为 21。其中，它影响了 7 个城市，被 14 个城市所影响。总体而言，在成渝地区双城经济圈大气污染的空间网络中，城市之间的相互影响非常明显。眉山、宜宾、资阳和其他城市的联系最为紧密，自贡和其他城市的关系相对松散。

表 8－3　　成渝地区双城经济圈大气污染空间网络的中心性

省份	关系数		度数中心度		接近中心度		中间中心度
	出	入	出度	入度	出度	入度	
重庆	10	12	71.429	85.714	77.778	87.5	0
成都	14	13	100	92.857	100	93.333	0.647
自贡	7	14	50	100	66.667	100	0.221
泸州	14	13	100	92.857	100	93.333	0.647
德阳	14	13	100	92.857	100	93.333	0.647
绵阳	12	13	85.714	92.857	87.5	93.333	0.221
遂宁	14	13	100	92.857	100	93.333	0.965
内江	12	14	85.714	100	87.5	100	0.631
乐山	13	13	92.857	92.857	93.333	93.333	0.271
眉山	14	14	100	100	100	100	1.228
宜宾	14	14	100	100	100	100	1.228
资阳	14	14	100	100	100	100	1.228
南充	14	12	100	85.714	100	87.5	0.837

续表

省份	关系数		度数中心度		接近中心度		中间中心度
	出	入	出度	入度	出度	入度	
广安	13	13	92.857	92.857	93.333	93.333	0.571
达州	14	8	100	57.143	100	70	0
平均	12.867	12.867	91.905	91.905	93.741	93.222	0.623

度数中心度用于测度与某点有直接关系的点的数目。如果与某点有直接关系的点越多，说明该点与其他点的联系越多。换句话说，如果某点具有最高的度数中心度，表明该点居于中心地位，从而拥有最大的权力。从实证结果来看，度数中心度的点入度和点出度的平均值高于90，表明大气污染空间网络中的城市之间联系非常紧密。具体来说，眉山、宜宾、资阳的点入度和点出度最高；自贡的点出度最低，达州的点入度最低。点出度的平均值为91.905，低于该值的地区主要是重庆、自贡、绵阳和内江。这说明在成渝地区双城经济圈大气污染空间网络中，这4个地区的大气污染情况对其他地区的空气质量影响较小。从点入度来看，自贡、内江、眉山、宜宾等地均为100；达州的点入度最低，仅为57.143。点入度的平均值为91.905，低于该值的有重庆、南充和达州。这说明在大气污染空间网络中，这3个地区的空气质量受其他地区的影响较小。结合城市间的距离发现，重庆、达州、南充等地区离成都都市经济圈的距离相对较远，因此受相关城市的影响相对较小，这也符合一个地区的大气污染会受到距污染源距离影响的环境学原理。

中间中心度用于测量各点对网络中资源控制的程度。如果某一点处于其他许多点对的最短途径上，该点就具有较高的中间中心度。它具有控制其他点之间的联系的能力，它能够通过控制或者曲解信息的传递而影响群体。①从大气污染空间网络的实证结果来看，中间中心度的平均值为0.623，表明网络中各点对其他点的控制性一般，即各城市的大气污染相互影响一定程度上依赖于中介城市。具体来说，眉山、宜宾、资阳的中间中心度最高，均为

① Freeman L. C. Centrality in Social Networks: Conceptual Clarification [J]. *Social Networks*, 1979, 1 (3): 215 -239.

1.228；重庆和达州的中间中心度最低，均为0。高于平均值的地区主要有眉山、宜宾、资阳、遂宁、南充、成都、泸州、德阳、内江，说明这9个地区在成渝地区双城经济圈大气污染的关联网络中主要起着桥梁和中介作用，经济圈内各城市大气污染的相互影响一定程度上依靠这些城市来“搭桥”；低于平均值的地区包括重庆、达州、绵阳、自贡、乐山、广安，说明这6个地区未处于网络中心，对其他地区大气污染相互影响的调节作用不大。

度数中心度衡量了在大气污染空间网络中各地区与其他地区的联系紧密程度；中间中心度刻画了各地区在网络中对其他地区相互影响的控制程度；接近中心度则用于表征各地区不受其他地区影响的程度。具体而言，接近中心度体现为某点与网络中所有其他点的接近程度。如果一个点与网络中所有其他点的“距离”都很短，则表明该点具有较高的接近中心度，其传递信息上较少依赖其他点，它自身就处于网络中心。从实证结果来看，接近中心度的点出度和点入度均超过90，表明该网络中的各地区与其他地区的相互影响主要是依靠自己。眉山、宜宾、资阳的出度和入度最高，出度最低的是自贡，入度最低的是达州。出度的平均值是93.741，低于该值的地区是重庆、自贡、绵阳、内江，说明这四个地区对其他地区的影响一定程度上依赖于别的“中介”地区，相对而言它们处于网络非中心的位置。入度的平均值是93.222，低于该值的地区是重庆、南充、达州，说明这三个地区被其他地区的影响一定程度上依赖于别的地区“牵线”，它们都处在网络相对边缘的位置。

8.4.5 大气污染空间网络的块模型分析

将最大切分深度设定为2，利用UCINET对成渝地区双城经济圈大气污染的空间网络进行块模型分析，得到四个板块。板块一为重庆、内江、自贡和绵阳；板块二为泸州、成都、德阳、乐山和达州；板块三为遂宁、南充和广安；板块四为眉山、宜宾和资阳。从表8-4可以看出，大气污染空间网络的总关系数为193，其中板块内关系数为40，板块之间的关系数为153；表明四个板块之间的大气污染空间相关非常紧密。根据社会网络分析理论，各板块所处的位置一方面取决于实际内部关系比例和期望内部关系比例的关系，另一方面取决于板块对外的发出和接收程度。板块一的实际内部关系比例为21.96%，期望内部关系比例为21.4%，实际内部关系比例大于期望内部关系比例；同样地，板块三的实际内部关系比例为14.63%，期望内部关系比例为14.3%，实际内部关系比例大于期望内部关系比例。但是，板块一的接收程度大于板块三（见表8-5），故板块一为净受溢板块，板块三为双向溢出板块。板块一主要集中在重庆及附近城市，在大气污染空间网络中主要体现为接收其他城市污染溢出的影响；板块三主要集中于南遂广城镇密集区，位于重庆和成都之间，这些地区的大气污染既受到别的城市影响，也会影响别的城市；但板块内部城市之间的相互影响更突出。同理，板块二的实际内部关系比例为27.54%，期望内部关系比例为28.6%，实际内部关系比例小于期望内部关系比例；板块四的实际内部关系比例为14.29%，期望内部关系比例为14.3%，实际内部关系比例同样小于期望内部关系比例。由于板块二的发出关系总数和板块外关系数均大于板块四（见表8-5），板块二为净溢出板块，板块四为经纪人板块。板块二位于成都都市圈附近和离成渝都比较远的达州，此板块的大气污染主要表现为对其他区域的影响，这可能是因为板块中大部分地区的大气污染在网络中处于相对较高水平。板块四位于成渝中间地区或成都都市圈边缘，从地理位置上基本构成一个三角形；该板块广泛地与网络中各城市相互联系，一方面它们接收其他城市大气污染的溢出，另一方面它们对其他城市大气污染产生溢出效应。板块四在成渝地区双城经济圈大气污染空间网络中起着桥梁和中介作用，将大气污染在重庆和成都这两个核心城市及其周边进行传递。

表8-4　成渝地区双城经济圈大气污染空间网络的块模型分析

板块	板块一	板块二	板块三	板块四	实际内部关系比例（%）	期望内部关系比例（%）	类型
板块一	9	12	8	12	21.96	21.4	净受溢
板块二	20	19	15	15	27.54	28.6	净溢出
板块三	12	14	6	9	14.63	14.3	双向溢出
板块四	12	15	9	6	14.29	14.3	经纪人

表 8-5　成渝地区双城经济圈大气污染空间网络的板块关系数明细

板块	发出总数	板块内	板块外	接收总数	板块内	板块外
板块一	41	9	32	53	9	44
板块二	69	19	50	60	19	41
板块三	41	6	35	38	6	32
板块四	42	6	36	42	6	36

8.4.6　产业结构、经济发展水平与大气污染空间相关

研究表明，环境污染物的排放量和产业结构有着很大的关系，工业是污染物排放比较多的产业①。在对成渝地区双城经济圈大气污染网络的特征描述之后，有必要对成渝地区双城经济圈主要城市的第二产业占 GDP 比重进行分析。表 8-6 中的空气质量指数平均值是各城市 2018 年 6 月至 2020 年 2 月的平均值。基于数据的可得性，选取 2018 年成渝地区双城经济圈主要城市的第二产业比重进行研究，资料来源于《重庆统计年鉴 2019》和《四川统计年鉴 2019》。如表 8-6 所示，在成渝地区双城经济圈中，空气质量指数均值较高的前五位城市分别为达州、成都、宜宾、自贡和重庆；除宜宾和自贡外，达州、成都和重庆的第二产业比重在经济圈内都不算高。这一方面反映出重庆和成都作为超大城市，城镇人口比重以及人口密度会影响空气质量；另一方面则说明要改善空气质量，不仅需要实现产业结构高度化，更要优化工业内部结构②、提高行业治污技术水平③。达州在 2018 年的人均地区生产总值在四川省内排名靠后，但大气污染指数却居于首位，表明该市既要重视升级产业结构、更要重视大气污染治理。空气质量指数均值较低的五个城市分别为遂宁、内江、广安、资阳和绵阳，除绵阳以外，其他四个城市都属于成渝地区双城经济圈的中部地区，四个城市 2018 年的人均地区生产总

① 王青，赵景兰，包艳龙．产业结构与环境污染关系的实证分析——基于 1995～2009 年的数据［J］．南京社会科学，2012（3）：14－19.

② 马丽梅，张晓，区域大气污染空间效应及产业结构影响［J］．中国人口·资源与环境，2014（7）：157－164.

③ 孙坤鑫，钟茂初．环境规制、产业结构优化与城市空气质量［J］．中南财经政法大学学报，2017（6）：63－72，159.

值均低于四川省平均水平，属于“中部塌陷”地区，这体现出经济发展水平与大气污染排放存在一定关联性。

表8-6 成渝地区双城经济圈城市第二产业比重和空气质量指数均值

城市	第二产业所占比重（%）	排序	城市	空气质量指数平均值	排序
重庆	40.9	13	重庆	4.12	5
成都	42.5	11	成都	4.44	2
自贡	46.5	5	自贡	4.14	4
泸州	52.1	1	泸州	3.81	10
德阳	48.4	3	德阳	3.94	6
绵阳	40.3	14	绵阳	3.72	11
遂宁	46.3	6	遂宁	3.28	15
内江	43.3	10	内江	3.45	14
乐山	44.7	8	乐山	3.82	9
眉山	44.1	9	眉山	3.93	7
宜宾	49.7	2	宜宾	4.16	3
资阳	47.6	4	资阳	3.57	12
南充	41.1	12	南充	3.86	8
广安	46.0	7	广安	3.51	13
达州	35.7	15	达州	4.48	1

资料来源：《重庆统计年鉴2019》《四川统计年鉴2019》。

8.5 研究结论

前文基于中国环境监测总站发布的2018年6月至2020年2月的环境空气质量综合指数，利用社会网络分析方法对成渝地区双城经济圈的大气污染空间相关性进行了分析，得到如下结论。

第一，从大气污染空间网络的密度和关联性来看，网络密度高达0.919，表明区域内城市的大气污染水平受整体网络的影响水平相当高；网络关联度为1，表明经济圈内所有城市之间都存在大气污染的空间相关，没有独立于网络的城市存在；网络等级为0，说明网络不具有明显的等级结构，城市之间的空间污染关联表现为相互影响，而非单向影响；网络效率为0，说明经济圈内各城市的关联存在多重叠加效应，相互关系错综复杂。

第二，根据大气污染空间网络的中心性分析，无论是溢出关系还是接收关系，经济圈内各城市之间的关系数都在平均值12.867以上，城市大气污染的关联性突出；度数中心度的平均值高达91.905，说明网络中各城市之间的联动明显，较低的区域主要集中在重庆、达州、南充等离成都都市圈稍远的城市，这从一定程度上体现了大气污染扩散与地理距离的关系。中间中心度的平均值为0.623，预示着网络中各城市对其他城市有一定的控制力，部分城市之间的大气污染关联依赖于桥梁或中介城市，呈现出间接联动的特点。接近中心度的均值超过90，说明除个别城市外，网络中大部分地区的大气污染都是依靠自身与其他城市直接产生关联。

第三，根据大气污染空间网络的块模型分析，成渝地区双城经济圈由于在网络中地位和作用的不同，可以划分为四类板块：净受溢板块、双向溢出板块、净溢出板块和经纪人板块。净受溢板块集中在重庆及其附近城市，在网络中主要接收其他城市大气污染溢出影响，双向溢出板块主要集中在南遂广城镇密集区，受到影响的同时也会对外产生影响。净溢出板块主要集中在成都都市圈和达州，板块内的城市大气污染水平普遍较高。经纪人板块主要位于成渝中间区域和成都都市圈边缘的个别地区，这些地区在网络中发挥着中介作用，使大气污染在成渝地区双城经济圈内传递和不断扩散。

第四，联系产业结构和经济发展水平对大气污染空间相关进行分析，发现重庆和成都这两个超大城市的第二产业比重虽然不高，但空气质量指数在成渝地区双城经济圈中较高，要改善大气质量，不仅要着眼于优化产业结构，更要着眼于优化工业结构。成渝地区双城经济圈中空气质量指数较低的城市主要集中在“中部塌陷”地区，表明经济发展水平会影响大气污染的排放量。随着成渝地区双城经济圈战略的推进，中部地区的崛起，这些地区的空气质量指数也会相应提高。达州的经济发展水平在成渝地区双城经济圈中较为靠后，空气质量指数却很高，该地区大气污染治理和升级产业结构的任务非常紧迫。

以上分析表明，成渝地区双城经济圈的大气污染空间相关性明显，无论是通过直接方式还是间接方式，经济圈内各城市之间的大气污染都会相互影响。在大气污染治理中必须坚持区域一盘棋思想，树立协同治理理念，实行联防联控才能有效改善成渝地区双城经济圈的空气质量。结合产业结构和经济发展水平来看，无论是相对发达的成渝双城，还是相对落后的“中部塌陷”地区，大气污染治理都离不开优化工业结构、提高行业治污技术[①]。

8.6　利益协同视角下的成渝地区双城经济圈大气污染治理对策

8.6.1　贯彻统筹兼顾原则

成渝地区双城经济圈大气污染的空间关联显著，说明成渝地区双城经济圈的大气污染必须协同治理才能取得成效。研究表明成渝地区双城经济圈是一个整体，无论是经济发展还是大气污染，各市之间都是相互影响、空间关联的。因此，要统筹兼顾，建立成渝地区双城经济圈大气污染协同治理机制。目前，成渝双城经济圈的大气污染协同治理仍然存在困难和挑战，区域间的协同机制仍未完全建立。要实现大气污染的协同治理，首要任务是建立经济圈内统一的大气污染治理平台[②]。平台主体的指导机构是中央政府，成员包括成渝地区双城经济圈内的各市，平台内部建立常态化的联席会议机制，坚持大气污染治理的共商、共建原则。

8.6.2　体现利益均衡原则

目前，我国的河流湖泊、森林等领域的生态补偿制度建设取得较大进展，但是大气的生态补偿制度建设速度相对较慢，这主要源于大气的生态补

① 林黎，李敬．区域大气污染空间相关性的社会网络分析及治理对策——以成渝地区双城经济圈为例［J］．重庆理工大学学报（社会科学版），2020（11）：19－30.

② 余红辉．加快长江经济带污染治理主体平台建设［N］．学习时报，2019－01－02（3）.

偿是一个更为复杂和庞大的系统工程。在推进成渝地区双城经济圈的大气污染治理中，建议借鉴欧盟等的做法，将生态补偿上升到法律层面，通过明确各方的权责利，出台对大气生态补偿的具体规定①。在确定生态补偿标准时，要坚持公平和规范化原则，既不能把恢复生态的成本一味转嫁给净溢出板块，又不能不考虑净受溢板块的损失，要在溢出板块和受溢板块之间找到一个生态补偿的均衡点，兼顾不同区域的利益，形成符合成渝地区双城经济圈实际情况且各地区都满意的生态补偿制度②。

8.6.3 实现公平和规范化原则

自 2013 年起，我国陆续建立起北京、天津、上海、重庆、湖北、广东、深圳等地的碳排放试点市场。其中，重庆于 2014 年 6 月挂牌“重庆市碳排放权交易中心”，正式启动碳排放权交易。2016 年 12 月，全国碳市场能力建设（成都）中心揭牌，四川成为继全国七个碳排放权交易试点地区之后，全国第八个拥有国家备案碳交易机构的省份。但是，从目前来看，成渝地区双城经济圈还没有共同的区域碳排放权交易市场。未来，双方应在国家政策范围内依靠已有的碳排放权交易体系，探索相互认可的核证减排量，共建统一的区域性碳排放权交易体系。在区域性碳排放权交易体系的建设中，要体现公平和规范化，统筹考虑区域内各市的环境效益和经济效益，合理设定碳交易总量，合理分配碳交易初始配额，建立健全监督、核查机制，严格进行监管。

8.6.4 牢牢抓住主要矛盾

各市在环境污染空间关联中的不同地位，决定了在整体协同治理的基础上必须重点突破。成渝双城经济圈的生态环境治理是整体工程，也是系统工程。经济圈内每个区域都是治理的重要一环，都会影响治理效果，需要整体推进治理。成渝地区双城经济圈大气污染的空间关联研究表明，各个城市在

---

① 徐本鑫，陈沁瑶．长江经济带生态司法协作机制研究［J］．重庆理工大学学报（社会科学版），2019（7）：55－65.

② 陈向阳．环境成本内部化下的经济增长研究［M］．北京：社会科学文献出版社，2017.

整体网络中的作用不尽相同。净溢出板块主要集中于成都都市圈和达州，这个板块的大气污染水平也相对较高。本着“抓住主要矛盾和矛盾主要方面”的哲学思想，应该集中力量解决环境治理中的突出矛盾、突出问题；牢牢抓住净溢出板块重点突破，实现全局和局部相协调、渐进和突破相衔接。

第 9 章

重点区域的发展协同：以新发展理念下的成渝地区双城经济圈协同发展为例*

9.1 引 言

习近平新时代中国特色社会主义经济思想，是党的十八大以来以习近平同志为核心的党中央将马克思主义政治经济学基本原理与新时代中国经济发展实践相结合的理论结晶。其中，新发展理念是习近平新时代中国特色社会主义经济思想的重要内容。

成渝地区双城经济圈位于“一带一路”和长江经济带交汇处，是西部陆海新通道的起点，具有连接西南西北，沟通东亚与东南亚、南亚的独特优势。成渝地区双城经济圈的协同发展是助推“一带一路”倡议、长江经济带、西部大开发等国家战略实施的必然选择和必由之路。2019 年，国家发展改革委在《2019 年新型城镇化建设重点任务》① 中进一步提出：“加快京

---

* 林黎，陈悦，付彤杰．基于新发展理念的川渝协同发展水平测度及对策研究［J］．重庆工商大学学报（社会科学版），2020（12）：24－33.

① 国家发展改革委．2019 年新型城镇化建设重点任务［R］．北京：国家发改委，2019.

津冀协同发展、长江三角洲区域一体化发展、粤港澳大湾区建设。扎实开展成渝城市群发展规划实施情况跟踪评估，研究提出支持成渝城市群高质量发展的政策举措，培育形成新的重要增长极。”2020 年 1 月 3 日，中央财经委员会第六次会议首提“成渝地区双城经济圈”，成渝地区双城经济圈已经上升为国家战略。2021 年 10 月，中共中央、国务院印发了《成渝地区双城经济圈建设规划纲要》，明确成渝地区双城经济圈要打造成为继京津冀、长三角、粤港澳大湾区之后的重要增长极。

但成渝地区双城经济圈协同发展机制不健全的问题长期存在且未得到实质性解决。从区域对比来看，成渝地区双城经济圈竞争力不强，落后于京津冀、长三角、粤港澳大湾区建设。随着东部三大城市群的迅速发展、国家战略落地，西部地区发展与东部差距越来越大；随着武汉创新产业发展，东中部与西部差距日益明显。同时，由于高铁建设难度大、建设标准偏低、建设速度偏慢，川渝地区通达经济发达地区的时间并未明显缩短。从协同效果来看，川渝核心城市背向发展、次级城市发育不足、基础设施互联互通程度不高、资源约束日趋加剧。成渝地区双城经济圈发展呈现“川”字形，成渝两核心之间联系不多，尤其是成渝核心中线之间缺乏具有竞争力的次级城市。要健全成渝地区双城经济圈协同发展机制，实现高质量发展，必须要以习近平新时代中国特色社会主义经济思想为指导，必须深入理解新发展理念，必须用好新发展理念这一指挥棒。因此，本章基于“创新、协调、绿色、开放、共享”新发展理念，构建成渝地区双城经济圈协同发展指数体系、测算近年来成渝地区双城经济圈协同发展水平，并分别针对五个维度提出相应的政策建议。

9.2　文献综述

协同学的创始人是德国物理学家哈肯，1973 年他首次提出了协同的概念。哈肯[①]认为“协同学是研究由完全不同性质的大量子系统所构成的各种系统”“探讨的是宏观尺度上导致定性新结构的各种自组织过程”。马克思

① 哈肯．高等协同学［M］．郭治安译．北京：科学出版社，2000.

主义经济学[①]也涉及对协同的探讨，“社会生产内部的无政府状态将为有计划的自觉的组织所代替”，“生产者将按照共同的合理的计划自觉地从事社会劳动”。换言之，协同是指[②]内部子系统的结构、行为和特征受相同原理和规律支配，会产生影响整个系统的联动作用，促使系统由无序向有序发展。有学者[③]认为，这种联动作用应该包括狭义和广义两种。狭义视角下的协同特指与竞争相对的合作、互助等。广义视角下的协同既包括合作也包括竞争。根据以上理论，本章所界定的协同发展，是指在新发展理念的引领下，由于竞争和合作的联动作用，成渝地区双城经济圈共同践行新发展理念。成渝地区双城经济圈的协同发展指数，则是对四川和重庆两个子系统如何通过合力实现经济圈整体的创新发展、协调发展、绿色发展、开放发展、共享发展的测度。

区域间协同发展一直是学术界的研究热点，但由于成渝地区双城经济圈地处西部地区，且上升为国家发展战略的时间不长，对成渝地区双城经济圈协同发展的研究文献有限。已有研究较多地从定性角度分析成渝地区双城经济圈的协同发展策略。白志礼、谭江蓉[④]对川渝两地经济发展进行了对比分析，提出建立经济发展的共生、协同、互赢机制，统筹规划建设和基础设施、建立统一的市场体系、开展大范围的产业合作等建议。王崇举[⑤]分析了成渝经济区产业的地区分布，指出要通过区域间的产业协同推动成渝经济区的集约发展，增强新产品研发和区域互补，产业发展与城乡统筹有机结合，充分利用市场和政府两个作用。锁利铭、位韦和廖臻[⑥]分析成渝城市群 80 条府际协议数据以及 28 项政策文本，指出成渝城市群合作局势明朗但存在部分阻碍，成渝城市群要加强区域协同治理，以合作驱动区域经济加快转型

---

① 马克思恩格斯选集［M］. 北京：人民出版社，1972.

② 杨陈静，刘航. 自贸区协同发展的研究综述［J］. 四川行政学院学报，2019（2）：89－98.

③ 万晨. 安徽省水资源——社会经济系统的协同度研究［D］. 合肥：合肥工业大学，2017.

④ 白志礼，谭江蓉. 基于竞争、协同、共生、互赢机制的川渝经济合作与发展探析［J］. 软科学，2007（8）：75－82.

⑤ 王崇举. 对成渝经济区产业协同的思考［J］. 重庆工商大学学报（西部论坛），2008（3）：1－5.

⑥ 锁利铭，位韦，廖臻. 区域协调发展战略下成渝城市群跨域合作的政策、机制与路径［J］. 电子科技大学学报（社会科学版），2018（10）：90－96.

升级，形成内陆开放型经济发展的“高地效应”。田莎莎①等建议从产业层面完善价值链分工，加强产业集聚；实施创新驱动发展，推进区域内产学研用融合；利用互联网思维，发展新经济。从政府层面，建立区域合作组织，完善利益分配标准；打造有为政府，降低制度成本；从城市职能层面，加快核心城市发展，强化其辐射作用；推动中小城市发展，完善城市体系。李月起②建议通过以新发展理念引领城市群发展、以制度化促进府际合作常态化、构建高效的城市群协调发展机制、推动政绩考核和经济发展由“唯绩效”转向“重实效”、协同培育新的增长极、增长点等策略推动成渝城市群协调发展。部分文献也尝试利用定量方法研究川渝的协同程度。郭宏、伏虎③测算了川渝贸易依存指数、知识溢出指数，认为贸易依存指数有效促进知识溢出指数，建议贸易相关政策设计时要更加重视结构性、方向性变化，以贸易互动提升区域协同创新演化效果。程前昌④测算了 2013 年成渝两市产业结构相似系数，发现高达 0.988。叶文辉⑤等测算出 2007 ~ 2016 年成渝城市群区域空间集聚、空间溢出与经济增长的整体耦合协调度值在 0.2890 ~ 0.4196 之间，耦合值比较低，协同度还不够。

学界对区域协同发展指数进行了研究，但主要集中于长三角和京津冀。根据新华网报道⑥，曾刚等发布了“长三角城市协同发展能力指数”，包括经济发展、科技创新、交流服务、生态支撑 4 大领域 20 个核心指标，系统分析了长三角 41 个地级及以上城市的协同发展能力。京津冀协同发展研究基地⑦提出了京津冀指数，该指数包含影响京津冀协同发展的 12 个关键要素，即城乡差距、城乡统筹、城乡融合、产业链、服务链、治理链、资源承

---

① 田莎莎，季闯．成渝城市群经济协调发展的路径研究［J］．湖北经济学院学报（人文社会科学版）：25－27.

② 李月起．新时代成渝城市群协调发展策略研究［J］．西部论坛，2018（3）：94－99.

③ 郭宏，伏虎．贸易流通、知识溢出与区域协同创新——基于川渝互动发展的视角［J］．商业经济研究，2016（9）：103－105.

④ 程前昌．成渝城市群的生长发育与空间演化［D］．上海：华东师范大学．

⑤ 叶文辉，伍运春．成渝城市群空间集聚效应、溢出效应和协同发展研究［J］．财经问题研究，2019（9）：88－94.

⑥ 金婷婷，梁志超．“长三角城市协同发展能力指数”在沪发布［EB/OL］．新华网，http：//www.sh.xinhuanet.com/2018－09/21/c_137482930.html.

⑦ 肖莉．京津冀指数——京津冀协同发展的风向标［J］．建设科技，2015（23）：7.

载力、创新驱动力和辐射影响力等。祝尔娟[①]等构建了两层次五纬度的京津冀协同发展指数，分别是发展指数、协同指数、生态文明指数、人口发展指数和企业发展指数。值得注意的是，新发展理念提出之后，有学者将“创新、协调、绿色、开放、共享”与协调发展指数融合，提出了基于新发展理念的发展指数。易昌良[②]等构建了中国发展指数指标体系，包括创新发展指数、协调发展指数、绿色发展指数、开放发展指数、共享发展指数 5 个一级指标，15 个二级指标，1 202 个三级指标，测算出中国各省市自身的协调发展能力。中国社会科学院京津冀协同发展智库[③]从发展理念的视角提出了京津冀协同发展指数评价指标体系，并测算出 2005 ~ 2015 年协同发展指数总体上升。

综上所述，新发展理念是破解发展难题、增强发展动力的根本指引。作为协同发展水平度量的重要指标——协同发展指数只有贯彻新发展理念，包括“创新、协调、绿色、开放、共享”五个方面才能完整体现协同发展内涵。目前，成渝地区双城经济圈协调发展的研究虽然取得了丰硕成果，但针对经济圈协同发展的计量研究成果还不够丰富。因此，本章将在借鉴已有文献的基础上，测算基于新发展理念的成渝地区双城经济圈协同发展指数，分析经济圈协同发展的现状，探索推进经济圈协同合作的对策。

9.3 基于新发展理念的川渝协同发展指数构建

9.3.1 指标体系设计

在借鉴中国社会科学院京津冀协同发展智库京津冀协同发展指数课题组的京津冀协同发展指数的基础上，构建体现“创新、协调、绿色、开放、

---

① 祝尔娟，何皛彦．京津冀协同发展指数研究［J］．河北大学学报（哲学社会科学版），2016（5）：49－59.

② 易昌良．2015 中国发展指数报告［M］．北京：经济科学出版社，2015.

③ 中国社会科学院京津冀协同发展智库京津冀协同发展指数课题组．基于新发展理念的京津冀协同发展指数研究［J］．区域经济评论，2017（3）：44－50.

共享”五大思路的协同发展指数体系。该体系包括两级指标，创新发展、协调发展、绿色发展、开放发展和共享发展作为一级指标，在各一级指标下设有3~4个二级指标，共18个二级指标，具体见表9-1。与京津冀协同发展指数相比，结合实际数据的可获得性，加入了技术市场成交额、城乡收入比、城市首位度、产业结构相似系数①、国家财政性教育经费占GDP比重和城镇登记失业率等指标，去掉了新设立企业数占比、城市规模分布指数、产业结构差异化指数等指标。其中，除城乡收入比、城市首位度、产业结构相似系数、单位GDP的能源消耗量、单位GDP的二氧化碳排放量、PM2.5年平均浓度、单位工业增加值耗水量和城镇登记失业率为逆向指标外，其余指标均为正向指标（见表9-1）。

表9-1　　　　川渝协同发展指数构成

一级指标	二级指标
创新发展指数	研发支出占GDP比重 +
	技术市场成交额 +
	高技术产业主营业务收入占规模以上工业总产值的比重 +
	专利授权量与研发投入经费之比 +
协调发展指数	城乡收入比 -
	城市首位度 -
	产业结构相似系数 -
	单位建成区面积创造的非农产业增加值 -
绿色发展指数	单位GDP的能源消耗量 -
	单位GDP的二氧化碳排放量 -
	PM2.5年平均浓度 -
	单位工业增加值耗水量 -

① 产业结构相似系数采用公式$S_{ij} = \frac{\sum(x_{in} \cdot x_{jn})}{\sqrt{(\sum^2 x_{in})(\sum x_{jn}^2)}}$，其中$i$和$j$表示不同的两个区域，$x_{in}$和$x_{jn}$表示部门$n$在区域$i$和区域$j$的产业结构中所占比重。

续表

一级指标	二级指标
开放发展指数	进出口额占 GDP 之比 +
	实际利用外资额与全社会固定资产投资额之比 +
	高速公路和铁路的路网密度 +
共享发展指数	人均公共财政支出 +
	国家财政性教育经费占 GDP 比重 +
	城镇登记失业率 -

9.3.2 指标测算

本协同发展指数的数据来源于2009～2018年的《中国科技统计年鉴》《重庆统计年鉴》《四川统计年鉴》和国家统计局网站。在具体计算过程中，个别年份的指标有缺失，主要采用计算出年平均增长率，再通过相邻年份乘以平均增长率的方式来补齐。

指标计算以2008年的数据为基期，通过测算近10年的协同发展总指数来比较川渝协同发展水平的变动趋势。第一，确定权重。党的十九大报告强调，发展必须是科学发展，必须坚定不移贯彻创新、协调、绿色、开放、共享的发展理念。落实到各区域的发展实践中，五大发展理念同等重要，不能顾此失彼，也不能互相代替。因此，在总指标中，对五个一级指标均设定20%的权重。同一个一级指标下对应的二级指标之间权重相等。在加总两地数据时，采用重庆市和四川省各自生产总值在两地生产总值总和中的比例作为权重加总求得协同发展总指数。第二，标准化处理。五大发展指数尤其是总指数的获得需要不同的二级指标加总，为了保证数据的可加性，以2008年为基期做标准化处理，对所有数据进行标准化处理以去除量纲。处理方法是设2008年的各项指标为1，如果是正向指标则将2009年以后各年的指标除以2008年指标即可，如果是逆向指标，则在此基础上求倒数。第三，指数合成。在对20个二级指标进行无量纲化处理之后，按照均等权重将所有二级指标加总得到一级指标。如前所述，五个一级指标均按照20%的权重进行累加，最终可得川渝协同发展总指数。

9.4　基于新发展理念的成渝地区双城经济圈协同发展水平测度

9.4.1　川渝协同发展总指数

根据以上介绍的协同发展指标的测算方法，利用重庆市和四川省2008～2017年的相关数据测算成渝地区双城经济圈协同发展指数。为了能更清楚地看出成渝地区双城经济圈协同发展指数的变动趋势，将2008年的指数设为100，得出历年的成渝地区双城经济圈协同发展指数如图9－1所示。十年间，成渝地区双城经济圈协同发展总指数逐年上升，平均年增长率为7.74%。这一数据说明两地协同度虽然有所上升，但是上升速度并不是特别快。将成渝地区双城经济圈的五大发展协同指数“创新、协调、绿色、开放、共享”同时体现在图9－2中，可以清楚地看到，创新指数和绿色指数是协同发展总指数不断提高的主要原因，共享指数、协调指数和开放指数所起的作用不大。早在2015年，重庆市就出台了《深化体制机制改革加快实施创新驱动发展战略行动计划（2015～2020年）》。2017年3月，《四川创新型省份建设方案》获得科技部批复同意，四川省成为全国第8家获批建设国家创新省份试点省份。地方政府对创新发展的重视以及对顶层设计的不断完善是创新指数迅速提升的主要原因。由于协同发展总指数是五大发展协同指数的综合，具体的变动原因必须着眼于分项指数，以下对成渝地区双城经济圈的“创新、协调、绿色、开放、共享”发展指数分别进行研究。

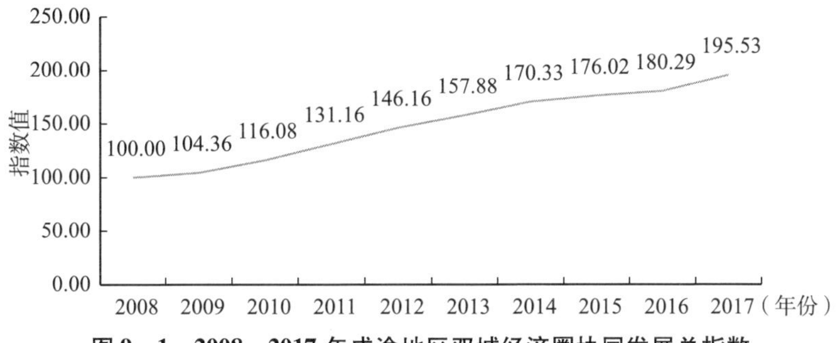

图9－1　2008～2017年成渝地区双城经济圈协同发展总指数

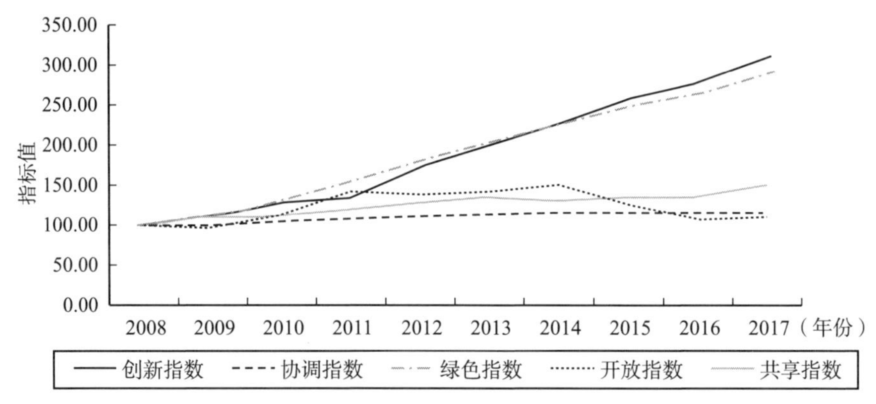

图 9-2　2008~2017 年成渝地区双城经济圈五大发展协同指数

9.4.2　成渝地区双城经济圈创新发展指数

如图 9-3 所示，创新发展总体呈快速上升趋势，2017 年为 2008 年的 3 倍以上。从四个二级指标来看，川渝两地的指标呈现出不同的趋势。对于研发支出占 GDP 的比重，四川省除 2011 年略有下降以外，其余各年份均稳步上升；重庆市在这十年间逐年缓慢递增。对于技术市场成交额，重庆市各年波动幅度较大，除 2010 年、2013 年、2014 年和 2016 年呈上升趋势外，其余各年均不同程度下降；有别于重庆市，四川省的该项值非常活跃，尤其是 2011 年之后飞速增长，十年间增长超过 8 倍。高技术产业主营业务收入占规模以上工业总产值的比重，四川省除 2015 年有所回落外，整体增长稳健；

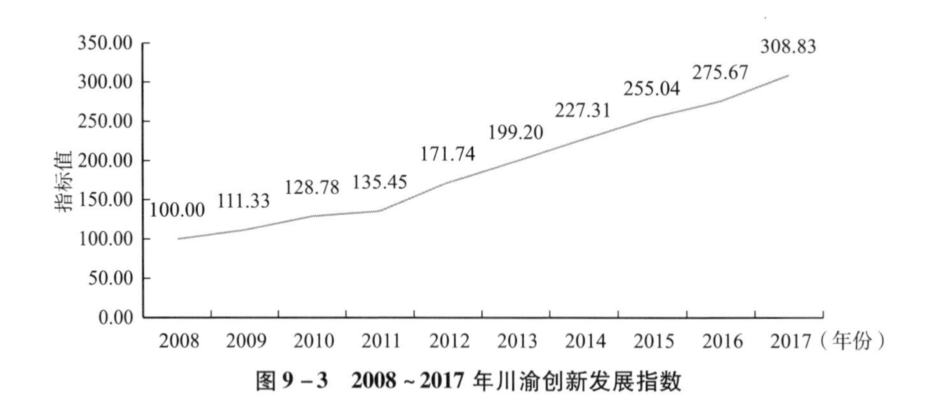

图 9-3　2008~2017 年川渝创新发展指数

重庆市的增长势头迅猛，2017 年已经是 2008 年的 6 倍多。专利授权量与研发投入经费之比，重庆市和四川省总体上升，重庆市在 2011 年、2014 年、2016 年和 2017 年四个年份出现下降；四川省在 2011 年、2013 年、2014 年、2016 年和 2017 年五个年份出现下降。

这表明，研发投入经费连年持续上升的情况下，两地创新取得专利的效率有所下降，两地研究开发合作空间广阔。同时，重庆市的技术市场成交额指标呈现连年波动的趋势，尤其是 2017 年甚至低于 2009 年的水平，表明重庆市在研究开发转化为市场竞争力方面陷入瓶颈。而四川省的研发支出占生产总值比重和高技术产业主营业务收入占规模以上工业总产值的比重两个指标水平均低于重庆市，表明四川省的研发投入、产业结构和产品技术含量均有提升的必要和空间。

9.4.3　成渝地区双城经济圈协调发展指数

如图 9－4 所示，协调发展指数呈现逐年上升趋势，但是上升幅度有限。四川省和重庆市的城乡收入比在十年间均出现缓慢上升，且在 2017 年达到最大值，这表明川渝两地的城乡收入差距并未缩小，川渝城乡协调的政策效果有限，两地城乡协调的任务仍很艰巨。而城市首位度表现有所差异，四川省人口向成都市市集中趋势不变，而重庆市各区人口并没有过于集中某一地区，指标表现与四川省不一致。四川省单位建成区面积创造的非农业增加值指标在 2015 年达到顶点后，在 2016 年呈现下降趋势，表明土地使用效率有所下降；而重庆市则表现不同、呈现持续上升态势，2017 年实现最大值，表明依托土地的集约经营和结构优化，重庆市的土地使用效率不断提高。从产业结构相似系数来看，由于四川省和重庆市在地域上接壤，在资源禀赋、人文风俗上具有较大的相似度，两者的经济发展和政策制度相互影响，因此产业结构相似系数较高。这可能会导致两地产业间的过度竞争，不利于两地产业的分工和协同合作。

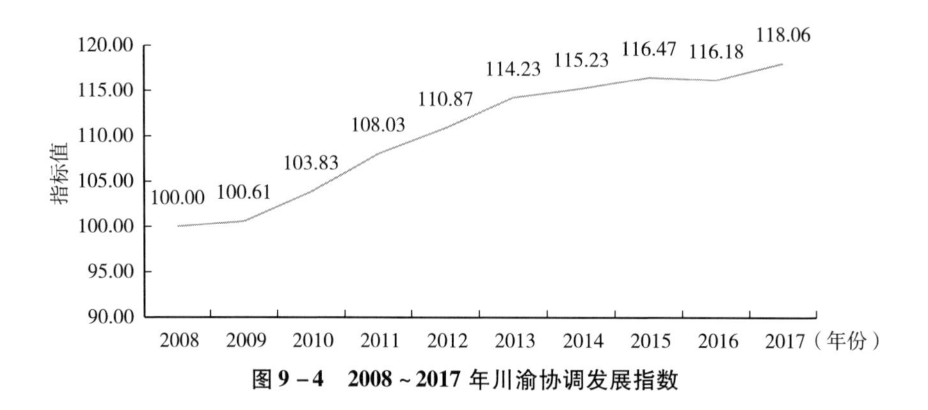

图 9－4　2008～2017 年川渝协调发展指数

9.4.4　成渝地区双城经济圈绿色发展指数

与另外四个发展指数不同，绿色发展指数下的二级指标主要集中于各种能源消耗量和污染物排放量，因此绿色指数是逆向指标。如图 9－5 所示，2008～2017 年，成渝地区双城经济圈绿色发展指数的值显著上升，主要原因是川渝两地作为美丽中国示范区和长江经济带的上游地区，严格落实“共抓大保护、不搞大开发”方针，坚定不移走生态优先、绿色发展之路。重庆提出担当上游责任，建设山清水秀美丽之地。四川提出优化产业布局、突出生态优先。从四个分项指标来看，无论是四川省还是重庆市，单位 GDP 能源消耗量、单位二氧化碳排放量、PM2.5 年平均浓度和单位工业增加值耗水量均实现总体水平的明显减少。四川省的单位工业增加值耗水量在 2014 年达到最好水平，此后反而增加；重庆市则逐年下降，2017 年达到最好水平；这表明川渝两地工业的资源使用效率有差异，对于工业的环保标准不够协同。重庆市是直辖市，长江贯穿重庆市全境，绿色发展直接决定着重庆市能否实现高质量发展，这也体现在地方绩效考核中占比较高，因此重庆市的绿色发展水平较高，高污染、高耗能和过剩产业市场出清比较充分。而四川省改善力度不如重庆市，四川省的单位 GDP 的能源消耗量、单位 GDP 的二氧化碳排放量均高于重庆市。同时，从人口结构和产业结构来看，四川省作为人口大省和农业大省，取暖和焚烧秸秆产生的污染物高于重庆市。成都市的平原地势也不利于污染物的消散。

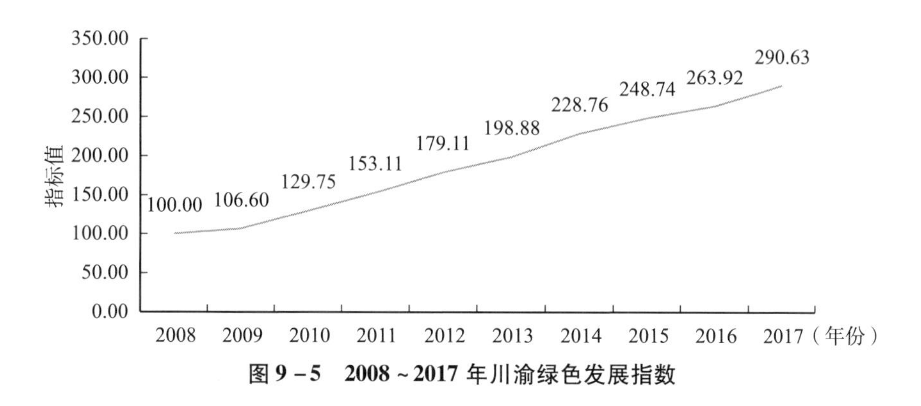

图9-5 2008~2017年川渝绿色发展指数

9.4.5 成渝地区双城经济圈开放发展指数

如图9-6所示，十年中，成渝地区双城经济圈开放发展指数出现先上升后下降趋势。2008~2011年，开放发展指数上升的幅度较大；2011~2014年缓慢上升，而进入2014年之后，开放发展指数明显回落。这说明，总体上成渝地区双城经济圈开放协同发展的形势比较严峻，开放度较低，开放发展比较滞后，亟待改善。从进出口总额来看，重庆市明显快于四川省，2017年重庆市该项指标是2008年的2倍，而四川省2017年和2008年的值基本持平。这主要源于重庆市长期以来将发展战略路径定位于内陆开放高地：2011年3月，"渝新欧"国际铁路大通道全线开行，2017年3月，中欧（重庆）班列突破1000列，成为中国首个突破千列的中欧班列。中新（重庆）战略互联互通项目及其重要组成部分"陆海新通道"带动重庆市内陆开放高地建设"加速跑"。从十年间的峰值来看，重庆市在2014年达到最大值，而四川省2012年达到最大值，发展协同程度较低。而实际利用外资额与全社会固定资产投资额之比，川渝两地均呈下降趋势，表明川渝两地实际利用外资额的增长速度慢于固定资产投资的上升速度，实际利用外资水平相对较低，开放水平有待提高。高速公路和铁路的路网密度指标两地均呈上升趋势，而铁路建设四川省快于重庆市，根本原因在于成都市铁路局负责四川省和重庆市铁路规划建设。高铁瓶颈已经成为重庆市内部开放的一大障碍，向北、向东、向西、向南的铁路建设都有待加速。

图 9-6　2008～2017 年川渝开放发展指数

9.4.6　成渝地区双城经济圈共享发展指数

如图 9-7 所示，成渝地区双城经济圈共享发展指数稳步上升，表现出持续向好态势。其中对于人均公共财政支出，两地 2017 年的值都是 2008 年的 2 倍左右，且均是逐年上升，表明成渝地区双城经济圈协同发展的趋势明显。国家财政性教育经费占生产总值比重四川省呈波动趋势，2010～2012 年有所下降，而重庆市则呈上升趋势。这表明教育协同发展水平仍需提升，尤其是城镇化过程中，中小学教育尤其是优质教育供给严重不足，私立教育占比不断上升。而城镇登记失业率指标，两地都毫无例外地呈现出 2017 年比 2008 年指标值更高的趋势，这说明两地的就业问题并不乐观。就业是民生之本，一定要将川渝发展落脚于就业，以发展稳就业，以就业促发展。

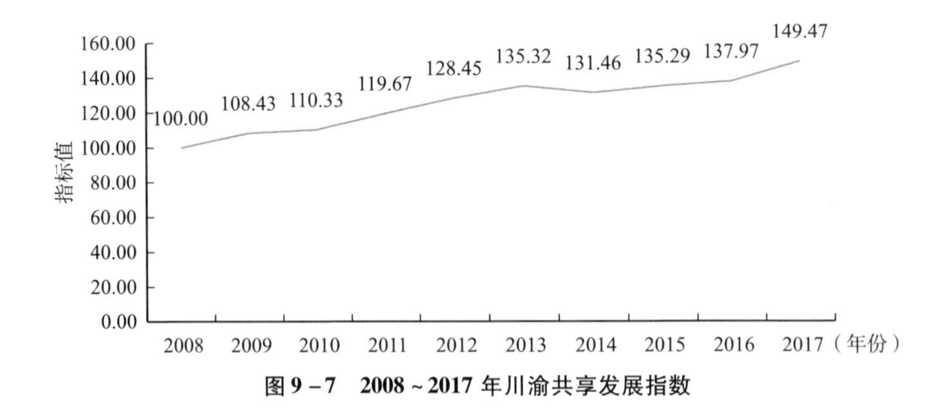

图 9-7　2008～2017 年川渝共享发展指数

综上所述，五个分项指数中，创新、协调、绿色、共享都呈现出不断优化的趋势，而开放呈现先升后降趋势，因此综合趋势形成了总体发展指数上升，但上升速度有所下降的表现，为进一步促进成渝地区双城经济圈发展、缩小与京津冀、长三角、粤港澳大湾区等发达地区的差距，亟须提高协同发展水平。成渝地区双城经济圈的协同发展，从整体来看，需要重庆和四川省依靠陆海新通道扩大向北向南开放，利用沿江高铁、郑万高铁和渝湘高铁与东连接，借助川藏铁路向西延伸；从内部来看，是两地加强协作、互相开放；从双核心来看，是强化重庆市和成都市的辐射作用，共同带动周边城市发展；从次级城市培育来看，是促进中小城市协调发展。否则，川渝两地各自为战、背向发展，最终必然导致与发达区域差距拉大，西部大开发无法得到有效支撑，内陆开放滞后，长江经济带绿色发展不充分。

9.5　提高成渝地区双城经济圈协同发展水平的政策建议

针对成渝地区双城经济圈协同发展总指数和五个分项指标，结合重庆和四川协同发展中长期存在的固有问题，提出以下政策建议，深度推进经济圈协同发展，发挥重庆在新时代西部大开发中的支撑作用，在共建“一带一路”中的带动作用，在长江经济带绿色发展中的示范作用①。

第一，坚持创新发展。重点建设西部科学城，加大财政投入建设科技领先的实验室。参照长三角G60科创高速公路，以渝蓉高速打造川渝版科创高速公路，在沿线布局协作要求程度高的川渝优势产业如汽车、装备、医药、食品等，营造创新协作的产业集群和产业链条。设立政府创投基金，积极培育风险投资基金、天使基金，引导鼓励企业家积极在国内科创板、新三板以及新交所上市，尤其是资本市场价值较高的川渝特色食品、医药类企业，鼓励天府交易所、重庆市股权交易中心双向开放，提升区域股权市场的

① 新华社．在推进新时代西部大开发中发挥支撑作用　在推进共建“一带一路”中发挥带动作用　在推进长江经济带绿色发展中发挥示范作用［N］．重庆日报，2019－04－18（2）．

活跃度和投资者规模，形成良好的创业投资上市生态。

第二，着眼协调发展。一是进一步提升成都市、重庆市双核的带动作用，高水平打造核心都市圈，进一步提高城镇化水平和城市治理水平。二是积极培育新的次级中心城市，除原有的绵阳、乐山外，以高铁建设为契机，以渝昆高铁促进宜宾、泸州、江津加快发展，以成南万高铁加快南充、达州发展，以成渝中线高铁加快资阳、大足、璧山发展，发育壮大节点城市，提高次级城市竞争力，合理布局，促进川渝城乡协调发展。三是处理好川渝两地的分工合作。一方面，根据发展阶段，切合川渝实际，解决产业“同构化”问题[①]；另一方面，川渝两地合力做大做强汽车产业和信息产业，打造世界性产业集群。

第三，引领绿色发展。以建设美丽中国样板为目标，重庆要建设好绿色金融改革创新试验区、充分发挥金融的引导作用，制定更加严格的绿色金融标准倒逼制造业转型，加快两高一剩企业退出和技术改造，创新更长期限的债券品种，加强对长江流域生态保护和基础设施投资，增加绿色财政补贴，降低燃烧取暖和燃烧秸秆的污染范围。鼓励重庆联合产权交易所、四川联合环境交易所共同创新排污权和碳排放交易产品。

第四，扩大开放发展。川渝内部开放方面，更便捷的通道建设是破解背向发展的基石，成渝中线高铁是成渝两核心一城化的关键，一小时内通达将使成渝互相享受城市发展的便利，真正实现美美与共，创新成渝两地“高铁+轨道+公交”扫码便捷通行方式，提高换乘效率、进一步缩短通勤时间[②]。合作建设工业园区，目前广安已经纳入重庆都市圈，川渝的协作进一步加强。鉴于此，可借助渝蓉高速、中线高铁和新天府机场与江北机场连接高速沿线，两地共同设立工业园区，作为内部开放、协同发展的试验田。进一步扩大中新（重庆）战略性互联互通项目的合作范围和“朋友圈”，辐射至四川省；陆海新通道打通梗阻，降低铁海、公海的衔接时间，物流基地提档升级，争取铁路的运价补贴，提高陆海新通道的价格竞争力和物流量，结合川渝交易量和运输量占比较高的大宗农产品申请设立期货交易所。

---

① 吴刚．加快成渝城市群一体化发展是当务之急［N］．重庆日报，2019－07－11（5）．

② 龚勤林，陈说．合作共赢引领成渝城市群高质量发展［N］．重庆日报，2019－7－23（9）．

第五，实现共享发展。加大川渝城镇化过程中的基础教育投入和市场开放程度，提高义务教育、职业教育、高等教育的供给水平，使更广泛人群享受教育服务，避免因教育而贫困、因教育而被边缘化。集中川渝两地优势医疗资源如四川大学、重庆医科大学、陆军军医大学、成都中医药大学等共同筹建西部医药中心，做大做强医药产业，为养老社区建设提供高水平的医疗支撑。释放被教育、医疗挤占的消费潜能。加强川渝两地博物馆、美术馆的新馆建设和交流，更好满足人民精神文化需求。

参考文献

[1] 阿格拉诺夫，麦圭尔，李玲玲，等．协作性公共管理：地方政府新战略 [M]．北京：北京大学出版社，2007.

[2] 埃莉诺·奥斯特罗姆．公共事务的治理之道——集体行动制度的演进 [M]．上海：上海译文出版社，2012：34.

[3] 白天成．京津冀环境协同治理利益协调机制研究 [D]．天津：天津师范大学，2016.

[4] 白志礼，谭江蓉．基于竞争、协同、共生、互赢机制的川渝经济合作与发展探析 [J]．软科学，2007 (8)：75 - 82.

[5] 财政部：长江经济带已建5条跨省际流域横向生态保护补偿机制，经验将全国推广 [EB/OL]. https：//3g. k. sohu. com/t/n553473370.

[6] 曹莉萍，周冯琦，吴蒙．基于城市群的流域生态补偿机制研究——以长江流域为例 [J]．生态学报，2019，39 (1)：85 - 96.

[7] 曹娴，张尚武．湖南省试行流域生态保护补偿机制 [EB/OL]．中国政府网，http：//www. gov. cn/xinwen/2019 - 07/09/content_5407520. htm.

[8] 长江经济带岸线资源调查与评估取得进展 [EB/OL]．中国科学院，http：//www. cas. cn/syky/201806/t20180601_4648192. shtml.

[9] 陈凡，白瑞．论马克思主义绿色发展观的历史演进 [J]．学术论坛，2013，36 (4)：15 - 18.

[10] 陈华脉，刘满凤，张承．中国环境协同治理指标体系构建与协同度测度 [J]．统计与决策，2022，38 (7)：35 - 39.

[11] 陈欢，周宏，孙顶强．信息传递对农户施药行为及水稻产量的影响——江西省水稻种植户的实证分析 [J]．农业技术经济，2017 (12)：23 - 31.

［12］陈进，尹正杰．长江流域生态补偿的科学问题与对策［J］．长江科学院院报，2021，38（2）：1－6.

［13］陈朋．重大突发事件治理中的横向府际合作：现实景象与优化路径［J］．中国社会科学院研究生院学报，2020（7）：109－116.

［14］陈强．高级计量经济学及 Stata 应用［M］．北京：高等教育出版社，2014：381.

［15］陈群民．打造有效政府：政府流程改进研究［M］．上海：上海财经大学出版社，2012.

［16］陈向阳．环境成本内部化下的经济增长研究［M］北京：社会科学文献出版社，2017.

［17］陈晓雪，徐楠楠．长江经济带绿色发展水平测度与时空演化研究——基于 11 省市 2007～2017 年数据［J］．河海大学学报（哲学社会科学版），2019，21（6）：100－108，112.

［18］成长春，臧乃康，季燕霞．协同推进长江经济带生态环境保护［N］．经济日报，2020－8－12（11）.

［19］成都市生态环境局．2015－2019 年成都市环境质量报告［EB/OL］．http：//sthj. chengdu. gov. cn/.

［20］重庆市生态环境保护“十四五”规划（2021～2025 年）［EB/OL］．重庆市生态环境局，http：//sthjj. cq. gov. cn/zwgk_249/zfxxgkzl/fdzdgknr/ghjh/202202/t20220216_10400261. html.

［21］重庆市生态环境局．2015－2019 年重庆市环境质量简报［EB/OL］．重庆市生态环境局，http：//sthjj. cq. gov. cn/.

［22］重庆市生态环境局．2021 年重庆市生态环境状况公报［EB/OL］．重庆市生态环境局，http：//sthjj. cq. gov. cn/hjzl_249/hjzkgb/202205/t20220530_10763282. html.

［23］重庆市统计局，国家统计局重庆调查总队．重庆统计年鉴 2021［M］．北京：中国统计出版社，2021.

［24］程俊杰，陈柳．长江经济带产业发展的结构协调与要素协同［J］．改革，2021（3）：79－93.

［25］程前昌．成渝城市群的生长发育与空间演化［D］．上海：华东师

范大学.

[26] 楚明锟等. 公共管理导论 [M]. 武汉: 华中科技大学出版社, 2011.

[27] 邓玲, 李凡. 如何从生态文明破题长江经济带——长江生态文明建设示范带的实现路径和方法 [J]. 人民论坛·学术前沿, 2016 (1): 52-59.

[28] 丁煌, 周丽婷. 地方政府公共政策执行力的提升——基于多中心治理视角的思考 [J]. 江苏行政学院学报, 2013 (3): 112-118.

[29] 丁婷婷, 葛察忠, 段显明. 长江经济带污染产业转移现象研究 [J]. 中国人口·资源与环境, 2016, 26 (S2): 388-391.

[30] 董鑫. 生态环境部: 全国各类设施开放单位累计接待参访公众超1.35亿人次 [EB/OL]. 北青网, https: //t. ynet. cn/baijia/31291649. html.

[31] 杜宾, 郑光辉, 刘玉凤. 长江经济带经济与环境的协调发展研究 [J]. 华东经济管理, 2016 (6): 78-83.

[32] 杜常春. 环境管理治道变革——从部门管理向多中心治理转变 [J]. 理论与改革, 2007 (3): 22-24.

[33] 方世南. 论绿色发展理念对马克思主义发展观的继承和发展 [J]. 思想理论教育, 2016 (5): 28-33.

[34] 封慧敏. 地方政府跨区域合作治理的制度选择 [D]. 济南: 山东大学, 2009.

[35] 高启杰. 农业技术推广中的农民行为研究 [J]. 农业科技管理, 2000 (1): 28-30.

[36] 龚勤林, 陈说. 合作共赢引领成渝城市群高质量发展 [N]. 重庆日报, 2019-7-23 (9).

[37] 谷贺. 整体性治理视角下辽阳市生态环境治理问题及对策研究 [D]. 长春: 吉林大学, 2021.

[38] 谷树忠. 产业生态化和生态产业化的理论思考 [J]. 中国农业资源与区划, 2020 (10): 8-14.

[39] 顾金喜, 李继刚. 农村公共产品供给与治理的国际经验与借鉴——基于多中心治理机制的探讨 [J]. 中共浙江省委党校学报, 2008 (3): 75-80.

［40］顾新月．长三角城市群府际合作问题研究［D］．长春：吉林财经大学，2020.

［41］郭红燕．我国环境保护公众参与现状、问题及对策［J］．团结，2018（5）：22－27.

［42］郭宏、伏虎．贸易流通、知识溢出与区域协同创新——基于川渝互动发展的视角［J］．商业经济研究，2016（9）：103－105.

［43］郭渐强，杨露．ICA框架下跨域环境政策执行的合作困境与消解——以长江流域生态补偿政策为例［J］．青海社会科学，2019（4）：39－48.

［44］郭治安，等．协同学入门［M］．成都：四川人民出版社，1988.

［45］国家发展改革委．2019年新型城镇化建设重点任务［R］．2019.

［46］哈肯．高等协同学［M］．郭治安译．北京：科学出版社，1989.

［47］韩超．国新办举行政策吹风会，农业农村副部长于康震在会上表示——全力抓好长江流域水生生物保护工作让母亲河早日实现水清岸绿、鱼翔浅底［EB/OL］．http：//www.moa.gov.cn/xw/zwdt/201810/t20181017_6160930.htm.

［48］郝辑，张少杰．基于熵值法的我国省际生态数据评价研究［J］．情报科学，2021（1）：157－162.

［49］何继新，暴禹．社区防控公共卫生重大风险辨识与全周期管理策略研究［J］．学习与实践，2020（5）：90－101.

［50］何文举．城市集聚密度与环境污染的空间交互溢出效应［J］．中山大学学报（社会科学版），2017（5）：192－200.

［51］贺梅英．市场需求对农户技术采用行为的诱导：来自荔枝主产区的证据［J］．中国农村经济2014（2）：33－41.

［52］赫尔曼·哈肯．协同学：大自然构成的奥秘［M］．上海：上海译文出版社，2001.

［53］胡安宁．倾向值匹配与因果推论：方法论述评［J］．社会学研究，2012（1）：221－246.

［54］胡百精．危机传播管理对话范式（上）——模型建构［J］．当代传播，2018（1）：26－31.

［55］胡东宁．区域经济一体化下的横向府际关系——以府际合作治理

为视角 [J]. 改革与战略, 2011, 27 (3): 105 - 108.

[56] 胡锦涛. 在中国共产党第十八次全国代表大会上的报告 [Z]. 2012.

[57] 环保在线. 8 亿元下降 1 微克 PM2.5 [EB/OL]. http: //www.hbzhan.com/news/detail/133134.html.

[58] 环境保护部, 发展改革委, 水利部. 长江经济带生态环境保护规划 [Z]. 2017.

[59] 黄季焜, Rozelle S. 技术进步和农业生产发展的原动力——水稻生产力增长的分析 [J]. 农业技术经济, 1993 (6): 21 - 29.

[60] 黄建. 引领与承载: 全周期管理视域下的城市治理现代化 [J]. 学术界, 2020 (9): 37 - 49.

[61] 黄军荣. 新公共管理理论对环保管理体制改革的启示 [J]. 传承, 2012 (24): 88 - 89, 96.

[62] 黄磊, 吴传清. 长江经济带城市工业绿色发展效率及其空间驱动机制研究 [J]. 中国人口·资源与环境, 2019, 29 (8): 40 - 49.

[63] 黄磊, 吴传清. 长江经济带生态环境绩效评估及其提升方略 [J]. 改革, 2018 (7): 116 - 126.

[64] 黄炜虹, 齐振宏, 邬兰娅, 胡剑. 农户从事生态循环农业意愿与行为的决定: 市场收益还是政策激励 [J]. 中国人口·资源与环境, 2017 (8): 69 - 77.

[65] 黄炎忠, 罗小锋, 李容容, 张俊飚. 农户认知、外部环境与绿色农业生产意愿——基于湖北省 632 个农户调研数据 [J]. 长江流域资源与环境, 2018 (3): 680 - 687.

[66] 姬兆亮. 区域政府协同治理研究——以长三角为例 [D]. 上海: 上海交通大学, 2012: 50.

[67] 贾杜磊. 协同治理视角下地方政府与 NGO 的利益协调研究 [D]. 金华: 浙江师范大学, 2019.

[68] 金赛美. 中国省际农业绿色发展水平及区域差异评价 [J]. 求索, 2019 (2): 89 - 95.

[69] 金书秦, 牛坤玉, 韩冬梅. 农业绿色发展路径及其"十四五"取向 [J]. 改革, 2020 (2): 30 - 39.

[70] 金婷婷，梁志超．“长三角城市协同发展能力指数”在沪发布［EB/OL］．新华网，http：//www.sh.xinhuanet.com/2018-09/21/c_137482930.html.

[71] 孔繁斌．多中心治理诠释——基于承认政治的视角［J］．南京大学学报（哲学．人文科学．社会科学版），2007（6）：31-37.

[72] 蓝煜昕，张雪．社区韧性及其实现路径：基于治理体系现代化的视角［J］．行政管理改革，2020（7）：73-82.

[73] 李德．论构建完善党的领导、推动群众“全周期”参与的社会治理体制——基于马克思主义群众观［J］．毛泽东邓小平理论研究，2021（5）：30-36，107.

[74] 李汉卿．协同治理理论探析［J］．理论月刊，2014（1）：138-142.

[75] 李敬，陈澍，万广华，付陈梅．中国区域经济增长的空间关联及其解释——基于网络分析方法［J］．经济研究，2014（11）：4-16.

[76] 李宁．长江中游城市群流域生态补偿机制研究［D］．武汉大学，2018.

[77] 李平原，刘海潮．探析奥斯特罗姆的多中心治理理论——从政府、市场、社会多元共治的视角［J］．甘肃理论学刊，2014（3）：127-130.

[78] 李秋萍，李长健．流域水资源生态补偿效率测度研究——以中部地区城市宜昌市为例［J］．求索，2015（10）：34-38.

[79] 李胜．跨行政区流域水污染治理：基于政策博弈的分析［J］．生态经济，2016，32（9）：173-176.

[80] 李薇．论我国农村公共产品的多中心供给模式［J］．学理论，2012（31）：59-60.

[81] 李想，陈宏伟．农户技术选择的激励政策研究——基于选择实验的方法［J］．经济问题，2018（3）：52-65.

[82] 李晓佳．生态补偿是迈向生态文明的“绿金之道”［EB/OL］．中国水网，http：//wx.h2o-china.com/news/266514.html.

[83] 李莹莹．多中心理论视角下的农村公共物品供给主体研究以阜新

市为例［D］. 沈阳：辽宁大学，2011.

［84］李月起. 新时代成渝城市群协调发展策略研究［J］. 西部论坛，2018（3）：94－99.

［85］李志萌，盛方富. 长江经济带区域协同治理长效机制研究［J］. 浙江学刊，2020（6）：143－151.

［86］李志萌，盛方富，孔凡斌. 长江经济带一体化保护与治理的政策机制研究［J］. 生态经济，2017，33（11）：172－176.

［87］美丽中国先锋榜（16）丨全国首个跨省流域生态保护补偿机制的"新安江模式"［EB/OL］. 中华人民共和国生态环境部，https：//www.mee.gov.cn/xxgk2018/xxgk/xxgk15/201909/t20190906_732784.html.

［88］林坚. 加强城乡治理，进行"全周期管理"［J］. 理论导报，2020（3）：63－64.

［89］林黎，陈悦，付彤杰. 基于新发展理念的川渝协同发展水平测度及对策研究［J］. 重庆工商大学学报（社会科学版），2020（12）：24－33.

［90］林黎，李敬. 长江经济带环境污染空间关联的网络分析——基于水污染和大气污染综合指标［J］. 经济问题，2019（9）：86－92，111.

［91］林黎，李敬. 区域大气污染空间相关性的社会网络分析及治理对策——以成渝地区双城经济圈为例［J］. 重庆理工大学学报（社会科学），2020（11）：19－30.

［92］林黎，李敬，肖波. 农户绿色生产技术采纳意愿决定：市场驱动还是政府推动？［J］. 经济问题，2021（12）：67－74.

［93］林黎，王志海，肖波. 长江经济带绿色发展水平测度及优化对策研究［J］. 技术与市场，2023，30（10）：122－130.

［94］林黎. 我国生态供给主体的博弈研究——基于多中心治理结构［J］. 生态经济，2016（1）：96－99.

［95］林黎，杨梦雷. 长江经济带水污染协同治理测度及优化对策研究［J］. 重庆工商大学学报（社会科学版），2023，40（4）：55－64.

［96］林毅夫，付才辉. 新结构经济学导论（上册）［M］. 北京：高等教育出版社，2019：636.

［97］林毅夫，沈明高. 我国农业科技投入选择的探析［J］. 农业经济

问题，1991（7）：9－13.

［98］林毅夫．制度、技术与中国农业发展［M］．上海：格致出版社，上海三联书店，上海人民出版社，2014：111.

［99］刘迪，孙剑，黄梦思，胡雯雯．市场与政府对农户绿色防控技术采纳的协同作用分析［J］．长江流域资源与环境，2019（5）：1154－1163.

［100］刘芳雄．多中心治理与温州环保变革之道［J］．企业经济，2005（4）：139－141.

［101］刘菲．多中心治理视角下H省雾霾治理问题研究［D］．沈阳：辽宁大学，2014.

［102］刘锋．以“全周期管理”思维破解基层治理困局［J］．领导科学，2020（16）：30－33.

［103］刘红光，陈敏，唐志鹏．基于灰水足迹的长江经济带水资源生态补偿标准研究［J］．长江流域资源与环境，2019，28（11）：2553－2563.

［104］刘华军，杜广杰．中国雾霾污染的空间关联研究［J］．统计研究，2018（4）：3－15.

［105］刘华军，刘传明，杨骞．环境污染的空间溢出及其来源——基于网络分析视角的实证研究［J］．经济学家，2015（10）：28－35.

［106］刘华军，孙亚男，陈明华．雾霾污染的城市间动态关联及其成因研究［J］．中国人口·资源与环境，2017（3）：74－81.

［107］刘华军，王耀辉，雷名雨，杨骞．中美大气污染的空间交互影响——来自国家和城市层面PM2.5的经验证据［J］．中国人口·资源与环境，2020（3）：100－105.

［108］刘军．社会网络分析导论［M］．北京：社会科学文献出版社，2004.

［109］刘军．整体网分析讲义：UCINET软件实用指南［M］．上海：格致出版社，2009.

［110］刘然，褚章正．中国现行环境保护政策评述及国际比较［J］．江汉论坛，2013（1）：28－32.

［111］刘伟明．长江经济带生态保护及协同治理问题研究［J］．北方经济，2016（11）：61－64.

[112] 刘贤赵，高长春，张勇，余光辉，宋炎．中国省域能源消费碳排放空间依赖及影响因素的空间回归分析 [J]. 干旱区资源与环境，2016(10)：1－5.

[113] 刘学平，张文芳．国内整体性治理研究述评 [J]. 领导科学，2019 (4)：27－31.

[114] 刘洋，毕军．生态补偿视角下长江经济带可持续发展战略 [J]. 中国发展，2015 (2)：15－20.

[115] 刘勇，张俊飚，张露．基于 DEA－SBM 模型对不同稻作制度下我国水稻生产碳排放效率的分析 [J]. 中国农业大学学报，2018 (6)：177－186.

[116] 刘振中．促进长江经济带生态保护与建设 [J]. 宏观经济管理，2016 (9)：30－38.

[117] 龙贺兴、刘金龙．基于多中心治理视角的京津冀自然资源治理体系研究 [J]. 河北学刊，2018 (1)：133－138.

[118] 楼宗元．京津冀雾霾治理的府际合作研究 [D]. 武汉：华中科技大学，2015.

[119] 卢青．区域环境协同治理内涵及实现路径研究 [J]. 理论视野，2020 (2)：59－64.

[120] 逯苗苗，孙涛．我国雾霾污染空间关联性及其驱动因素分析——基于社会网络分析方法 [J]. 宏观质量研究，2017 (12)：66－75.

[121] 栾俊毓．多源流框架下雾霾治理府际合作的生成逻辑研究 [D]. 青岛：中国石油大学（华东），2017.

[122] 马丹．河北省农村污水多中心治理体系的构建路径研究 [D]. 石家庄：河北师范大学，2022.

[123] 马国霞，周颖，吴春生，彭菲．成渝地区《大气污染防治行动计划》实施的成本效益评估 [J]. 中国环境管理，2019 (6)：38－43.

[124] 马克思恩格斯全集：第 42 卷 [M]. 北京：人民出版社，1979.

[125] 马克思恩格斯文集：第 9 卷 [M]. 北京：人民出版社，2009.

[126] 马克思恩格斯文集：第 6 卷 [M]. 北京：人民出版社，2009.

[127] 马克思恩格斯选集 [M]. 北京：人民出版社，1972.

［128］马丽梅，张晓．区域大气污染空间效应及产业结构影响［J］．中国人口·资源与环境，2014（7）：157－164．

［129］马强，秦佩恒，白钰，曾辉．我国跨行政区环境管理协调机制建设的策略研究［J］．中国人口·资源与环境，2008（5）：133－138．

［130］马晓明，易志斌．网络治理：区域环境污染治理的路径选择［J］．南京社会科学，2009（7）：69－72．

［131］迈克尔·波特．国家竞争优势［M］．北京：华夏出版社，1990：543．

［132］迈克尔·博兰尼．自由的逻辑［M］．冯银江，李雪茹，译．长春：吉林人民出版社，2002．

［133］麦思超．长江经济带绿色发展水平的时空演变轨迹与影响因素研究［D］．南昌：江西财经大学，2019．

［134］毛涛．我国区际流域生态补偿立法及完善［J］．重庆工商大学学报（社会科学版），2010，27（2）：99－104．

［135］孟庆松．韩文秀．复合系统协调度模型研究［J］．天津大学学报，2000（4）：444－446．

［136］欧阳恩钱．环境问题解决的根本途径：多中心环境治理［J］．桂海论丛，2005（3）：55－57．

［137］潘慧峰，王鑫，张书宇．雾霾污染的溢出效应研究——基于京津冀地区的证据［J］．科学决策，2015（2）：1－15．

［138］彭嘉颖．跨域大气污染协同治理政策量化研究——以成渝城市群为例［D］．成都：电子科技大学，2019．

［139］彭劲松．长江经济带区域协调发展的体制机制［J］．改革，2014（6）：36－38．

［140］彭文斌，李昊匡．政府行为偏好与环境规制效果——基于利益激励的治理逻辑［J］．社会科学，2016（5）：33－41．

［141］蒲勇健．应用博弈论［M］．重庆：重庆大学出版社，2014．

［142］邱倩，江河．论重点生态功能区产业准入负面清单制度的建立［J］．环境保护，2016，44（14）：41－44．

［143］曲超，刘桂环，吴文俊，王金南．长江经济带国家重点生态功能

区生态补偿环境效率评价 [J]. 环境科学研究, 2020, 33 (2): 471-477.

[144] 曲正伟. 多中心治理与我国义务教育中的政府责任 [J]. 教育理论与实践, 2003 (23): 24-28.

[145] 让-皮埃尔·戈丹. 何谓治理 [M]. 钟震宇, 译. 北京: 科学文献出版社, 2010: 26.

[146] 任理轩. 人民日报: 坚持绿色发展 (深入学习贯彻习近平同志系列重要讲话) [EB/OL]. 人民网, Http: //opinion. people. com. cn/n1/2015/1222/c1003-27958390. html.

[147] 芮晓霞, 周小亮. 水污染协同治理系统构成与协同度分析——以闽江流域为例 [J]. 中国行政管理, 2020 (11): 76-82.

[148] 尚勇敏, 海骏娇. 长江经济带生态发展报告 (2019~2020) [EB/OL]. 长三角与长江经济带研究中心, https: //cyrdebr. sass. org. cn/2020/1223/c5775a100923/page. htm.

[149] 石晓然, 张彩霞, 殷克东. 中国沿海省市海洋生态补偿效率评价 [J]. 中国环境科学, 2020, 40 (7): 3204-3215.

[150] 时润哲, 李长健. 长江经济带水资源生态补偿效率测度及其影响因素研究 [J]. 农业现代化研究, 2021, 42 (6): 1048-1058.

[151] 史敏. 鄂尔多斯市城市社区治理研究——基于多中心治理理论的视角 [D]. 呼和浩特: 内蒙古大学, 2014.

[152] 舒元梯, 等. 化学教育研究 [M]. 成都: 电子科技大学出版社, 1995.

[153] 四川省生态环境厅. 2021 年四川省生态环境状况公报 [EB/OL]. 四川省生态环境厅, http: //sthjt. sc. gov. cn/sthjt/c104157/2022/6/5/c0b70beeaf7c4562b47f6ee436 45eede. shtml.

[154] 四川省统计局, 国家统计局四川调查总队. 四川统计年鉴 2021 [M]. 北京: 中国统计出版社, 2021.

[155] 四川: 推进绿色发展　建设美丽天府 [EB/OL]. 国家发改委, https: //www. ndrc. gov. cn/xwdt/ztzl/2021qgjnxcz/dfjnsj/202108/t20210825_1294601. html? code=&state=123.

[156] 苏泽雄. 洱海流域多中心协同治理水环境对策研究 [D]. 昆明:

云南大学，2020.

［157］孙坤鑫，钟茂初．环境规制、产业结构优化与城市空气质量［J］．中南财经政法大学学报，2017（6）：63－72，159.

［158］孙晓雨，刘金平，杨贺．中国城市大气污染区域影响空间溢出效应研究［J］．统计与信息论坛，2015（5）：87－92.

［159］孙亚男，肖彩霞，刘华军．长三角地区大气污染的空间关联及动态交互影响——基于2015年城市AQI数据的实证分析［J］．区域经济研究，2017（2）：121－131.

［160］孙毓蔓．新区域主义理论研究及其启示［D］．长沙：中南大学，2013.

［161］锁利铭，位韦，廖臻．区域协调发展战略下成渝城市群跨域合作的政策、机制与路径［J］．电子科技大学学报（社科版），2018（10）：90－96.

［162］谭粤元．中国工业用水效率研究［D］．北京：中国地质大学，2018.

［163］汤学兵．跨区域生态环境治理联动共生体系与改革路径［J］．甘肃社会科学，2019（1）：147－153.

［164］唐登莉，李力，洪雪飞．能源消费对中国雾霾污染的空间溢出效应——基于静态与动态空间面板数据模型的实证研究［J］．系统工程理论与实践，2017（7）：1697－1708.

［165］陶长琪，陈文华，林龙辉．我国产业组织演变协同度的实证分析——以企业融合背景下的我国IT产业为例［J］．管理世界，2007（12）：67－72.

［166］陶相婉，莫罹，龚道孝，王洪臣．政策工具视角下城市水系统全周期管理策略研究［J］．给水排水，2021，57（1）：67－71.

［167］田莎莎，季闯．成渝城市群经济协调发展的路径研究［J］．湖北经济学院学报（人文社会科学版）：25－27.

［168］童洪志，刘伟．政策工具对农户秸秆还田技术采纳行为的影响效果分析［J］．科技管理研究，2018（4）：46－53.

［169］万晨．安徽省水资源——社会经济系统的协同度研究［D］．合

肥：合肥工业大学，2017.

[170] 汪永福．跨省流域生态补偿的区域合作法治化 [J]. 浙江社会科学，2021 (3)：66 – 73，158.

[171] 王彬彬，李晓燕．基于多中心治理与分类补偿的政府与市场机制协调——健全农业生态环境补偿制度的新思路 [J]. 农村经济，2018 (1)：34 – 39.

[172] 王常伟，顾海英．市场 VS 政府，什么力量影响了我国菜农农药用量的选择 [J]. 管理世界，2013 (11)：50 – 66，187，188.

[173] 王崇举．对成渝经济区产业协同的思考 [J]. 重庆工商大学学报 (西部论坛)，2008 (3)：1 – 5.

[174] 王怀成，张连马，蒋晓威．泛长三角产业发展与环境污染的空间关联性研究 [J]. 中国人口·资源与环境，2014 (3)：55 – 59.

[175] 王金南．长江经济带发展建设要遵从"规矩" [N] 重庆日报，2018 – 05 – 25 (3).

[176] 王菊．浙江在全国首创生态补偿制度 [EB/OL]. 浙江大学，http：//zj.cnr.cn/jjzx/jjxw/200803/t20080305_504724541.html.

[177] 王磊，高苗苗．长江中游城市群旅游经济空间特征分析——基于社会网络分析视角 [J]. 学术研究，2019 (4)：43 – 48，84.

[178] 王蕾，邢慧斌，王玉成．国外企业危机管理研究评述 [J]. 云南财经大学学报 (社会科学版)，2011，26 (6)：49 – 53.

[179] 王琳琳．你了解生态产品吗 [N]. 中国环境报，2012 – 11 – 20 (8).

[180] 王萌萌．长江经济带的生态治理问题研究——基于政治生态学的视角 [J]. 厦门特区党校学报，2016 (4)：52 – 56.

[181] 王青，赵景兰，包艳龙．产业结构与环境污染关系的实证分析——基于 1995 ~ 2009 年的数据 [J]. 南京社会科学，2012 (3)：14 – 19.

[182] 王树华．长江经济带跨省域生态补偿机制的构建 [J]. 改革，2014 (6)：32 – 34.

[183] 王树义，赵小娇．长江流域生态环境协商共治模式初探 [J]. 中国人口·资源与环境，2019 (8)：31 – 39.

[184] 王素玲，杨佳嘉．经济学基础 [M]. 重庆：重庆大学出版社，2015.

[185] 王薇，李月．跨域生态环境治理的府际合作研究——基于京津冀地区海河治理政策文本的量化分析［J]．长白月刊，2021（1）：63－72.

[186] 王新前．从农业而发展扩散模式到诱导创新模式——话说新古典学派农业发展理论的发展［J]．世界农业，1989（2）：8－11.

[187] 王兴伦．多中心治理：一种新的公共管理理论［J]．江苏行政学院学报，2005（1）：96－100.

[188] 王飏．奥氏多中心理论及实践分析［J]．北京交通大学学报（社会科学版），2010（10）：90－94.

[189] 王勇，李广斌．中国城市群规划管理体制研究［M]．南京：东南大学出版社，2013.

[190] 王宇昕，余兴厚，熊兴．长江经济带污染物排放强度的空间差异及影响因素研究［J]．西部论坛，2019，166（3）：104－114.

[191] 王志丹，刘宇航，周振亚，孙占祥，潘荣光．辽宁省粮食生产发展问题研究［M]．沈阳：辽宁科学技术出版社，2016：6.

[192] 为啥生态补偿难走好市场化这条路？［EB/OL]．中国政协网，http：//www. cppcc. gov. cn/zxww/2019/12/06/ARTI1575592889481307. shtml.

[193] 魏惠荣，王吉霞．环境学概论［M]．兰州：甘肃文化出版社，2013：135.

[194] 温彦平，李纪鹏．长江经济带城镇化与生态环境承载力协调关系研究［J]．国土资源科技管理，2017（6）：62－72.

[195] 我国将在长江经济带实施湿地修复工程［EB/OL]．新华网，http：//www. xinhuanet. com/local/2017－11/11/c_1121940593. htm.

[196] 吴传清，黄磊．长江经济带工业绿色发展绩效评估及其协同效应研究［J]．中国地质大学学报（社会科学版），2018，18（3）：46－55.

[197] 吴刚．加快成渝城市群一体化发展是当务之急［N]．重庆日报，2019－07－11（5）.

[198] 习近平在推动长江经济带发展座谈会上强调 走生态优先绿色发展之路 让中华民族母亲河永葆生机活力［EB/OL]．中国政府网，https：//www. gov. cn/xinwen/2016－01/07/content_5031289. htm，2016－01－07.

[199] 习近平：决胜全面建成小康社会 夺取新时代中国特色社会主义

伟大胜利——在中国共产党第十九次全国代表大会上的报告［EB/OL］. 中国政府网，https：//www. gov. cn/zhuanti/2017 - 10/27/content_5234876. htm.

［200］习近平在深入推动长江经济带发展座谈会上的讲话［EB/OL］. 中国政府网，https：//www. gov. cn/xinwen/2019 - 08/31/content_5426136. htm.

［201］习近平在全面推动长江经济带发展座谈会上强调 贯彻落实党的十九届五中全会精神 推动长江经济带高质量发展 韩正出席并讲话［EB/OL］. 新华网，http：//www. xinhuanet. com/politics/leaders/2020 - 11/15/c_1126742700. htm.

［202］习近平主持中共中央政治局第三十次集体学习并讲话［EB/OL］. 中国政府网，https：//www. gov. cn/xinwen/2021 - 06/01/content_5614684. htm.

［203］向延平，陈友莲. 跨界环境污染区域共同治理框架研究——新区域主义的分析视角［J］. 吉首大学学报（社会科学版），2016，37（3）：95 - 99.

［204］肖芬蓉，王维平. 长江经济带生态环境治理政策差异与区域政策协同机制的构建［J］. 重庆大学学报（社会科学版），2020（4）：27 - 37.

［205］肖建华，邓集文. 多中心合作治理：环境公共管理的发展方向［J］. 林业经济问题，2007（1）：49 - 53.

［206］肖莉. 京津冀指数——京津冀协同发展的风向标［J］. 建设科技，2015（23）：7.

［207］肖义，黄寰，邓欣昊. 生态文明建设视角下的生态承载力评价——以成渝城市群为例［J］. 生态经济，2018（10）：179 - 183，208.

［208］谢庆奎. 中国政府的府际关系研究［J］. 北京大学学报（哲学社会科学版），2001（1）：26 - 34.

［209］谢识予. 经济博弈论［M］. 上海：复旦大学出版社，2017.

［210］谢永琴，曹怡品. 基于 DEA - SBM 模型的中原城市群新型城镇化效率评价研究［J］. 城市发展研究，2018，25（2）：135 - 141.

［211］新华社. 关于气候、环境治理，习主席这样说［EB/OL］. 新华社，https：//baijiahao. baidu. com/s?id = 1697829617903684243&wfr = spider&for = pc.

[212] 新华社. 在推进新时代西部大开发中发挥支撑作用 在推进共建“一带一路”中发挥带动作用 在推进长江经济带绿色发展中发挥示范作用 [N]. 重庆日报, 2019-04-18 (2).

[213] 徐本鑫, 陈沁瑶. 长江经济带生态司法协作机制研究 [J]. 重庆理工大学学报 (社会科学), 2019 (7): 55-65.

[214] 徐超. 我国大气污染治理的府际合作机制 [D]. 武汉: 华中师范大学, 2019.

[215] 徐世江, 彭仁贤. 西方经济学 [M]. 武汉: 武汉理工大学出版社, 2014.

[216] 徐旭. 技术援助型生态补偿研究 [D]. 济南: 济南大学, 2019.

[217] 许颖. 尽快建立长江经济带上下游生态补偿机制的建议 [J]. 中国发展, 2016 (8): 88-89.

[218] 许源源, 孙毓蔓. 国外新区域主义理论的三重理解 [J]. 北京行政学院学报, 2015 (3): 1-8.

[219] 薛秋霞. 促进京津冀生态环境协同治理的财税政策研究 [D]. 天津: 天津财经大学, 2019.

[220] 薛维忠. 低碳经济、生态经济、循环经济和绿色经济的关系分析 [J]. 科技创新与生产力, 2011 (2): 50-52, 60.

[221] 闫铭. “全周期管理”视域下城市治理路径探析 [J]. 改革与开放, 2021 (14): 33-38.

[222] 闫亭豫. 辽宁生态环境协同治理研究 [D]. 沈阳: 东北大学, 2016.

[223] 严小英. 新时代我国区域生态府际合作治理研究 [D]. 温州: 温州大学, 2021.

[224] 央广网. 农业部首次公布化肥、农药利用率数据 让人欢喜让我忧 [EB/OL]. 中国之声, http://china.cnr.cn/NewsFeeds/20191218/t20191218_524903694.shtml.

[225] 杨陈静, 刘航. 自贸区协同发展的研究综述 [J]. 四川行政学院学报, 2019 (2): 89-98.

[226] 杨成. 长江经济带水资源生态补偿问题研究 [D]. 苏州: 苏州

大学，2020.

［227］杨红娟，徐梦菲．少数民族农户低碳生产行为影响因素分析［J］．经济问题，2015（6）：90－94.

［228］杨华峰，等．后工业社会的环境协同治理［M］．长春：吉林大学出版社，2013：18.

［229］杨潇．我国农业绿色发展水平测度与提升路径研究［D］．石家庄：河北经贸大学，2019.

［230］姚瑞华，李赞，孙宏亮，巨文慧．全流域多方位生态补偿政策为长江保护修复攻坚战提供保障——《关于建立健全长江经济带生态补偿与保护长效机制的指导意见》解读［J］．环境保护，2018，46（9）：18－21.

［231］遥感技术助力长江经济带生态环境保护与修复［EB/OL］．北京环球星云遥感科技有限公司，http：//www.earthstar.com.cn/news/144.html.

［232］叶文辉，伍运春．成渝城市群空间集聚效应、溢出效应和协同发展研究［J］．财经问题研究，2019（9）：88－94.

［233］易昌良．2015中国发展指数报告［M］．北京：经济科学出版社，2015.

［234］殷为华．新区域主义理论：中国区域规划新视角［M］．南京：东南大学出版社，2012.

［235］尹伯成．大众经济学［M］．上海：复旦大学出版社，2013.

［236］于水．多中心治理与现实应用［J］．江海学刊，2005（5）：105－110，238.

［237］于文静．利用率超过40%：化肥农药使用量零增长行动实现目标［EB/OL］．（2021－01－17）［2021－01－17］新华网，http：//www.xinhuanet.com/2021－01/17/c_1126992016.htm.

［238］余红辉．加快长江经济带污染治理主体平台建设［N］．学习时报，2019－01－02（3）.

［239］余威震，罗小锋，唐林，黄炎忠．农户绿色生产技术采纳行为决策：政策激励还是价值认同［J］．生态与农村环境学报，2020（3）：318－324.

［240］俞哲旻．环境智库：中国公众环保意识强参与度低［EB/OL］．环

球网，https：//finance. huanqiu. com/article/9CaKrnJPjdH.

［241］郁俊莉，姚清晨．多中心治理研究进展与理论启示：基于2002～2018年国内文献［J］．重庆社会科学，2018（11）：36－46.

［242］袁伟彦，周小柯．生态补偿效率问题研究述评［J］．生态经济，2015，31（7）：118－123，139.

［243］臧乃康．多中心理论与长三角区域公共治理合作机制［J］．中国行政管理，2006（5）：83－87.

［244］曾健，张一方．社会协同学［M］．北京：科学出版社，2000.

［245］曾昭，刘俊国．北京市灰水足迹评价［J］．自然资源学报，2013，28（7）：1169－1178.

［246］詹淼华．"一带一路"沿线国家农产品贸易的竞争性与互补性——基于社会网络分析方法［J］．农业经济问题，2018（2）：103－114.

［247］张春梅．绿色农业发展机制研究［D］．长春：吉林大学，2017.

［248］张厚美．成渝两地如何唱好生态环境"双城记"［J］．资源与人居环境，2020（2）：46－47.

［249］张慧利，李星光，夏显力．市场VS政府：什么力量影响了水土流失治理区农户水土保持措施的采纳？［J］．干旱区资源与环境，2019（12）：41－47.

［250］张可，汪东芳．经济集聚与环境污染的交互影响及空间溢出［J］．中国工业经济，2014（6）：70－82.

［251］张培刚．发展经济学［M］．北京：北京大学出版社，2009：138－141.

［252］张扬．诱导创新理论与我国农业技术创新方向［J］．郑州航空工业管理学院学报，2006（2）：25－28.

［253］张玉明，聂艳华，等．西方经济学［M］．北京：对外经济贸易大学出版社，2014.

［254］张振华．公共领域的共同治理——评印第安纳学派的多中心理论［J］．中共宁波市委党校学报，2008（3）：53－58.

［255］赵满满．长江经济带流域生态环境协同治理研究［D］．东北财经大学，2020.

［256］赵雪雁．生态补偿效率研究综述［J］．生态学报，2012，32（6）：1960－1969.

［257］郑长忠．“全周期管理”释放城市治理新信号［J］．人民论坛，2020（18）：72－73.

［258］中共中央马克思恩格斯列宁斯大林著作编译局．马克思恩格斯全集［M］．北京：人民出版社，2014.

［259］中共中央马克思恩格斯列宁斯大林著作编译局．马克思恩格斯文集（第1卷）［M］．北京：人民出版社，2009.

［260］中共中央文献研究室．习近平关于社会主义生态文明建设论述摘编［M］．北京：中央文献出版社，2017.

［261］中国社会科学院京津冀协同发展智库京津冀协同发展指数课题组．基于新发展理念的京津冀协同发展指数研究［J］．区域经济评论，2017（3）：44－50.

［262］中国外文局．习近平生态文明思想（Xi Jinping Thought on Ecological Civilization）［EB/OL］．学习强国，https：//www. xuexi. cn/lgpage/detail/index. html？id＝17059446976837268504&；item_id＝17059446976837268504.

［263］中华人民共和国环境保护部．2011中国环境状况公报［R］．北京：中华人民共和国环境保护部，2011.

［264］中华人民共和国生态环境部．2020中国生态环境状况公报［R］．北京：中华人民共和国生态环境部，2020：21.

［265］周寄中，薛刚．技术创新风险管理的分类与识别［J］．科学学研究，2002（2）：221－224.

［266］周群华，等．内部资本市场协同治理研究［M］．北京：光明日报出版社，2013：144.

［267］周正柱，王俊龙．长江经济带生态环境压力、状态及响应耦合协调发展研究［J］．科技管理研究，2019（17）：234－240.

［268］朱希刚，赵旭福．贫困山区农业技术采用的决定因素分析［J］．农业技术经济，1995（5）：18－26.

［269］祝尔娟，何皛彦．京津冀协同发展指数研究［J］．河北大学学报

（哲学社会科学版），2016（5）：49-59.

[270] 庄贵阳．中国经济低碳发展的途径与潜力分析［J］．太平洋学报，2005（11）：79-87.

[271] 邹辉，段学军．长江经济带经济—环境协调发展格局及演变［J］．地理科学，2016（9）：1408-1417.

[272] 邹辉，段学军．长江经济带研究文献分析［J］．长江流域资源与环境，2015，24（10）：1672-1682.

[273] 最高法：涉长江经济带环保刑案逾四万起，跨省倾废时有发生［EB/OL］．澎湃新闻，https：//baijiahao. baidu. com/s?id = 1655218170483579756&wfr = spider&for = pc.

[274] 左喆瑜，付志虎．绿色农业补贴政策的环境效应和经济效应——基于世行贷款农业面源污染治理项目的断点回归设计［J］．中国农村经济，2021（2）：106-121.

[275] Aligica P. D. *Institutional Diversity and Political Economy*: *The Ostroms and beyond* [M]. Oxford: Oxford University Press, 2013.

[276] Allen F., D. Gale. Financial contagion [J]. *Journal of Political Economy*, 2000, 108 (1): 1-33.

[277] Andrew S. A. Institutional ties, interlocal contractual arrangements, and the dynamic of metropolitan governance [J]. *Sociology*, *Political Sience*, 2006.

[278] André R. da Silveira ɛt Keith S. Richards. The link between polycentrism and adaptive capacity in river basin governance systems: Insights from the river Rhine and the Zhujiang (Pearl River) Basin [J]. Annals of the Association of American Geographers, 2013, 103 (2): 319-329.

[279] Anselin L. *Spatial economics*: *Methods and models* [M]. Dordrecht: Kluwer Academic Publishers, 1988.

[280] Anselin L. Spatial Effects in Econometric Practice in Environmental and Resource Economics [J]. *American Journal of Agricultural Economics*, 2001, 83 (3): 705-710.

[281] Barnett G. A. *Encyclopedia of Social Networks* [M]. Los Angeles: SAGE Publications, Inc, 2011.

[282] Charles M. Tiebout. A pure Theory of Local Expenditures [J]. *Journal of Political Economy*, 1956, 64 (5): 416 – 424.

[283] Chatzimichasel K., Genius M., Tzouvelekas V. Informational cascades and technology adoption: evidence from Greek and German organic growers [J]. *Food Policy*, 2014 (49): 186 – 195.

[284] Colten C. E. An incomplete solution: Oil and water in Louisiana [J]. *The Journal of American History*, 2012, 99 (1): 91 – 99.

[285] David B. Spence The shadow of the rational polluter: rethinking the role of rational actor models in environmental law [J]. *California Law Review*, 2001, 89 (4): 917 – 918.

[286] Dietz T., Ostrom E., Stern P. C. The struggle to govern the commons [J]. *Science*, 2003, 302 (5652): 1907 – 1912.

[287] Espinosa-Goded M., Barreiro-Hurle J., Ruto E. What do farmers want from agi-environmental scheme design? a choice experiment approach [J]. *Journal of Agricultural Economics*, 2010, 61 (2): 259 – 273.

[288] Fafchamps M. & S. Lund. Risk-sharing networks in rural Philippines [J]. *Journal of Development Economics*, 2003 (71): 261 – 287.

[289] Fink S. *Crisis Management: Planning for the Invisible* [M]. New York: American Management Association, 1986.

[290] Freeman, L. C. Centrality in Social Networks: Conceptual Clarification [J]. *Social Networks*, 1979, 1 (3): 215 – 239.

[291] Fre R., Grosskopf S., Norris M., et al. Productivity growth, technical progress, and efficiency change in industrialized countries [J]. *American Economic Review*, 1994, 87 (5): 1033 – 1039.

[292] Green A., Matthias A. *Non-governmental Organizations and Health in Developing Countries* [M]. London: Macmillan Press Ltd., 1997.

[293] Hampel R. *Committee on Corporate governance: Final Report* [M]. London: Gee & Co. Ltd., 1998.

[294] Hoekstra A. Y., Chapagain A. K., Aldaya M M, et al. The Water Footprint Assessment Manual: Setting the Global Standard [M]. London, UK:

Earthscan, 2011.

[295] Jens Newing, Oliver Fritsch. Environmental governance: participatory, multi-level-and effective [J]. *Environmental policy & Governance.* 2009, 19 (3): 197 - 214.

[296] Keith Carlisle, Rebecca L. Gruby, Polycentric Systems of Governance: A Theoretical Model for the Commons. [J]. *The Policy Studies Journal*, 2017.

[297] Lebel L. J. M. Anderies, B. Campbell, C. Folke, S. Hatfield - Dodds, T. P. Hughes. and J. Wilson. Governance and the capacity to manage resilience in regional social-ecological systems [J]. *Ecology and Society*, 2006, 11 (1): 19.

[298] Lin CYC. A Spatial Econometric Approach to Measuring Pollution Externalities: An Application to Ozone Smog [J]. *Regional Analysis and Policy*, 2010, 40 (1): 1 - 19.

[299] Maddison D. J. Environmental Kuznets Curves: A Spatial Economic Approach [J]. *Journal of Environmental Economics and Management*, 2006, 51: 218 - 230.

[300] Marshall G. R. Polycentricity, reciprocity, and farmer adoption of conservation practices under community-based governance [J]. *Ecological Economics*, 2009, 68 (5): 1507 - 1520.

[301] Maureen Mackintosh. Partnership: Issues of Policy and negotiation [J]. *Local Economy*, 1992 (7): 210 - 224.

[302] Michael D. McGinnis, Elinor Ostrom. Reflections on Vincent Ostrom, Public Administration, and Polycentricity [J]. *Public Administration Review*, 2011, 72 (1): 15 - 25.

[303] Mitroff I. I. , Pearson, C. M. *Crisis Management: A Diagnostic Guide for Improving Your Organization's Crisis-preparedness* [M]. San Francisco: Jossey - Bass Publishers, 1993.

[304] OECD. *Local Partnerships for Better Governance* [M]. OECD, 2001: 14 - 15.

[305] O. Leary, Rosemary, Catherine Gerard, and Blomgren Bingham.

Introduction to the Symposium on Collaborative Public Management [J]. *Public Administration Review*, 2006, 66: 6-9.

[306] Pahl-Wostl C., Knieper C.. The capacity of water governance to deal with the climate change adaptation challenge: Using fuzzy set Qualitative Comparative Analysis to distinguish between polycentric, fragmented and centralized regimes [J]. *Global Environmental Change*, 2014, 29: 139-154.

[307] Perri, Diana Leat, Kimberly Seltzer. *Towards Holistic Governance: The New Reform Agenda* [M]. London: Red Globe Press, 2002.

[308] Selmier W. T., Winecoff W. K. Re-conceptualizing the political economy of finance in the post-crisis era [J]. *Business and Politics*, 2017, 19 (2): 167-190.

[309] Shestalova V. Sequential Malmquist indices of productivity growth: An application to OECD industrial activities [J]. *Journal of Productivity Analysis*, 2003.

[310] Shrestha M. K. *Decentralized Governments, Networks and Interlocal Cooperation in Public Goods Supply* [M]. Tallahassee, The Florida State University Press, 2008.

[311] Sigman H. Transboundary spillovers and decentralization of environmental policies [J]. *Environmental Economics and Management*, 2015 (50): 82-101.

[312] Sullivan H., Skelcher C. *Working Across Boundaries: Collaboration in Public Services* [M]. London: Bloomsbury Publishing, 2017.

[313] Tone K. A slacksbased measure of efficiency in data envelopment analysis [J]. *European Journal of Operational Research*, 2001, 130: 498-509.

[314] Vanio A. M. Exchange and combination of Knowledge-based resources in network relationships [J]. *European Journal of Marketing*, 2005, 39 (9/10): 1078-1095.

[315] Wagner R. E. Self-governance, polycentrism, and federalism: recurring themes in Vincent Ostrom's scholarly oeuvre [J]. *Journal of Economic Behavior & Organization*, 2005, 57 (2): 173-188.